JN133965

# 日本企業における失敗の研究

ダイナミック戦略論による薄型TVウォーズの敗因分析

河合忠彦 著

有斐閣

# はしがき

まさに本月，「令和時代」がスタートしたが，日本経済はどのようになるのであろうか。平成時代は「失われた30年」であった。1989（平成元）年の日本の1人当たり名目GDP（国内総生産）は世界第4位だったが，2018年には第26位に後退した。この間の日本の増加率は約58%であり，これは，同じ期間に約174%増加したアメリカ（1989年第7位，2018年第9位）と比べると，非常に小さかった（IMF統計）。

そして，この増加率の違いをもたらした大きな要因は，アメリカではGAFA（グーグル，アップル，フェイスブック，アマゾン）などの，インターネットを駆使した革新的プラットフォーマーやその他のベンチャー・ビジネスが多く生まれて経済成長を牽引したのに対し，日本には，そのような企業が出現しなかったことだった（企業の時価総額の世界ランキング上位50社に含まれる日本企業は1989年には32社だったが，2018年はわずか1社だった。他方，GAFAは2018年には，上位5社中の4社を占めた〔『週刊ダイヤモンド』〕）。

そしてその主因は，（ベンチャー・ビジネスの母胎となるシリコンバレーのようなインフラを創出できなかった政府の無策に加えて）ベンチャー・ビジネスに代わって革新的技術や新規ビジネスを生み出すべきだった，エレクトロニクス関連の大企業の無策に求められる。しかし，それでは，その原因は何だったのであろうか。

平成の終わる直前の2019年3月20，22の両日，2年連続の最高益を目前にしたソニーの株価が大きく下落した。その主因は，前日の，ゲーム事業に参入するというグーグルの発表だった。ソニーのプレイステーション（PS）4よりも高度な画像処理能力を持つサーバーでゲームを作成してクラウド配信する，専用機不要の方式のために，低価格で，しかもより高度なゲームの配信が可能になり，ソニーのゲーム機事業に深刻な影響を与える可能性があると見られたのである。

そしてこの株価下落は，ある“事実”を明るみに出した。“薄型TVウォーズ”での大敗からようやく立ち直ったかに見えたソニーの収益を支えていたのは薄型 TV ウォーズ以前からの事業であり，新規事業はほとんど育っていなかったということである。薄型 TV ウォーズとは，1990 年代半ばから十数年にわたって液晶 TV，プラズマ TV などの薄型 TV をめぐって日本のエレクトロニクス各社と韓国のサムスン電子，LG 電子などとの間で展開され，日本メーカーが“惨敗”した戦いである。

しかし，ソニーはまだ良いほうであり，多くの企業は，新規事業を生み出せないどころか，企業自体が存続の危機に瀕した。液晶 TV で初期に華々しい成功を収めて戦いをリードしたシャープは，結局は敗戦に追い込まれ，台湾の鴻海精密工業の傘下入りを余儀なくされた。プラズマ TV で一世を風靡したパナソニックも，巨額の赤字を出した末に薄型 TV やパネル事業からはほとんど手を引き，自動車関連や住宅関連事業への事業転換を図ったが，そこでも苦戦を強いられている。また，早い段階で脱落した日立は，得意だった産業機器関連分野に重点をシフトして復活したが，GAFA 型の事業分野での存在感はない。東芝に至っては，薄型 TV での敗戦に加えて，不正経理問題で存続の危機に陥り，他のコア・ビジネスを手放して苦闘を続けている。

このように薄型 TV ウォーズでの敗戦は参戦したエレクトロニクス各社に大きな傷跡を残したが，より重要なのは，それが日本経済にも深刻な影響を及ぼし，「失われた 30 年」の大きな原因になったことである。

先述のグーグルの発表から約 10 日後の 3 月末，ソニーが翌 2020 年 3 月までにスマートフォン（スマホ）事業の大幅な縮小と（最大で 50% の）人員削減を行うことが報じられた。これは同社の事実上の敗北宣言だったが，注目すべきは，それは日本のスマホ事業全体の敗北宣言でもあったことである。

そして，それから約 10 日後の 4 月 12 日，液晶パネルの唯一の有力な日本メーカーである「ジャパンディスプレイ（JDI）」が台湾と中国の 3 社の傘下に入ることが発表された。これは，日本の液晶パネルと，その次の世代のディスプレイとなる「有機 EL パネル」での敗北を意味するものであった。JDI は，薄型 TV ウォーズに敗れた日立，東芝，ソニーの液晶事業を統合し，同事業の存続と（主に中小型の）有機 EL パネルへの進出を企図していたものだったからである（なお，スマホ向けの小型有機 EL パネルではサムスン電子が，また TV 用の大型では LG 電子が圧倒的な地位を築いており，日本メーカー製の有機 EL-TV

のパネルはすべてLG製となっている)。

以上の経緯からわかるのは，薄型TVウォーズでの敗戦は，それによる資金不足と戦略無策のゆえにスマホと液晶および有機ELパネルでの敗退をもたらし，しかも，薄型TVに固執している間にGAFA等が開拓したインターネット関連の新規事業分野でも大きく立ち遅れ，それが日本経済に大きなマイナスをもたらしたということである。

それでは，薄型TVウォーズの敗因は何だったのだろうか。その分析結果から日本企業の今後への示唆ないし処方箋を得ること，またそれにより日本経済の活性化に貢献すること，が本書のテーマである。ここで，その概要を紹介してみよう。

まず薄型TVウォーズの敗因について見ると，もっとも重要な敗因は各社の戦略が不適切だったこと，より具体的には，環境の変化に合わせて（そしてより理想的には環境の変化を先取りして）戦略を形成し，また転換していく能力──すなわち「ダイナミック戦略能力」──が欠如していたこと，であった。なお，この敗因分析で用いられたのは，筆者がこれまで提唱してきた「ダイナミック戦略論」である（河合，2004，2012，参照)。

次いで重要だったのは，「トップ・マネジメントの選任・継承に関するコーポレート・ガバナンス」の欠如である。薄型TVウォーズは10年近くにわたったために，その間にウォーズを主導したトップから次の経営者への交替があり，主導した先任のトップが“院政”を敷いて後継トップの戦略に影響を与え，それが各社の“負け方”をより悪いものにしたのである。

以上が本書の概要であるが，そのほか，次の2つのことを明らかにしている。1つは，トップ・マネジメントの「敗戦責任」を明らかにしたことである。もう1つは，薄型TVウォーズについての既存の研究を検討し，本書の分析の独自性を確認したことである。

次に，日本企業の今後への示唆や処方箋について見ると，まず，「ダイナミックな戦略の形成・転換能力」の構築と，「トップ・マネジメントの選任・継承に関するコーポレート・ガバナンス」の確立の重要性が明らかにされた。これは先述の敗因分析の結果から見て，当然のことといって良いであろう（実際，

先述のJDIの敗因は戦略と経営責任の不在と見られ，薄型TVウォーズでの敗戦からの学習が不十分なことを示唆している）。

しかし注意すべきは，それらの示唆は非常に重要だが，今後の，すべてのものがインターネットに接続され（IoT），また大規模データの分析では人工知能（AI）が用いられる「IoT/AI時代」の本格化とともに，薄型TVウォーズの敗戦からの教訓だけでは不十分になるのは必至だということである。技術革新のスピードはさらに高まり，新しいビジネスモデルを用いた新規事業が次々に生まれると見られるからである。

そしてそのようなビジネスモデルとしてもっとも重要なのが「プラットフォーム」であり，実は，プラットフォーマーと呼ばれるGAFAなどはそれを先取りしたものにほかならない。そこで本書では，プラットフォーム（に関連する）戦略の基本についても紹介し，薄型TVウォーズからの教訓とあわせて，今後の日本企業に必要な処方箋を提示する。なお，その具体例として，ことに，自動車産業についての処方箋をより詳しく検討する。同産業は「CASE化」という，100年に一度とされる大変革期に突入しており，そこでの敗戦は薄型TVウォーズでの敗戦よりもはるかに大きなマイナスを日本経済に及ぼす可能性が強く，しかも，日本の各社はかなり出遅れているからである（CASE化とは，自動車をインターネットに接続すること〔Connected〕，自動運転にすること〔Autonomous〕，ライドシェアを促進すること〔Shared〕，および電動化すること〔Electric〕の略である）。

以上が本書の内容の概略であるが，それを理解するうえで注目すべきニュースが，この「はしがき」の執筆直前の4月5日に報じられたので，触れておこう。

それは，「韓国とアメリカの通信会社の双方から，“わが社が世界で初めて，次世代――第5世代――のモバイル高速通信規格『5G』のサービスを開始した”という発表がなされた」というものであった。そしてそれに関連して注目すべきは，それに先立って，本年2月に，スペイン・バルセロナで開催された世界最大の携帯関連見本市で，スマホの世界出荷台数が第1位のサムスンと，（第2位のアップルに僅差で）第3位の中国のファーウェイ（華為技術）から，5Gサービスに準拠した「5Gスマホ」が発表されたことである。

5G は 4G（第 4 世代）の約 100 倍という「超高速」の通信速度に加えて，多くの端末に接続できる「多数同時接続」や，データ伝送時に発生する時間のずれが非常に少ない「低遅延」などの特徴を持つために，ゲーム機，自動運転，遠隔医療その他の多くの新規事業の強力なインフラになるものである。そのため，それらの事業をめぐって，GAFA はもちろん，新興企業を含む多くの企業による熾烈な“ウォーズ”がすでに始まっており，そこでの勝敗が各国の経済に大きな影響を及ぼすのは必至である。現在，米中間で貿易と次世代技術の覇権をかけた“ウォーズ”が展開され，その中でファーウェイがアメリカの攻撃の大きなターゲットとなっているのはそのためである。

しかし，残念ながら，日本は，5G サービスで約 1 年出遅れるのに加えて，“5G スマホ・ウォーズ”では，（スマホで敗退したために）“蚊帳の外”となっており，日本企業の前途に影を落としている。4G 時代にすでに GAFA に出遅れて大差をつけられたうえに，次の 5G 時代の競争でもすでに出遅れていることを象徴しているからである。

このような事態を打開して IoT 時代を生き残り，さらには成長していくためには，薄型 TV ウォーズでの敗戦から学んだうえに，GAFA 等のプラットフォーマーの勝利からも学ばなくてはならない。

最後に，本書の完成までに直接・間接にお世話になった多くの方々に御礼申し上げます。ことに，前著に引き続いて本書の出版にご配慮を賜り，序章と終章の構成と内容に関して多くのご教示を下さった，有斐閣の柴田守氏に深謝申し上げます。

また，近年の国内外の動向を見て日本の行く末が案じられ，書き残したいことが減らない筆者に耐えてくれている家族と，会うたびにいつも怪獣役を仰せつかって楽しませてくれる孫たち（瑞希 5 歳と暁彦 1 歳）に感謝したい。数十年後，復活した経済の下で健康で幸せな生活を送っている彼女らが，大掃除で出てきた本書を見て，「おじいちゃんって，ずいぶん心配性だったのね」と笑ってくれる日が来ることを願って，本書の筆をおくこととしたい。

2019 年 5 月

河合　忠彦

# 目　次



## 第1部　戦いの経過

## 第2部　敗因の分析

本書のコピー，スキャン，デジタル化等の無断複製は著作権法上での例外を除き禁じられています。本書を代行業者等の第三者に依頼してスキャンやデジタル化することは，たとえ個人や家庭内での利用でも著作権法違反です。

序　章

# なぜ日本企業は負けるのか

**はじめに**

本書では，“薄型 TV ウォーズ”，すなわち，1990 年代半ばから十数年にわたって繰り広げられた液晶 TV，プラズマ TV などをめぐる日韓メーカー間の戦いでの日本企業の敗因を参戦した 6 社（シャープ，パナソニック，ソニー，日立製作所，東芝，パイオニア）――ことに最初の 4 社――を中心に分析し，さらにそれにより，高度成長の終焉から今日に至るまでの日本企業の失敗の原因を明らかにする。エレクトロニクス産業は高度成長期まで日本経済を牽引したリーディング・インダストリーであり，薄型 TV ウォーズはその有力企業のほとんどが参加した。したがって，その敗因は日本企業全体の高度成長後の失敗の原因と重なると見てよいであろう。本章では，このような分析を行う意義と，分析で用いられる方法を明らかにする（以下，「テレビ」は原則として「TV」と略記し，引用文中で，ないし組織名として用いられる場合のみ「テレビ」と表記する）。

## 1　敗因分析の意義

平成時代の日本経済は，後世，良くても「失われた 30 年」，悪くすれば「今に続く長期的衰退が始まった時期」として記憶されるであろう。「失われた 30 年」という言葉を使えるのは「その後は復活した」場合であり，現時点（2019 年 4 月）では復活の兆しが見えないからである。

日本が敗戦から急速に立ち上がり，高度成長を達成してGDP（国内総生産）でアメリカに次ぐ世界第2位となり，経済大国としてわが世の春を謳歌したのは1980年代だった。しかし，残念ながらその期間はきわめて短く，90年代終わりからは下り坂となり，それが今も続いている。GDPでは，80年代の低迷から復活したアメリカに再び差を広げられただけでなく，2010年には中国に抜かれて世界第3位に転落した。

このようになってしまった原因，ことにアメリカに大きく引き離された主因の1つは，アメリカではベンチャー・ビジネスが次々に新規事業分野を開拓し，それを他のベンチャー・ビジネスや既存の大企業が追走して激しい競争を繰り広げて経済成長に貢献したのに対し，日本では，そのような現象が見られなかったことである。

### ■ 創発的インフラの欠如

経済成長を牽引するような有力企業が日本で生まれなかったのはなぜか。その主因は，アメリカではベンチャー・ビジネスが次々に生まれるような土壌ないし仕組み，すなわち「創発的インフラ」があったのに対し，日本にはそれがなかった──そして今もない！──ことである。

ここ10年ほどのアメリカでの企業関連の最大の話題は，インターネット／スマホ時代を牽引してきた“プラットフォーマー”と呼ばれるGAFA（グーグル，アマゾン，フェイスブック，アップル）が新規事業分野を開拓し，高成長を実現してそれぞれの分野で覇権を握ったことだが，それらの企業も元はベンチャー・ビジネスだった。また，GAFAの先輩といえるIBM，マイクロソフト，インテル等のかつての覇権企業の多くも同じであり，それらがアメリカの経済成長に貢献したのである。そして近年では，IoT/AI時代を先駆けつつあるウーバー，エアビーアンドビー，テスラなどの新興企業群が続いている。

これに対して日本では，それらの覇権企業に匹敵する強力な企業は登場せず，「新規事業分野が次々に生まれて経済成長を牽引する」という現象もほとんど見られない。しかも，アメリカでは将来覇権企業になる可能性のある「ユニコーン」──すなわち，企業価値が10億ドル超の上場予備軍──が約120社（2018年8月時点）あるというのに，日本にはわずか1社しかない(1)。この大きな違いをもたらしたのは何か。それは，創発的インフラの形成についての日米両国間の政策の違いである。

アメリカにおいてGAFAをはじめとする多くの覇権企業の誕生の基礎となったのは，インターネットという技術とシリコンバレーという地域の存在だった。前者は，もともと軍事技術として国防総省の研究機関で開発され，民間の利用に供されたものである。また，そのインターネット技術を用いた多くのベンチャー・ビジネスを生み出したのがシリコンバレーだが，ベンチャー・ビジネスに不可欠なベンチャー・キャピタルの供給に大きく貢献したのが，それへの税制上の優遇策であった。技術の高度化が急速に進展する現代社会では先端的新事業分野の創出は個人起業家だけでは困難であり，ベンチャー・キャピタルや政府の助成策が不可欠である。企業の自主性を基本とするアメリカでは，それを租税措置という間接的な方法によって実現したのである（なお，ベンチャー・ビジネスの誕生のためには以上の二要因とともにベンチャー起業家の存在が不可欠だが，その源泉となったのがアメリカ社会に伝統的なベンチャー・スピリットと，それを持った国内外からの多様な人材の流入だった）。

これに対して日本では，類似の有効な施策が政府から打ち出されることはついぞなかった。この“政府の無策”が日本経済の相対的衰退の主因の1つだったのである。

### 日本の大企業の無策

しかし，日本には，それ以上に重大な“無策”があった。日本企業，ことに大企業の無策である。一般に，いかなる事業にも寿命があるので，企業は既存の事業に安住せず，常に新規事業の開拓に注力しなくてはならない。したがって，それが順調になされていれば，日本でも，GAFAほど画期的ではないまでも新事業分野が次々に生まれ，そこに新旧事業入り乱れての競争が発生して経済成長に貢献する，といった可能性もあったであろう。そして，シリコンバレーのような創発的インフラがない日本では，ことに大企業にはそのような役割が（暗黙裡に）期待されていたといってもよい。

もっとも，洋の東西を問わず，一般に企業が巨大化とともに次第に保守化していくのは不可避であり，私企業たる日本企業にとっては，そのような期待を持たれることは「有難迷惑」かもしれない。事実，アメリカでも一般に大企業は保守的といわれ，これはベンチャーから覇権企業に上り詰めた大企業も例外ではなく，次世代ベンチャーに覇権を奪われるのはめずらしいことではない。実際，1990年代までのコンピュータ時代に圧倒的支配力を誇ったIBMもパソコン時代にはマイクロソフト，インテルなどに取って代わられ，また，それらの企業も，インターネット／スマホ時代には出遅れて主導権をGAFA等に奪われている。したがって，新規事業の創出，ことに一国の経済成長を牽引するような画期的新事業の創出を日本の大企業に期待するのが酷なことはたしかである。そこで主要な役割を担うべきは，やはり政府であろう。

しかし注目すべきは，アメリカではいずれの時代にも，新興の覇権企業に退場を迫られた“元覇権企業”の多くが覇権企業によって開拓された新分野への“反撃”を試み，この新旧覇権企業間の熾烈な競争がアメリカ経済の活力の維持に貢献してきたことである。そしてそれは現時点でも続いており，たとえば，マイクロソフトはスマホ，ウェブ検索，クラウドなどGAFAが開拓した分野への進出を試み，スマホ，ウェブ検索では失敗したもののクラウドではアマゾンを猛追している（その結果，同社は2018年11月に，株式時価評価額では02年以来の世界トップとなった。13年以来トップだったアップルを抜いたものであり，それは8年振りであった）。また，そのウェブ検索でマイクロソフトの挑戦を退けたグーグルは（SNSではフェイスブックに挑戦して敗れたが），IoT時代の主戦場の1つになりつつある自動運転車において，トヨタ他の自動車大手を差し置いてウーバー，中国の百度（バイドウ）などとともに，先頭集団を形成している[2]。

そしてこのようなアメリカと比較すると，日本にはGAFAに相当する企業はおろか，IoT/AI関連の新事業分野に参入できている企業は（部品メーカーを除けば）少なく，すでに大きく出遅れている。そのうえ，IoT/AI時代の中核プレーヤーとなるべきエレクトロニクスやIT関連の既存大企業の影が非常に薄く，事態をより深刻なものにしている。

では，どうしてそのような出遅れが生じたのか。それは，インターネット／スマホ時代以前のエレクトロニクス機器の時代に生じた「薄型TVウォーズ」で，参戦した“すべての”日本企業がサムスン等の韓国メーカーに敗れて，はなはだしく疲弊したためである。そしてそれが，先述の“政府の無策”以上に日本経済にマイナスの影響を及ぼしたばかりか，今なお，その先行きに影を落としているのである。本書が薄型TVウォーズでの敗戦を分析対象に選んだのは，まさにこのためにほかならない。

しかし，薄型 TV ウォーズが惨敗に終わってすでにかなりの期間が経過し，人々の記憶も薄れ始めたように見える今，その敗因を分析する意義はどこにあるのだろうか。次に，それを明らかにしよう。

### ■ 薄型 TV ウォーズの敗因分析の意義

第1の意義は，薄型 TV ウォーズで日本企業が敗れたのはその“戦い方”に誤りがあった可能性があり，それが“IoT/AI”ウォーズでも繰り返される恐れがあるからである。これは同ウォーズへの“出遅れ”以上に日本企業の前途に影を落としている要因であり，薄型 TV ウォーズにおける失敗を繰り返さないためには，そこでの敗因を徹底的に分析して教訓を汲み取ることが不可欠である（IoT とは「モノのインターネット〔Internet of Things〕」の略で，さまざまな「モノ」がインターネットによって連結されたシステムを意味し，IoT 時代とは，それを利用した新規事業が次々に生まれる時代を意味する。ウーバーなどのライドシェア〔相乗り〕事業やエアビーアンドビーなどの民泊事業がその例である。なお，IoT 関連事業では大規模データの有力な分析手法である AI，すなわち人工知能が競争力を左右することが多いため，IoT 時代は IoT/AI 時代とも呼ばれる）。

第2の意義は，実は薄型 TV ウォーズ敗戦の原因となった“戦い方”における誤りは，参戦したエレクトロニクス各社だけでなく，程度の差はあれ日本の他業界の多くの企業にも見られたものであり，これを放置すれば，今後，薄型 TV ウォーズでの敗北と同様の敗北がそれらの業界でも生じかねないからである。とくに懸念されるのは，高度成長をエレクトロニクス業界とともに牽引し，しかも同業界の脱落後も今日までそれを牽引してきた自動車業界である。日本の自動車各社が自動運転車や（インターネットに接続された）コネクティッド・カーなどの IoT/AI 分野および電気自動車などで出遅れたことは，“焦った”トヨタが自社にないさまざまの技術を求めて“全方位”で提携，買収を急いでいることからも明らかである。同業界がかつての薄型 TV メーカーと同じミスを犯せば（エレクトロニクス業界にはほとんど期待できないので！），始まった“IoT/AI ウォーズ”での日本の敗戦は不可避となり，「日本経済の相対的低下」の永続は現実のものとなるであろう。

そして第3の意義は，以上のような重要性にもかかわらず薄型 TV ウォーズでの敗戦の記憶は薄れつつあり，その原因を徹底的に解明して今後に生かすという機運が企業，研究者のいずれの間にも見られず，これがIoT/AI時代における失敗の土壌となる恐れが強いからである。このような状況が生まれた要因としては，後述の「円高」や「韓国企業による日本の技術の模倣・盗用」等を敗因とする見方の影響とともに，「失敗が生じてもその原因を厳しく追求せず，すぐ忘れる，その結果また同じ失敗を繰り返す」という，日本人気質がありそうである。そしてその1つの反作用といえるのが，国家間の“リアル”の戦争，ことに第二次世界大戦の敗因についての高い関心である。しかし，それがIoT/AI時代に向けての“実践的で有用な”教訓を与えてくれる可能性は小さい。それよりもまず，本来の“ビジネス”での敗戦であり，しかも技術的にも生じた時期の点でも同時代により近い大きな敗戦――すなわち“薄型TVウォーズ”での敗戦――から学ぶ必要があるであろう。本書の目的の1つは，薄型TVウォーズで明らかになった日本企業の“戦い方”の欠陥をビジネスパーソンに理解してもらい，危機感を共有してもらうことである。

以上が薄型TVウォーズの敗因分析を行う意義であるが，それでは，より具体的に，何をどのように分析すればよいのだろうか。同ウォーズはかなり長期にわたる，関係する組織や人も非常に多い複雑な現象であり，その中から敗因を探り出すのは容易ではない。そこで，本書が用いるのが，次の方法である。

## 2 敗因分析の焦点と分析方法

薄型TVウォーズのような複雑な現象の敗因を“事前の見当”をまったく付けずに正面から総花的にアプローチするのは生産的ではなく，かといって見当をつけた要因を分析するだけでは重要な敗因を見落とす恐れがある。そこで，本書では次のような方法を採用した。まず，既存文献の調査と筆者自身の観察から，既存研究ではほとんど指摘されていないがもっとも重要な敗因だと考えられる「経営戦略の失敗」に焦点を当てて分析し，得られた敗因を「主要な敗因」と仮置きする。次いで，既存研究で指摘されたさまざまの敗因をその「主要な敗因」と比較検討し，後者が最重要と認められれば，それを真の「主要な敗因」と判断する方法である。次にこの方法をもう少し詳しく紹介するが，その前に次の2点を指摘しておこう。

1つは，既存研究が指摘する敗因の中で，真の「主要な敗因」とは異なる

(ないし独立だ) が敗因と認められるものは「副次的敗因」と呼ぶことである。またもう1つは，詳しくは後述するが，「敗戦」を「事業の赤字が続く状態に陥ること，ないし (その結果) 事業を縮小しあるいは撤退すること」と考えることである(3)。

### ■ 経営戦略へのフォーカス

このように，本書では第1段階として経営戦略の失敗に焦点を当てて敗因を探るが，このステップについて注意すべきは次の4点である。

第1に，経営戦略の失敗に焦点を当てるということは，次の2つのことを意味することである。1つは，敗因を企業内の要因に求め，企業がコントロールできない環境要因，たとえば戦争や巨大な自然災害などによる事業の衰退，消滅等による敗戦 (?) は考察の対象外とすることである。またもう1つは，企業内の要因で敗因候補になるものには経営戦略，経営者や従業員などの企業構成員，および企業組織などがあるが，これらの中で「主要な敗因」が潜んでいそうだとしてとくに注目するのは経営戦略だということである。それは，敗戦とは，競争相手に勝つために "打った手" が悪くて負けることを意味するが，"打った手" とは，企業の場合には，経営戦略にほかならないからである。なお，注意すべきは，戦略以外の要因も「副次的敗因」，あるいは「主要な敗因」の原因となる要因があることである。

第2に，経営戦略にはさまざまのタイプのものがあり，いずれも「主要な敗因」候補として検討するが，中でも "競争戦略" に焦点を当てることである。すなわち，経営戦略には事業 (ポートフォリオ) の組み替えに関する「企業戦略」，1つの事業内での他社との戦い方に関する「競争戦略」，研究開発，生産，マーケティング，財務等の各職能についての「機能別戦略」，および市場競争以前の「新規参入戦略」などがあるが，薄型 TV ウォーズは一事業に関するものなので，その敗戦に "直接" かかわるのは主に競争戦略と考えられるからである。他方，企業戦略は一事業内での競争に直接かかわるものではなく，また機能別戦略は競争戦略の手段だからである。

第3に，競争戦略には，(第7章で詳しく述べるように) "低価格 (ないしコスト・リーダーシップ) 戦略"，"差別化戦略"，およびそれらをミックスした "ミックス戦略" の3タイプがあるが，分析では，「それらのいずれが選択されたのか」ということだけなく，「選択されたタイプがその後（戦況を含む環境の変化に対応して）他のタイプに“転換”されたことがあるか，あるとすればそれはどのようなものだったのか」ということにも注目することである。とくに重要なのは後者であり，それは，競争戦略（タイプ）の転換が勝敗を分ける要因になる可能性があるからである。それを推測させるのは，次のような，勝者のサムスン電子（以下，サムスンと略称）と敗者のシャープの違いである。サムスンは，参入当初は低価格戦略をとったが，その後，差別化した製品も販売したこと，他方，シャープは逆に，当初は差別化戦略をとっていたが，その後は低価格の製品も販売するようになったことである。

なお，このことに関連して，競争戦略に関するものではないが，先述の“元”覇権企業のマイクロソフトによるGAFAへの猛追を想起しよう。それは同社に覇権をもたらした“ソフト・ビジネスからクラウド・ビジネスへ”という“企業戦略の転換”が企業の存続や成長にとって重要なことを示す好例だが，同時にそれは，競争戦略においても“転換”が重要なことを示唆するものといえよう。

最後に，「主要な敗因」は，1つの失敗ではなく，複数の失敗からなるものと想定することである。薄型TVウォーズは十数年にわたった大規模な戦いであり，1回の戦略（変更）の失敗で敗戦になるという単純なものではなく，その間になされたいくつかの戦略（転換）の結果，最終的に敗戦に追い込まれたと考えられるからである。

### ■ 具体的分析方法①——ダイナミック戦略論の適用

以上のように，本書では「第1段階」として，競争戦略を中心とする経営戦略（の転換）の中から「主要な敗因」を見出すことが課題になるが，そこで必要になるのが戦略に関する理論である。というのは，もっとも重要な競争戦略に即していえば，ある競争戦略ないしその転換が敗因になった——すなわち，連続赤字や撤退の原因になった——といえるためには，（問題となっている状況で）何が正しい競争戦略（の転換）だったのかを判断できなくてはならず，その基準を提供するのが競争戦略に関する理論だからである。

しかし，そのような理論を既存の競争戦略論の中に見出すことはできない。それは，上の方法では競争戦略の“転換”の巧拙が勝敗を左右するケースがあることを想定しているが，既存の競争戦略論のほとんどは，そのような状況を想定していないからである。すなわち，それらは戦略を時間の推移とともに変化する（ないし変えるべき）ものではなく，普遍的に正しいものとみなす「スタティックな（静学的）戦略論」だからである（その典型が，「企業は自社の得意な競争戦略に特化し，決めた以上はそれを変えてはならない。変えると，変えなかった企業に負けるからだ」とするポーター理論であり，そこでは，戦略転換の失敗が敗因とされることはありえない）(4)。

そこで本書では，戦略転換を扱える「ダイナミック（動学的）競争戦略論」によって敗因を分析することにする。それは筆者が構築しつつあるものであり，ポーター理論を動学化して競争戦略の転換を扱えるようにしたものである(5)。なお，事業の組み替え，すなわち事業構造の“転換”にかかわる企業戦略の失敗も「主要な敗因」やその原因になる可能性があるので，敗因分析では，企業戦略論も必要である。そこで同理論についていうと，その性質上，それはもともとダイナミック理論としてつくられている。しかし不十分な点もあるので，それらについてはよりダイナミックなものに修正して使うことにする。

ところで，（ダイナミックな競争戦略論と企業戦略論からなる）ダイナミック戦略論では，環境と適合的な戦略を形成し，環境が変わればそれに合わせて戦略を転換していく能力を「ダイナミック戦略（形成）能力」と呼んでいる。そこでこれに従えば，本書の敗因分析の焦点の１つはこの能力にあるといってよいであろう。

### ■ 具体的分析方法②――敗因ツリー分析の適用

以上の分析によって“仮置き”の「主要な敗因」が見出されたとしても，それだけでは不十分である。というのは，「主要な敗因」を構成する個々の具体的失敗には，それをもたらした原因があるはずであり，また後者にはさらにその原因があり，それにはさらに……という因果関係が想定されるからである。そこで，それらも「主要な敗因」の一部分とみなすことにするが，それらを最初の「主要な敗因」と区別しないと数が多くなり，見通しが悪くなる。

そこで行うのが「敗因ツリー」による分析であり，図序-1に示した方法である。「主要な敗因」を，敗戦に“直接的（ないし一時的）”につながる「直接的敗因」と，それに因果的につながる「間接的敗因」からなると考え，後者に

図 序-1　敗因ツリー

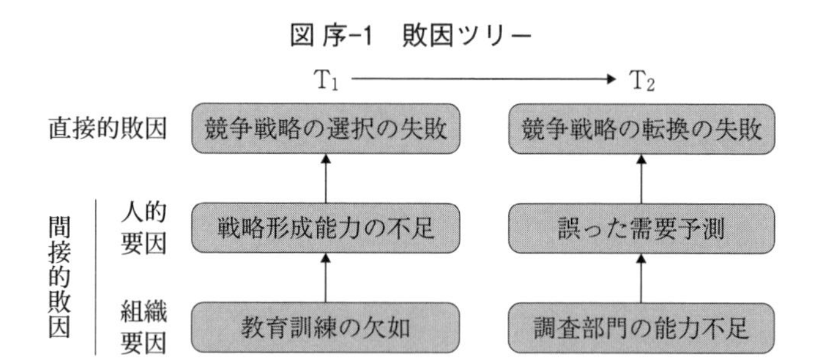


ついては，さらに，人的要因，組織要因などに分けて把握する方法である。

たとえば，ある企業の直接的敗因の１つは「$T_1$時点で“差別化戦略”をとったが，他社の低価格戦略に敗れたために赤字を出したこと」だったが，この失敗の原因は「トップ・マネジメントの戦略形成能力が不足したこと」であり，さらにその原因は「戦略形成についての体系的教育を受けなかったこと」だったとしよう。それを示したのが図 序-1 の $T_1$ の下に示した「敗因ツリー」である。またその後，「$T_2$時点で，（上の赤字化後）黒字転換を狙って後継のトップ・マネジメントが“差別化戦略から低価格戦略に転換”したものの市場拡大が想定を下回り，赤字が常態化して結局撤退した」という直接的敗因が発生し，その原因は，（彼は戦略形成能力を持っていたが）「市場調査部門からの情報が市場は急拡大するという誤ったものだった」ことであり，さらにその原因は「市場調査部門の能力不足」だったとしよう。これを示したのが，図 序-1 の $T_2$ の下に示した「敗因ツリー」である（これは説明の便宜のために簡略化したものであり，実際には，１つの直接的敗因に複数の間接的敗因が対応するなどはるかに複雑である）。

このようにして個々の企業のすべての直接的敗因について図 序-1 のような「敗因ツリー」がつくられれば，同社の直接的敗因とそれに連なる間接的敗因からなる「主要な敗因」の全体像が明らかになったことになる。

以上が個別企業ごとの敗因分析の方法であるが，複数企業の敗因分析の場合には，次の２つの方法を併用すればよい。１つは，各社の敗因ツリーをそのまま相互に比較して共通点を調べる方法であり，もう１つは，各社ごとに重要度の高い敗因を抽出し，それらを比較して共通要因を探る方法である。本書の場合には，このような方法を適用することにより，日本のエレクトロニクス企業の「主要な敗因」の構造を明らかにし，それを基礎として，より広く日本企業の「失敗の構造」を明らかにする。

### ■ もう1つの分析の焦点――コーポレート・ガバナンス

ところで，このように，本書ではダイナミック戦略能力にとくに焦点を当てて敗因分析を行うが，実は，もう1つの焦点がある。「トップ・マネジメントの選任に関するコーポレート・ガバナンス」であり，コーポレート・ガバナンスの広い対象領域の中でとくにトップ・マネジメントの選任に関する部分を意味する。それを焦点とするのは，先述のように薄型TVウォーズはかなり長期間にわたったため，その間にウォーズを主導したトップ・マネジメントから次の経営者への交替があり，それが各社の「間接的敗因」になった可能性があるからである。たとえば，退任するトップが“院政”を敷いて後継トップの戦略に影響を与えた場合には，先任トップの不適切な戦略が継続されて敗戦をより確実なものにし，時にはより深刻なものにすることもありうる。年功序列型昇進システムがなお強固だった薄型TVウォーズの時代については，この点への注目は不可欠であろう。

### ■ 具体的分析方法③――既存の敗因説との比較

以上の「第1段階」の分析によって経営戦略に関連した“仮置き”の「主要な敗因」が明らかになると，次に，それが“真の”「主要な敗因」なのかを検討しなくてはならない。それが「第2段階」であり，具体的には，既存研究で指摘されたさまざまの敗因との比較検討という形で行う。この結果，仮置の「主要な敗因」が最重要と認められれば，それは真の「主要な敗因」と認められることになる。その結果は第11章で明らかにするが，ここで簡単に，既存研究としてどのようなものがあるのか，またそれらは，本書がその獲得を目指しているIoT/AI時代を生き抜くために必要な教訓を与えてくれそうかどうかに触れておこう。

薄型TVウォーズの敗因については，円高，韓国の官民一体の産業育成策，サムスン等による日本の技術の盗用・模倣，サムスンの優れたマーケティング戦略，日本企業の過当競争，あるいは選択と集中の欠如，などさまざまの説が提示されてきた。しかし，そのほとんどは一面的で，何よりも「経営戦略関連の敗因」という重要な敗因を見落としており，そこからIoT/AI時代を生き抜くのに必要な教訓を得ることはできそうにないといってよいであろう。

### ■ リアルの戦争の敗因の分析

ところで，以上の敗因説は，本書と同様に，薄型TVウォーズでの日本企業の敗因そのものに分析の焦点を当てたものだが，これとは違い，リアルの戦争での敗戦から不振の日本企業への教訓を得ることを主目的とし，その一例として薄型TVウォーズの敗因に言及したものもある。しかし，リアルの戦争と企業間ウォーズとでは大きな違いがあり，このような“アナロジー”による研究からは，一般性（ないし抽象度）が高すぎるか，逆にあまりに部分的（ないし特殊）な教訓しか得られず，企業間ウォーズへの現実的で体系的な教訓を得るのはむずかしい。ところが，先述のように日本では，そのような分析への関心がなお高く，本書のような，企業間ウォーズそのものの経営戦略論による体系的分析への接近を妨げているようにも見えるので，ここで簡単に言及しておこう。

第二次大戦の日本軍の敗因についての著名な研究に『失敗の本質――日本軍の組織論的研究』（戸部ほか，1991）があるが，同書の分析に関連して薄型TVウォーズの敗因あるいは高度成長後の不振について書かれた，より理論的な著作がある。それらの中から分析フレームワークの異なる2つの文献を取り上げて見てみよう。

最初のものは上の著書の著者たちによって書かれた『戦略の本質――戦史に学ぶ逆転のリーダーシップ』（野中ほか，2008）である。それは，「日本軍が（敗勢を逆転できず）敗れたのは戦略が不在だったから，すなわち戦略の本質を理解しなかったからだ」という認識にもとづいて，戦略の本質を分析してリーダーの備えるべき条件を挙げ，「高度成長後に日本企業の業績が芳しくなかったのはそのようなリーダーがいなかったからだ」としている（なお，リーダーについての条件を導出するための事例研究に使われたのは，毛沢東戦略，第二次大戦でのイギリス，ソ連の戦い，ベトナム戦争等の，世界史上の“逆転”のケースであり，研究に使える逆転のケースはなかったとして日本のケースは含まれていない）。

ところで，その内容の詳細には本書では触れないが，注意すべきは，著者たちがそれについて，「果たして日本にはこの条件を満たすリーダーがいるのだろうか。あるいは，いたのだろうか。われわれは，そうしたリーダーが少なくとも過去には存在し，現在でも潜在的にはどこかにいると信じたい」[(6)]と述べていることである。そしてこれからわかるように，彼らの議論は“理想論”の試みとしては興味深いが，そこからIoT/AI時代への教訓を得ることは困難であろう（なお，著者たちは，上のような理論を展開した背後には，「日本企業のバブル後の不振の原因は“分析的戦略論”に依拠しすぎたことだ」という判断があったと述べているが，筆者の考えはこれとは異なる。この点については終章でより詳しく説明する）。

もう1つは『組織の不条理——日本軍の失敗に学ぶ』（菊澤，2017）である。同書は，先に見た戸部ほか（1991）の分析方法への批判にもとづいて書かれたものである。すなわち，「戸部ほかは人間が完全に合理的な存在であるという前提に立って分析しているが，人間の合理性には限界があるのでそれでは不適切だ」として，「限定合理性」という分析フレームワークを用いて書かれたものである。しかし，その試みは成功したとはいえない。薄型TVウォーズの敗因分析が直接の目的ではないので，同ウォーズに関してはシャープにしか言及していないのは仕方ないとしても，同社についての敗因分析と処方箋は受け入れられないからである（この点についても，終章でより詳しく説明する）。

このように，リアル・ウォーズの敗因からのアナロジーで薄型TVウォーズの敗因を分析するのはむずかしく，ましてやIoT/AIウォーズについての教訓を得るのは至難であろう。やはり，次章以下で試みるような，経営戦略論にもとづく分析が不可欠である。

### ■ 本書の構成

本書は，薄型TVウォーズでの日本企業の敗因を，“ダイナミック戦略能力”と“トップ・マネジメントの選任に関するコーポレート・ガバナンス”に焦点を当てて分析し，それにもとづいて，日本企業がIoT/AI時代を生き抜くうえで有用な教訓を得ることを目的としている。本書は2部からなるが，そのような構成としたのは，分析に先立ってまずウォーズ全体の流れを把握することを重視したためであり，第1部では，6社を中心に日本の薄型TV産業の勃興から敗戦までの流れをたどり，それだけで1つの“ストーリー”として読めるようにすることを試みた。

また第2部では，そのような第1部にもとづいて，まず本文で4社（シャープ，パナソニック，ソニー，日立）の敗因を企業ごとに分析し，他の2社（東芝，パイオニア）については補論で敗因を分析している。それらでは分析に先立って各社の開発段階から敗戦までの流れにも簡単に言及しているので，特定企業の敗因にとくに関心がある場合には，先に第2部から読むことも可能である。

そして終章では，このような本書で得られた分析結果とそれを生み出した分析方法の特徴について述べ，さらにそれにもとづいて，日本企業がIoT/AI時代を生き延びるにはどうすればよいのかを明らかにする（なお，渦中にある自動車産業については終章でやや詳しく述べる）。

# 第1部

# 戦いの経過

「序章」で述べたように，本書では，第1部で，薄型 TV ウォーズの戦いの跡をたどり，それを踏まえて，第2部で，経営戦略に焦点を当てた薄型 TV ウォーズの敗因――「主要な敗因」――の分析を行う。

第1部の第1章では，薄型 TV ウォーズの戦いに入る前段階である薄型 TV の開発の局面と 1990 年代の TV 業界について概観する。

次いで，第2章から第6章までにおいて，薄型 TV ウォーズの戦いの跡を次のように5つのフェイズに分けてたどる。

第2章：薄型 TV 市場が立ち上がる直前のいわば先陣争いの「フェイズ1：1990 年代」

第3章：市場が立ち上がって成長への期待が高まり，本格的設備投資を競い出した「フェイズ2：2000～03 年」

第4章：市場が急成長する中で激しい市場競争を繰り広げた「フェイズ3：2004～05 年」

第5章：市場成長のスローダウンから金融危機後の世界的経済停滞への急変の中で，サバイバル・レースが展開された「フェイズ4：2006～08 年」

第6章：日本メーカーが最終的に敗退に追い込まれた「フェイズ5：2009～」

いずれの章も，まず「概況」でそのフェイズにおける TV 需要や経済・景気などの「環境動向」を概観し，さらに同フェイズでの戦いの全体像を「戦況」として概観する。

次いで，各フェイズにおける戦いの状況を見ていく。全体として，ウォーズでの重要なプレーヤーだった4社（シャープ，パナソニック，ソニー，日立）に焦点を当て，この4社についてはどの章でもかなり詳しく述べる。ただし，第2章では，せっかく市場に“一番乗り”しながらすぐに消えてしまった富士通，NECと，“準一番乗り”の1社だったパイオニアについても触れる。また主要4社ほどではないが，一定の存在感を示した東芝とパイオニアについては，その分析結果を巻末の「補論」で示すことにする。なお，ウォーズの初期には，先行グループ，追走（追随，追撃）グループ，出遅れグループなどの区別が有用なので，第2〜4章では，適宜これらのグルーピングを用いて各社について述べる。

以上のようなスタイルをとっているので，各章の「概説」のみを通読すれば，ウォーズの全体像を手っ取り早く概観することができる。また主要4社については，各章のそれぞれについての部分を通して読めば，各社の全フェイズを通しての戦いぶりを通観することができる。

最後に，薄型TVウォーズの主要プレーヤーであるサムスン（とLG電子）を体系的に扱わなかったことについても触れておこう。1つは，紙幅が足りないので割愛したためである。またもう1つは，サムスンは世界市場からは半ば独立した日本市場では戦わず，他方，日本企業も日本市場での戦いにエネルギーを集中し，そこでの失敗のために“サムスンという企業が存在しなかったとしても”敗戦に至った——すなわち，サバイバル・ゲームの結果“誰もいなくなった”——可能性が高く，日本企業だけを見ても敗因のほとんどはわかるからである。

もちろん，日本企業の敗因にはそのような“オウンゴール”に加えてサムスンの優れた戦略に負けた部分があるのは事実であり，この点については第11章の分析の中で明らかにする（なお，サムスンについては，いずれ，日本企業の敗因との対比でより体系的に分析する予定である）。

最後に表記法について2点注意しておこう。1つは，社名は，初出時以外は，松下電器産業を「松下」とするなど，簡略化していることである。なお，松下は2008年に「パナソニック」と社名変更しており，原則としてそれ以前のことについては「松下」，その後のことについては「パナソニック」とするが，変更の前後にわたることを述べる場合には，08年以前のことについてもパナソニックと呼ぶことがある。もう1つは，「(液晶，プラズマ）パネル」と「(液晶，プラズマ）ディスプレイ」は互換的に用いることである。また，パネルの数量については，原則として「枚」を用いるが，資料によっては「台（32型換算)」など，ある型のTV用パネルが何枚取れるかによる表記が使われているので，その場合には「台」を用いる。

# 第1章 薄型TVの開発と1990年代のTV業界

### はじめに

本章では，薄型TVウォーズに先立つ薄型TVの開発の局面と1990年代のTV業界について概観する。第1節で前者を，第2節で後者を扱う。

## 1　薄型TVの開発

薄型TVとして開発が試みられたものはかなりの数に上るが，開発に成功して市場化にまで漕ぎつけたのは液晶（Liquid Crystal Display, LCD）TV，プラズマTV，有機EL-TV（Organic Electro-Luminescence）の3タイプだった。しかし有機EL-TVは，本書で扱う薄型TVウォーズではまだ次世代TV候補にすぎず，存在感はほとんどなかった。そこで以下では，液晶TVとプラズマTVの開発史を簡単に紹介し，その他のものについては簡単に言及するにとどめる(1)。

### 1）液晶TVの開発

液晶（Liquid Crystal, LC）とは，分子配列が結晶のように規則的だという固体的性質と，分子間の結合が緩やかだという液体的性質をあわせもつ，液体と固体の中間的状態にある物質である。また液晶ディスプレイとは，この液晶を2枚のガラス基板に挟んで電圧を加えて液晶分子の結晶方向を制御することにより，基板の背後に設けた光源（バックライト）からの光の透過率を制御して映像を表示する装置のことである。また，それを用いたTVが液晶（ディスプレイ）TVである。後述のプラズマ・ディスプレイ・パネル（Plasma Display Panel, PDP）方式などとは異なるこの方式の特徴は，液晶それ自体は光を発するいわゆる「自発光」ではないために，それを透過させる光を出す光源（バックライト）が必要であり，それが，寿命の点では自発光のものよりも有利な半面，後述の「視野角」などの問題の原因になることである。

### ■ 開発の始まり

液晶がオーストリア－ハンガリー帝国の植物学者F. ライニッツアによって発見されたのは1888年であり，液晶ディスプレイについての最初の特許がアメリカのRCA社のR. ウィリアムズによって出願されたのは1962（成立は67）年だった。そして世界で初めて液晶ディスプレイの作成に成功したのはそのRCA社だったが，液晶ディスプレイの実用化で大きな役割を果たしたのは日本企業だった。

1968年のRCAの発表を知って諏訪精工舎（後のセイコーエプソン）やシャープは腕時計や電卓の表示装置の開発を開始し，同業他社や日立はじめエレクトロニクス大手もそれぞれの関心から開発を推進した。中でも強い関心を示したのは電卓競争の渦中にあったシャープであり，液晶ディスプレイが電卓の表示装置として有望と見た同社は，RCAにそのOEM供給を要請したが，同社の回答は「時計より速い応答速度が要求される電卓には液晶は対応できない」というものだった。

そこで同社は1969年に電卓用液晶ディスプレイの開発に乗り出したが，当初の方法は，RCAで開発された「液晶材料の純度を高め，それに“直流”電圧を加える」方式で自然界に多くある液晶材料を次々にテストするというものであった。しかし，この方式では加圧によって生ずる電気化学反応によって材料がすぐだめになり，「パネル動作の長時間の持続」という求める成果は得られなかった。

ところが，その成果は，“ある日突然に”やってきた。実験に使っていた液晶材料のビンに蓋をするのを忘れて帰宅したある研究員が，翌日，「これでは不純物が入ってしまっただろうからもう実験には使えない。それならいっそ，日ごろ考えていることを実験してみよう」ということで，その液晶材料に“交流”の電圧をかけたところ，パネルの動作寿命が突然伸びたのである。

こうして，高純度の液晶材料に少量の不純物（イオン添加剤）を加えて電気を流れやすくし，それに交流電圧をかければ電気化学反応が打ち消されて寿命が格段に伸びることがわかり，液晶ディスプレイの開発は急速に進展した。そして1973年6月には，そうして実現した液晶ディスプレイを表示装置とする世界初の電卓がシャープから発売された(2)。

### ■ 小型OA機器用液晶ディスプレイの開発

その後，液晶ディスプレイの開発のターゲットは時計や電卓向けの“文字表示”用で小画面のものから，TV，パソコン向けの，より大きく，しかも“画像表示”が可能な装置へと移り，鋭意，開発が進められた。

そして，その方向での大きな成果となったのが，1978年のシャープによる5.5型の「白黒液晶ディスプレイTV」の開発の成功だった。これにより，それまでの文字表示からTVを含む画像表示の可能な液晶ディスプレイの開発への第一歩が印されたのである。また，パソコンについても，84年から86年にかけて，日本・データゼネラル，東芝，NECの各社から携帯型やラップトップ型が発売された。

しかし，それらの液晶ディスプレイに用いられた液晶はRCAが最初に開発したものを進化させた液晶（TN液晶）であり，大画面化がむずかしかった。それでも，この問題はスイスの研究機関が発表した液晶（STN液晶）によってかなり解決された。そして，その実用化で先行したのはセイコーエプソンと住友化学，および日立と日東電工，等の日本の共同研究チームだった。

その後，同液晶の製品化が競われたが，そこで先行したのはシャープであり，STN液晶ディスプレイを用いたワープロが1987年に同社から発売され，また88年にはセイコーエプソンからラップトップ・パソコンが，89年には東芝から（世界初の）ノートパソコンが発売された。また，カラー化も進み，88年にはシャープとセイコーエプソンからカラーSTN液晶ディスプレイが発表され，製品化された。同ディスプレイは低コストで生産できるため，それ以降，大型計算機，ワープロやOA機器に広く使われることとなった。

こうしてSTN液晶ディスプレイの登場で液晶ディスプレイのエレクトロニクス機器への応用は着実に進展したが，家庭用TV用としてはなお不十分で，ことに「応答速度」，「大画面化」，「視野角」などのそれぞれについての問題が大きな障害となった。しかしそれでも，これらの問題も次第に解決が図られていった(3)。

### ■ 家庭向けTV用ディスプレイの開発

1つめの「応答速度の問題」とは，映像（動画）を滑らかに映す能力の問題であった。TVとしての映像を表示するには毎秒数十コマの画像を高速で表示する必要があるが，各セルを順にオン・オフする“単純マトリックス駆動方式”では速度が著しく遅いため，動きのある映像を表示すると残像が発生するという問題が生じた。

これについては，オン・オフの状態を切り替えるスイッチング素子（トランジスタ）を各セル（画像を描き出す画素）に形成する“アクティブ・マトリックス”と呼ばれる駆動方式の概念が1971年にRCAから発表された。そして，同方式を用いた液晶ディスプレイがウェスティングハウス社によって初めて試作された。これが後に主流となるTFT液晶ディスプレイである。

しかし，その後の開発をリードしたのは日本メーカーだった。同ディスプレイを最初に開発したのはセイコーエプソンであり（1983年），84年には，同液晶を用いたTVが同社から世界初のカラーTFT液晶TVとして発売された。2型の「ポケット（ポータブル）TV」であり，TFT液晶を組み込んだ商品としても世界最初となるものであった（なお，その開発者である諏訪精工舎の両角伸治氏はAV〔音響・映像〕界のノーベル賞といわれる「エデュワルドライン財団技術章」を85年に受賞した）。

ところで，この製品に使われたTFT液晶は「ポリ（多結晶）シリコン（p-Si）」を用いたものだったが，これは大型化が簡単ではなかった（以下，「大型化」は「大画面化」と互換的に用いる）。そのため，かねてからそれに代わる素材についての研究が進められ，すでに1975年に，ガラス基板上に液晶ディスプレイを形成でき，大型化・工業化が比較的容易な画期的材料である「アモルファスシリコン（a-Si）」がイギリスで開発されていた。そしてその後，それを用いた液晶ディスプレイ「a-Si TFT液晶ディスプレイ」の開発が日本その他の国で進められたが，実用化で先行したのは日本であった。

1986年には同ディスプレイを用いた3型のカラーTVが松下から，翌年には同じ3型がシャープから発売され，前者はa-Si TFT液晶ディスプレイを用いた世界初のフルカラーTVとなった。また，89年にはNECの子会社のNECホームエレクトロニクス（以下，NEC-HEと略す）から4.3型が発売された（なお，TFTアクティブ・マトリックス技術の確立により，90年代以降，ワープロ，ノートパソコン等へのa-Si TFT液晶ディスプレイの使用が広がっていった。そして，91年からシャープ，NECによって同ディスプレイの本格量産が開始された）。

次いで「大型化の問題」とは，家庭用TVとして普及するためには大型の画面が不可欠だが，品質や歩留まりの低下のために液晶ディスプレイの大型化は困難と見られていたことである。これは，先述のように，TFTアクティブ・マトリックスではセルごとにスイッチング素子を組み込む必要があるが，それには高い精度が要求されたためである。後述のプラズマ・ディスプレイ（Plasma Display）よりも液晶ディスプレイの方が大型化するのがむずかしいとされたのは，それを含めて製造に要求される精度が液晶ディスプレイの方が1ケタ高く，それだけ製造が困難だったからである。

そしてこの問題に最大の貢献をなしたのはシャープであり，同社は1988年には14型の，また94年には21型のa-Si TFT液晶ディスプレイを試作し，大型化が可能なことを示した。後に第2章で詳しく見るように，ことに前者は，家庭用TVの実用化に向けた大型パネルの開発に大きな弾みをつけたものであった。

もう1つの「視野角の問題」とはバックライトが必要なことから生ずるものであり，TN液晶の視野角が80度程度しかなく，液晶ディスプレイの正面以外の角度（斜め）からディスプレイを見ると表示が霞んでしまい，きれいに見えないという問題であった。これは，ノートパソコン等と違い，複数の人が同時に見ることが多いTVの場合には致命的な問題点だった。

これに関しては，1992年にドイツの研究所から，基盤に垂直に電圧を加えるそれまでの方法ではなく，水平に電圧を加える「IPS」と呼ばれる（スイッチング）方式の液晶ディスプレイが提案され，またこれとは独立に日立も同方式の開発に成功し，140度の視野角が実現された。同液晶ディスプレイが発表されたのは95年だが，それは，「液晶ディスプレイにはもはや視野角という概念はなくなり，ブラウン管（CRT）と同じになった」といわれたほどの画期的な技術革新であり，やはり大型TVへの道を大きく切り開くものとなった。

なお，視野角の拡大については，IPS方式以前から別の方式も研究され，フランスでVA方式と呼ばれるものが提案されていたが，それを用いて広視野角液晶を初めて製品化したのは富士通であり，同方式は，シャープ，サムスン等で採用されることとなった。また，それ以後も，IPS方式，VA方式ともさまざまな改良型が開発され，利用に供されていった(4)。

### 2）プラズマTVの開発

液晶ディスプレイと並んで有力な候補となったのが，プラズマ・ディスプレイであった。「プラズマ」とは「放電現象」のことであり，プラズマ・ディスプレイとはその放電現象を利用したディスプレイを意味し，またプラズマ・ディスプレイ・パネルとはそのディスプレイを作るための基板（パネル）を意味する。そして，そのパネルを用いたTVがプラズマTVである（ただし，以下では，誤解の恐れのない場合には，プラズマ・ディスプレイとプラズマ・パネルの語を互換的に用いる。液晶パネルと液晶ディスプレイについても同様である）。

ところで，プラズマ・ディスプレイは液晶ディスプレイとは違い，それ自体が発光する“自発光型”のディスプレイだが，動作原理の違う2つの異なる方式が生まれた。いずれも「2枚のガラス基板と壁で密閉した空間に希ガスを封入し，上下に取り付けた電極間で放電を起こす」点では同じだが，一方は「その放電で生まれる可視光を制御して映像を映す」ものであり，封入した希ガスの種類によって映像の色が決まることから「モノクローム（単色）・ディスプレイ」と呼ばれた（以下，「モノクロ・ディスプレイ」と記す)。もう1つは「放電によって紫外線を放出させ，その紫外線が赤，青，緑の蛍光体を刺激して発する可視光を制御して映像を映す」ものであり，複数の色を出せることから「カラー（プラズマ）・ディスプレイ」と呼ばれた(5)。

#### ■ 開発の開始と挫折

プラズマ・ディスプレイを開発したのはイリノイ大学のD. L. ビッツアーとH. G. スロットウの2教授である（1964年)。開発の目的はコンピュータ用の新ディスプレイの開発であり，開発された技術は日米の多くの代表的企業にライセンス供与された。その結果，アメリカのオーウェンス・イリノイ社やIBM等によってプラズマ・ディスプレイが「モノクロ・ディスプレイ」として1971年に初めて商品化され，株式表示ボード，バスの料金表示ボード，ワークステーション用ディスプレイ等の用途が開拓されていった。こうしてプラズマ・ディスプレイの滑り出しは順調であり，ことに「応答速度」の速さと「視野角」の広さの点では液晶ディスプレイよりはるかに優れていたため，TV用ディスプレイとしても有望と見られ，70年代前半までは，橙色発光のモノクロ・ディスプレイやカラー・ディスプレイの開発が多くの機関で試みられた。

しかし，多くの難問が生じ，開発は困難を極めた。橙色発光モノクロ・ディスプレイの原理を用いて放電セルごとに異なる色のガスを封入してマルチカラーの発光ディスプレイを作る案も検討されたが，現実的ではないとして棄却された。そして蛍光体を用いる“カラー・ディスプレイ”方式の研究が主流となったが，解決すべき問題が次々に生じた。画面の明るさを意味する「輝度」が低い，真黒な状態と明るい状態との差を意味する「コントラスト比」が小さい，画面のきめ細かさを意味する「精細度」が低い，画面の濃淡の表示を意味する「諧調表示」が困難，パネルで消費される電力の何％が発光に使われるかを示す「発光効率」が低く消費電力が多い，製造の容易さにかかわる「量産性」が低い，等であった。

ところで，先にプラズマTVには動作原理の異なる2つの方式があると述べたが，実は，発光原理の違いからも2つの異なる方式が生まれた。1つは，イリノイ大学で発明されたAC型（ACとは“交流”型の意）であり，もう1つは，オランダのフィリップス社やアメリカのバローズ社で開発されたDC型（DCとは“直流”型の意）である。そして，この2方式は，上述の問題点の中でもことに重要な諧調表示，コントラスト比，輝度については対照的であり，諧調表示とコントラスト比についてはDC型が，また輝度についてはAC型が有利だった。

この2方式のうち，実際の開発で先行したのはAC型であった。初めて商品化に成功したのは，ガラス製品の製造を本業とするオーウェンス・イリノイ社であり（1971年），モノクロ・ディスプレイだった。そして同社は同年に蛍光発光を用いたカラー・ディスプレイの試作にも成功し，「大画面壁掛けTV」の可能性が語られるようになった。しかし，この初期のAC型のカラー・ディスプレイは寿命が短く，また高輝度のカラー表示も実現できなかったため，後から生まれたDC型に逆転を許すことになった。その原因は，上述のように，諧調表示とコントラスト比においてDC型がAC型に優っていたことだった。しかし，そのDC型も，弱点である輝度の低さを克服してTVの実現に必要なレベルまで上げることはできなかった。

こうして，AC型とDC型のいずれも難題を解決できなかったため，1980年代初めまでにはアメリカの大企業のほとんどがカラー・ディスプレイの開発から撤退し，最後に残ったIBMも87年に撤退した（それらの企業の多くはコンピュータ用ディスプレイの開発が主目的であり，薄型TV開発への熱意がそれほど強くなかったことも撤退の理由だった）。事情は日本でも似たようなものであり，70年代後半になるとほとんどの日本企業は撤退ないし研究の縮小に追い込まれ，あるいはフルカラー化への発展の可能性のない橙色モノクロ・ディスプレイの事業化に特化していった。

そして同ディスプレイは1980年代後半にラップトップ・パソコンに使われ，その普及に大きく寄与したものの，同年代末に液晶ディスプレイが台頭すると，消費電力の大きさやカラー化の出遅れなどで対抗できず，パソコン・ディスプレイ市場から駆逐された。またそれとともにガラス基板等の材料や各種製造装置が生産されなくなるなどプラズマ・ディスプレイ生産に必要なインフラが壊滅状態になり，産業の存続自体が危ぶまれるに至った。

ところが，そのような中でカラー・ディスプレイの実現に挑戦し続けた機関がわずかながらあり，その中心的存在がNHK放送技術研究所（以下，NHK技研）だった。1970年代初めからDC型カラー・ディスプレイの開発に取り組んで大きな成果を上げ，AC型の優位を覆したのである。87年には20型カラー・ディスプレイの試作に，また91年には一部ハイビジョン表示が可能な33型の試作に成功した。そして92年には（全面的に）ハイビジョン表示が可能な40型の試作に成功し，大画面壁掛けTVの可能性と，その本命はプラズマTVであることをアピールした。

しかし，それはとくに寿命，発光効率，輝度の点で不十分であったため，実用化への展望を示すことまではできず，企業の興味は引いたものの参入を決断させるには至らなかった。ところが，同じように粘り強くカラー・ディスプレイの開発に挑戦を続け，ついにその実現への道を大きく切り開いた人々が登場した。富士通の篠田傳（つたえ）氏とアメリカのベンチャー企業「プラズマコ」社長の

L. ウェーバー氏である。そして，彼らが開発を試みたのはAC型であり，その成功は，AC型がDC型を再逆転し，最終的に勝利を収めたことを意味するものとなった(6)。

### ■ AC型の勝利①――諧調表示問題等の解決

前述のように，カラー・ディスプレイの実現にはさまざまの問題が立ちはだかったが，DC型との対比でAC型の大きな弱点とされたのが，コントラスト比と諧調表示だった。コントラスト比とは，輝度――画面の明るさを意味し，低い場合には暗い場所では見えにくいという問題が生ずるもの――とは異なり，真黒な状態と明るい状態との差を意味するものであり，これが低い場合には（画面が明るくても）映像が鮮明には見えないという問題が生ずる。これはディスプレイの基本にかかわるが，当初のプラズマ・ディスプレイはそのようなものだった。他方，諧調表示とは濃淡の自在な表示を意味するものである。当時のプラズマ・ディスプレイは2段階表示しかできず，コンピュータ・ディスプレイとしてはともかく，TVとしては致命的であった。

そして，これらの問題のうち諧調表示とその他の多くの問題を解決してとくに大きな貢献をなしたのが篠田氏であり，コントラスト比の問題を解決したのがウェーバー氏であった。まず，前者の解決のプロセスを見てみよう。

富士通は1968年に富士通研究所でイリノイ大学の技術をもとにAC型“モノクロ”ディスプレイの研究を開始し，73年には事業部で製品の量産を開始していた。篠田氏が富士通に入社したのはその年であり，明石工場の電子デバイス研究部に配属されてモノクロ・ディスプレイの開発に携わった。ところが，70年代後半にはその量産方法が確立したために研究所は無機EL（エレクトロ・ルミネッセンス）ディスプレイの研究に転じたが，篠田氏は“カラー”・ディスプレイの研究を諦めず，“個人の努力”で推進したのだった。

彼はまず上司には黙って研究を続けて赤，青，緑の3色を表示できるディスプレイを試作し，それを上司に見せたところ認められ，正式の研究をスタートさせた。その試作に成功したのはパネルの放電の仕方についての新方式を開発したためだが，これは輝度が低く，また（紫外線が蛍光体を焼いてしまうために）寿命が短いという初期のAC型の致命的な欠陥を克服して高輝度と長寿命を実現したものであり，のちに実用化されたカラー・ディスプレイにつながる重要な成果だった。

その後，彼は，突然の発病で入退院を繰り返している間に富士通が研究所を厚木に集約し，研究テーマも縮小したためにカラー・ディスプレイの研究が中止になるという事態に直面したが，上司に直訴して「1人でやるなら」という条件つきで製造部の数名の協力を得て開発を推進した。その結果，1988年には20型の「3色（赤，緑，黄色――“青色”ではない）カラー・ディスプレイ」の試作に成功し，製品化したが品質が悪く，開発中止の危機に直面した。しかしその後も鋭意開発を続け，91年のエレクトロニクス・ショーに31型カラー・ディスプレイの試作機を出展し，（展示中にダウンするトラブルに見舞われたが）高評価を得ることに成功した。

その理由は，先述の新放電方式をさらに改良した「3電極放電方式」の採用に加え，「ADS（アドレス・表示期間分離法）」と名づけた新駆動方式の開発によって諧調表示の問題を解決し，64諧調26万色の表示を可能にしたことであった。この新駆動方式はその後市販されるようになったハイビジョン・プラズマ・ディスプレイの駆動方式の基礎になったものであり，「低画質に泣いていたAC型に，きちんとした諧調を与え，画質で先行していたDC型をノックアウトする武器になった」(7)ものであった。

しかし，この31型カラー・ディスプレイは構造が複雑なために，そのままではTV用として十分な高精細を実現できず，輝度も不足していた。そこで篠田氏はなおも研究を続け，ついにそれらの欠陥を克服し，TV用として実用の域に達する画期的な製品の開発に成功した。1992年の大阪エレクトロニクス・ショーに出展されたAC型の21型フルカラー・プラズマ・ディスプレイがそれであり，それまでに篠田氏が開発したすべての技術を盛り込んで，寿命，発光効率，輝度，量産性などすべての問題をクリアしたものだった（輝度半減寿命は1万時間以上，表示可能なカラーは256諧調，1,677万色）。同機は事実上“世界初”のフルカラー・プラズマ・ディスプレイ製品であり，のちに基本となったフルカラー技術のほとんどが組み込まれた，カラー・プラズマ・ディスプレイ開発史上，もっとも重要な成果となった。それは，そのころ先行していた液晶ディスプレイに対し，大型ではプラズマ・ディスプレイの方が有望なことを示し，撤退に追い込まれつつあったプラズマ・ディスプレイ業界を蘇生させたのだった。

翌1993年にはパネルの量産・出荷が開始され，購入した子会社の富士通ゼネラルから世界初の21型のフルカラー・プラズマ・ディスプレイ「プラズマビジョン-M21」と同21型のプラズマTV「プラズマビジョン-T21」が発売された。そして公共交通機関，証券取引所等の公衆表示の分野から採用が広がっていった。この後，各“型（インチ）”ごとに“世界初”のプラズマ・ディスプレイが各社から発売されることになるが，「プラズマビジョン-T21」は，すべての“型”を通しての文字通りの“世界初”のプラズマTVであり，発売価格は125万円だった。また，当時の富士通ゼネラルの試算では，製造原価は1インチ当たり約5万円であり，ブラウン管の約10倍であった。

このように富士通のプラズマ・ディスプレイは大きな成功を収め，放電方式に関する篠田氏の基本特許を使ってカラー・プラズマ・ディスプレイの開発を再開するという，後述のような他社の動きを誘発した。しかしTVの実用化ということになると，コントラスト比と動画表示に関しては，それはなお不十分だった。そして前者の問題を解決したのは，アメリカの研究者によって設立されたベンチャー・ビジネスだった(8)。

### ■ AC型の勝利②──「コントラスト比問題」の解決

そのベンチャー・ビジネスとはアメリカの「プラズマコ」であり，同社は，イリノイ大学でプラズマ・ディスプレイを開発した先述の2教授のもとで学び，のちに自身も同大学教授となったウェーバー氏が，教授時代の1987年8月に立ち上げた会社である。

前述のように，1970年代中ごろまではモノクロ・ディスプレイとして順調に発展したプラズマ・ディスプレイ事業も，カラー化の困難からアメリカでは70年代末から80年代初めにかけてほとんどの企業が撤退した。またパソコン向けとして残ったモノクロ・ディスプレイも新たに台頭してきた液晶ディスプレイにカラー化や消費電力の点で対抗できず，80年代末にはパソコン・ディスプレイ市場から駆逐された。そして最後まで残ったIBMも87年には撤退し，このときをもってアメリカではプラズマ・ディスプレイ産業は消滅したのだった（なお，各社の撤退の主な理由はカラー化の困難，TVディスプレイへのこだわりの薄さなどだったが，“いずれ松下はじめ日本企業が大挙して攻めてくるのでとても勝てないと判断した”という理由もあったとされ，当時のアメリカ企業の技術力への自信喪失を反映しているようで興味深い)。
このような状況にもかかわらず，プラズマ・ディスプレイの可能性を信じるウェーバー氏はベンチャー・キャピタルや撤退した大企業から75万ドル（約1億5000万円）の資金を集め，撤退したIBMから買い取った設備を，これも購入した古いリンゴジュース工場に据えて起業した。IBMでプラズマ・ディスプレイ事業にかかわっていた技術者を社長にし，自身は技術統括役員（Chief Technology Officer, CTO）に就任した。そして，紆余曲折があったが700万ドルの出資を得て10型ディスプレイを製品化し，折から拡大しつつあったラップトップ・パソコン向けプラズマ・ディスプレイ市場で一定の成功を収め，それをてこにさらに資金を調達してデスクトップ・パソコンやワークステーション用ディスプレイ向けの21型モノクロ・ディスプレイの開発に注力し，1992年7月にはその開発に成功した。
ところが，そのころにはカラー液晶ディスプレイが登場し，プラズマ・ディスプレイよりも消費電力が少なく小型・軽量なためにパソコン向けディスプレイ市場でシェアを急速に伸ばし，プラズマコもその影響を大きく受けた。そもそも500ドルで販売していた10型ディスプレイも製造原価は1,800ドルで採算がとれていなかったため，経営が急速に悪化したのである。そこで彼は，折から日本で大きなブレイクスルーが生まれた大型TV向けディスプレイに着目し，その方向への転換を決意した。その大型TV向けディスプレイとは，90年にNHK技研が試作した33型カラー・ディスプレイや，93年に富士通が発売した21型のカラー・ディスプレイであった。
しかし，取締役会が期待するのは先述の21型モノクロ・ディスプレイの黒字化による業績回復であり，カラー・ディスプレイの開発研究が認められるはずもないことから，ウェーバー氏は10名位の技術者を集めて1994年1月“取締役会に秘密裡”に開発プロジェクトを立ち上げてメインバンクと交渉し，「6月のアメリカの世界最大のディスプレイ技術の学会であるSID（The Society for Information Display）の展示会に必ずカラーPDPの試作品を出展する。それができなければただちにプラズマコを閉鎖する」旨の誓約書付きで資金を獲得することに成功した。
こうしてウェーバー氏は開発を急ぎ，試作機を6月のSIDに持ち込んだが，展示会が始まっても，新工夫の駆動回路で出せるはずだった映像が映らず，会場近くに借りたガレージにおいて不眠不休で組立と調整を行ったものの最終日の朝になっても映らないため映像を出すことは諦め，応急処置として背景の黒い部分は駆動回路にはつながず，7色の縦縞のテスト・パターンだけを表示した試作機を展示会の終了2時間前に会場に持ち込んだのだった。

ところが意外にもこれが，「コントラスト比が既存のものに比べて画期的に高い」という評価をもたらしたのである。これは駆動回路につながっていないために当然のことであり，“イカサマ”であった。しかし，これによってコントラスト比の重要性を再認識したウェーバー氏は，あるアイディアにもとづいて急ぎ駆動回路の改良に着手し，2カ月後には新駆動方式を取り入れた“ホンモノ”の21型プラズマ・ディスプレイを完成させたのである。そのコントラスト比は当時のAC型はもちろん，DC型や液晶ディスプレイを超えてブラウン管に迫る画期的なものであり，それを可能にした技術は「ウェーバー特許」として，その後，AC型にとっては不可欠なものになった。

その後，プラズマコは1995年には松下と共同開発契約を結び，また翌年1月には同社の子会社となってプラズマTVの開発を継続するが，この間の事情については次章で見ることにする。

以上がプラズマ・ディスプレイ・TVの研究開発史の概要だが，先に見た液晶ディスプレイ・TVのそれと比べると，後者の実用化には多くの企業，研究者の貢献が認められるのに対し，プラズマ・ディスプレイの場合には特定の研究者の貢献が非常に大きかった点に注意しておこう。液晶ディスプレイの場合には液晶膜，バックライト，TFT，駆動回路，等を独立に開発することができ，それらを組み合わせてより良いものを作れるのに対し，プラズマ・ディスプレイの場合には，蛍光体，電極，ガスの組成，構造，駆動，回路，等を総合的に把握しないと良いものは作れないためである。そして，この違いが両者の改善や進歩の速度に影響を与えたのだった(9)。

### 3） その他のTVの開発

以上がもっとも有力な方式だったが，それらに次いで有力とされていたのが，有機EL-TVと，SED-TVおよびFED-TVであった。

## ■ 有機EL-TV

有機ELとは，電圧をかけると発光する有機物を発光層として持つ材料，ないしそれで作ったディスプレイのことであり，有機EL-TVとは，それを使ったTVを意味する。有機物自体の発光，いわゆる「自発光」を利用するものであり，液晶ディスプレイのようなバックライトも，またプラズマ・ディスプレイのような放電空間も必要としないため，両ディスプレイよりもはるかに薄くすることができるはずであった。

またそれは，「コントラスト比が高いので画像がクリアで発色も良い，応答速度が速いので滑らかな動画表示が可能である，視野角はほぼ180度でどこから見ても変わらない，消費電力が少ない，ディスプレイ本体をプラスチックで作れるので局面や折り曲げての使用が可能である」などの特徴を持ち，薄型表示デバイスとしては理想的なものと見られていた。

ただしそれは，大型化が困難なことと寿命が短いことが難点とされていた。前者は，TVに適した高分子タイプの有機物で均一な発光層を作ることがむずかしいためであり，後者は，自発光であることによるものだった。

有機ELの発光素子が最初にイーストマン・コダック社で作られたのが1987年と歴史が浅く，これらの問題については90年代には未解決であり，液晶ディスプレイやプラズマ・ディスプレイのように具体的な商品を市場投入する段階にはなかった。

## ■ SED-TVとFED-TV

表面電界ディスプレイ（Surface-Conduction Electron-Emitter Display, SED）方式とは，電界放出ディスプレイ（Field Emission Display, FED）方式の一種であり，原理的には，ブラウン管と同じように，蛍光体に高電圧で電子を当てて発光させる仕組みのディスプレイで，それを用いたTVがSED-TV，FED-TVである。ただし，ブラウン管の電子放出部が1つであるのに対し，SED方式やFED方式は，各画素が電子放出部を持つ点が異なる（ブラウン管と同じ原理でありながら薄型化が可能なのは，各画素が小さいために表示面までの距離が短くて済むからである）。また，SED方式とFED方式の違いは，電子の放出の仕方の違いによるものである。

それら——ことにSED方式——は，自発光であるために，コントラスト比が非常に高く，また，色の再現性，応答速度，視野角などについても液晶ディスプレイやプラズマ・ディスプレイよりも優れ，しかも低電力消費だとされたが，反面，その製造は非常に困難と見られていた。

FEDの原理が提唱されたのは1960年代とされ，その後開発が始められたが，2000年にソニーが同社と共同開発に乗り出すことになるアメリカのキャンディセント・テクノロジー社が開発を始めたのは1990年だった。他方，SED方式についてはキヤノンが86年からその基礎技術である電子放出素子の研究を開始し，90年代初めには，SED-TVの研究開発を開始した。これらの方式はブラウン管方式の技術蓄積の延長線上にあるために実用化へのハードルは高くないと思われていたが，少なくとも90年代末時点では，また研究レベルに止まっていた(10)。

## 2　1990年代のTV業界

薄型TVの開発が本格化した1990年代は，日本経済にとっても家電産業にとってもきわめて厳しい時期だった。86年のプラザ合意後の円高不況から急回復した日本経済はバブル景気に沸き立ったが，その崩壊（91年2月）後，“失われた10年”と呼ばれる低成長期に入ったためである。97年のアジア金融危機の発生や消費税の増税などの影響もあり，95～99年の各年度の対前年度成長率の平均は1.24%と非常に低く，消費も低迷した。そのため家電産業も振るわず，90年代は“家電不況”ないし“AV不況”の時代などと呼ばれ，TVもそれを免れなかった。

しかし，その中にも多少の曲折があり，何よりも，当時の標準型のTV──すなわちブラウン管TV──市場での競争における各社のポジションと戦略は，薄型TVウォーズにおける先陣争いとかなりの関連がある。そこで本節では，1990年代のTV業界を概観しておこう。

### ■ TV業界の概況

1990年代はなおブラウン管TVの時代であり，表1-1はその時期の同TV（の中のカラーTV）のシェアと出荷台数の推移を示したものである。同表の「全体」欄に示した90年から99年までの各年の出荷台数の対前年伸び率の単

表 1-1　カラー TV の国内シェア

単位：出荷台数シェア（暦年）

| 順位 | 1990 年 | 91 年 | 92 年 | 93 年 | 94 年 |
|---|---|---|---|---|---|
| 1 位 | 松　下　(23.5) | 松　下　(22.5) | 松　下　(22.0) | 松　下　(21.0) | 松　下　(16.3) |
| 2 位 | 東　芝　(15.0) | 東　芝　(14.5) | シャープ (16.0) | シャープ (15.5) | シャープ (12.2) |
| 3 位 | シャープ (14.5) | シャープ (14.5) | 東　芝　(15.0) | 東　芝　(14.5) | 東　芝　(11.9) |
| 4 位 | 日　立　(10.5) | 日　立　(10.5) | ソニー　(12.8) | ソニー　(14.0) | ソニー　(11.7) |
| 5 位 | ソニー　(9.5) | ソニー　(10.5) | 日　立　(11.0) | 日　立　(10.5) | 日　立　(8.7) |
| 全体[3] | 905　(－5.0) | 901　(－0.4) | 830　(－7.9) | 814　(－1.9) | 1,030　(＋26.5) |

| 順位 | 1995 年 | 96 年 | 97 年 | 98 年 | 99 年 |
|---|---|---|---|---|---|
| 1 位 | 松　下　(16.3) | 松　下　(16.5) | 松　下　(16.8) | 松　下　(18.2) | 松　下　(18.1) |
| 2 位 | シャープ (12.0) | シャープ (12.1) | ソニー　(13.5) | ソニー　(16.5) | ソニー　(18.0) |
| 3 位 | 東　芝　(11.9) | 東　芝　(12.0) | 東　芝　(12.0) | 東　芝　(12.5) | 東　芝　(12.8) |
| 4 位 | ソニー　(11.6) | ソニー　(11.9) | シャープ (11.0) | シャープ (10.0) | シャープ (12.4) |
| 5 位 | 三洋電機　(8.7) | 三洋電機　(8.5) | アイワ　? | アイワ　(6.8) | アイワ　(8.0) |
| 全体[3] | 1,100　(＋6.8) | 1,170　(＋6.4) | 1,149　(－1.8) | 1,100　(－4.3) | 960　(－12.7) |

| 順位 | 2000 年 | 01 年[1] | 02 年[1] | 03 年[2] | 04 年[2] |
|---|---|---|---|---|---|
| 1 位 | 松　下　(18.3) | 松　下　(18.5) | 松　下　(18.8) | ソニー　(16.8) | シャープ (19.8) |
| 2 位 | ソニー　(17.8) | ソニー　(16.7) | ソニー　(17.2) | シャープ (16.6) | ソニー　(17.8) |
| 3 位 | 東　芝　(13.6) | シャープ (14.3) | シャープ (14.9) | 松　下　(16.2) | 松　下　(17.8) |
| 4 位 | シャープ (13.0) | 東　芝　(14.0) | 東　芝　(14.1) | 東　芝　(15.7) | 東　芝　(13.9) |
| 5 位 | アイワ　(7.6) | 三菱電機　(8.5) | 三菱電機　(8.3) | 三菱電機 (11.0) | 三菱電機　(9.0) |
| 全体[3] | 987　(＋2.9) | 1,031[4]　(＋4.5) | 907[5]　(－12.0) | 716　(－15.1) | 575　(－19.7) |

（注）1. 2001～02 年についてはブラウン管 TV と液晶 TV の合計。
2. 2003～04 年についてはブラウン管 TV のみ。
3. 業界の出荷台数（単位：億円）。カッコ内は対前年増減率（%）。
4. 内訳：ブラウン管 TV 963.1 万台（－2.5%），液晶 TV 67.9 万台（＋59%）。
5. 内訳：ブラウン管 TV 843.3 万台（－12.4%），液晶 TV 63.2 万台（＋81.1%）。

（出所）日経産業新聞社編『市場占有率』。

純平均は 0.57% であり，うち 7 年間は前年割れだった。したがって，90 年代が完全な停滞期だったことは明白であり，それをもたらした要因は次の 3 つだった。

1 つは景気動向であり，既述のように，この時期はバブル崩壊後の低成長期だったことである。もう 1 つは，この時期には TV はほぼ全世帯に普及した成熟商品となっており，主たる需要は買い替え需要で新規需要は少なかったことである（TVが成熟商品であることは，シェアの上位4社の顔ぶれがほとんど同じことからも窺える）。そして3つ目の要因は，市場の成長率を高めるような革新的な大型ヒット商品がなかったことである。成熟商品でも何らかの革新によってその魅力が大きく高まれば成長軌道に復する可能性があるが，そのような製品が生まれなかったのである。

しかし，TV業界もまったく無策だったわけではない。1990年代の業界は大型ヒット商品の開発を目指しており，その最終ターゲットになったのが薄型TVだった。しかしその実現はすぐには困難なため，各社は同時に，当面の停滞期を乗り越えるべく，ブラウン管TVについてもさまざまの革新を試みた。その代表的なものが，90年代初期の「ハイビジョンTV」，同中期の「ワイド（横長）TV」，そして同年代末の「平面（ブラウン管）TV」だった。

このうち，ワイドTVは，画面の横縦比をそれまでの標準型の［4対3］から，ハイビジョン型の［16対9］にしたものであり，かなりのヒットとなった。表1-1にあるように，1994～96年が3年連続で出荷額が増大するという例外的に好調な時期となったのは，そのためだった。しかし，薄型TVとの関連で重要なのはハイビジョンTVと平面TVなので，それらについてやや詳しく見ておこう(11)。

### ■ ハイビジョンTV

ハイビジョンTVとは，NHKの高精細度放送規格に合致したTVを意味する。一般に，走査線の数を当時の標準方式のTVの525本よりも多くして高精細にしたTVは高精細度（ないし高品位）TV（High Definition TV, HDTV）と呼ばれたが，その具体的な（放送の信号）規格としてNHKが提唱したのが，走査線が1,125本（有効画素数は横1,920，縦1,080）のハイビジョンであり，2000年にはこれが世界統一規格として採用された。

東京オリンピック（1964年）後にハイビジョンTVの開発研究を開始したNHK技研は，84年にこの規格で撮られたハイビジョン映像をデジタル技術で圧縮して送信するMUSE方式を開発し，89年にはこれによるBS（衛星放送）での実験放送を開始した（なお，ハイビジョン規格には走査線に関するもの以外のものも含まれ，［16対9］という画面の横縦比もその1つである。これは当時の標準方式の［4対3］よりも見やすく，迫力を感じさせるものとされた）。

これを受けて，TV 業界でもハイビジョン TV の開発が始められたが，送られてきたハイビジョン放送信号を復元する MUSE デコーダーが“高価な半導体の塊”であるために，それを内蔵した「本格型」のハイビジョン TV は高価格なものとなった。業界で最初にハイビジョン TV を発売したのはソニーで 1990 年 12 月のことであり，36 型で 410 万円だった。また，同年 11 月からの 1 日 7～8 時間の試験放送の開始に合わせて翌 92 年に松下と東芝から発売された本格型もそれぞれ 250 万円（36 型），240 万円（36 型）であり，家庭用にはほど遠いものであった。

このため，ハイビジョン信号を復元する MUSE デコーダーの処理回路のうち，静止画の処理回路をカットしてコストを下げた「簡易型」も発売された。1992 年 4 月にシャープから発売された 100 万円のハイビジョン TV（36 型）が最初であり，これに各社が続いた。こうしてハイビジョン機は，本格型，簡易型を含めて多くの機種が短期間に発売されたが，この“アナログ・ハイビジョン”の 94 年 1～9 月の TV の国内売上高におけるシェアは 0.1%，その時点での累計出荷台数は 2.8 万台であり，実績は芳しくなかった。その原因は，価格が急速に低下したといってもなお高価格で，やはり低価格化が進んだワイド TV に勝てなかったことと，郵政省がハイビジョン放送の方式をアナログ方式からデジタル方式に転換する方針を明らかにしたためであった(12)。

### ■ 平面 TV

平面（ブラウン管）TV とは，文字通り，画面が丸みを帯びた既存のブラウン管とは違って画面を（できるだけ）平たくした TV であり，隅まで歪みをなくすことによって画質をブラウン管 TV よりも良くした TV である。平面 TV の第 1 号はソニーが 1996 年 12 月に発売した 28 型（22 万円）であり，それは“ワイド”TV でもあったが，当初の人気はさほどでもなかった。ところが，それが翌年「WEGA（ベガ）」としてシリーズ化され，10 月に画面の横縦比が従来型の［4 対 3］の，“ワイドではない”29 型が出されたころから爆発的に売れ出したのだった。価格が同クラスの他社のものよりも 3 万～4 万円高いのに，29 型以上の［4 対 3］画面 TV の市場でシェア 3 割以上を獲得したのである。そしてこの好調の影響でソニーの製品はワイド TV，ハイビジョン TV でも優位となり，97 年の同社の国内シェアはそれまでの万年 4 位から 2 位へと躍進したのだった。

「WEGA」シリーズがヒットしたのは，消費税増税後“ワイド離れ”が進む中で，一目でわかる他社のワイドTVとの“映像の違い”が消費者にアピールし，“値ごろ感”が強かったためである。そのうち映像の違いをもたらしたのは次の2つだった。1つは，他社の平面ブラウン管よりも“より完全な”平面を実現したことである。それができたのは，ソニーが独自に開発したブラウン管（トリニトロン方式）は他社のシャドーマスク方式と違い，後者が上下，左右に丸みを帯びていたのに対し，左右は丸みを帯びていたが上下はほぼ平面だったため，平面にしやすかったことである。

もう1つは，DRC（Digital Reality Creation）という優れたデジタル画像処理技術を搭載したことである。これはプレイステーションを開発した久多良木健氏と並んでソニーの“2大異端”の1人ともいわれ，当時，同社で最多の400以上の特許を取得した近藤哲二郎氏が開発したものであり，放送局から送られてくる標準画像をハイビジョンに近い画像に作り替える技術である。線形補完のような単純な方法ではない独特のアルゴリズムを使うものであるために，模倣困難なものであった（そしてそれはその後も進化し，薄型TVの画像処理においてソニーに優位性をもたらす「WEGAエンジン」というデジタル高画質化技術の中核技術となった）。

その後1999年になっても平面TVの人気は続いたが，とくに人気が高かったのは，2000年開始予定のBSデジタル放送の受信が可能な32型の平面ワイドTVであり，18万～26万円だった。他方，ハイビジョンTVは，価格はこのころには32型で25万～30万円に低下していたが，平面TVの機能の向上に加えて価格が同TVよりもなお割高と見られ，相変わらず伸び悩んでいた。そして，このような中にあって注目すべきは，液晶TVという“薄型TV”がいよいよ売れ出したことである。好調なのはシャープの「ウィンドウ」であり，20型で30万円前後（店頭価格，発売価格は35万円）と，それだけではほかと比べて割高ながら，インテリア性が高いことで若い女性を中心に人気を得たのだった。そしてこれは，本書の主題である薄型TVウォーズの本格化の始まりを告げるものとなった[13]。

第2章

# フェイズ1：1990年代

### はじめに

本章では，薄型TVウォーズのフェイズ1（1990年代）における戦いの軌跡を概観する。同フェイズの各社は，先行グループ，追走グループ，出遅れグループの3群に分けられるので，第1節で同フェイズの概況を示したのち，この順で見ていこう。

## 1 概　　況

### 1）環境動向

前章で見たように，1990年代は日本経済の“失われた10年”であり，家電産業も“家電（ないしAV）不況”に見舞われ，TV業界にとってはきわめて厳しい時期となった。TV自体がまだブラウン管の時代であり，すでに成熟商品だったことも展望を暗くしていた。それでも業界はハイビジョンTV，ワイドTV，平面TVなどを繰り出して成長への糸口を見つける努力を続けたが，結果はやはり十分ではなかった。

そのような中で成長への大きな期待をかけられたのが「次世代TV」であり，ブラウン管TVの革新の方向として考えられたのは次の2つだった。1つはNHKが推進していた「ハイビジョン化」であり，高精細・高画質のTV放送に対応するTVの実現である。もう1つは「大画面・薄型化」であり，大画面壁掛けTVや，壁とディスプレイが一体化したTVの実現である。既存のブラウン管を大画面にするには奥行きを長くする必要があり，場所をとるばかりか重量が増えるからだった（たとえば，40型以上では100 kg超と見られた）。そしてハイビジョンTVが良さを発揮できるのは大画面の場合であり，逆に大画面化には高精細化が必要なことから，各社は「ハイビジョン対応で大型」の薄型TVの実現を競うことになった。

前章で見たように，次世代ディスプレイの基礎研究は早くから各社によって展開されており，1980年代末には液晶とプラズマがもっとも有力な方式と見られていた。しかし，開発の困難さもあっていずれについても撤退ないし開発を中断する企業が多く，続ける企業についても，各社がそれぞれ“独自に”有力と考える方式の研究を進めるといった，“ウォーズ”以前の状況であった(1)。

### 2）戦　況

本フェイズ（1990年代）の初めも状況はほぼ同じであり，液晶TVとプラズマTVが各社の主たる研究・開発対象となったが，開発が進んでいたのは液晶TVであり，多くのメーカーが取り組んでいた。松下，ソニー，東芝などブラウン管TV時代の大手メーカーはもとより，家電系のシャープ，重電系の日立，東芝，通信・コンピュータ系の富士通，NEC，さらには時計・精密機器のセイコーエプソン，部品メーカーの京セラ，ホシデンなどであった。

しかし，液晶TVがそのまま順調に最初に薄型市場を生み出したわけではなかった。可能性が低いと見られていたプラズマTVが1990年代半ばから巻き返しに転じ，90年代末には「薄型TVの本命である大型はプラズマTV，中・小型は液晶TV」という“棲み分け”論が大勢を占めるようになった。プラズマTVの開発に注力していたのは富士通，日立，NEC，パイオニア等であり，液晶TVよりはやや少なかった。

このような，液晶かプラズマかという「方式間競争」から「方式内（企業間）競争」に目を転ずると，フェイズ1では，いずれの方式に関しても「先行グループ」，それを追う「追走グループ」，および「出遅れグループ」の3グループが形成された。まず先行グループについて見ると，興味深いのは，液晶TV，プラズマTVのいずれにおいてもブラウン管時代の“TV御三家”の松下，ソニー，東芝の動きが鈍かったことであり，先行したのは，液晶TVではシャープ，プラズマTVでは富士通だった。また，“準”先行といえるのが，プラズマTVのパイオニアとNECであった。

次いで追走グループについて見ると，液晶TVで先行するシャープを強力に追走し始めたのが韓国のサムスンとLG電子（以下，LGと略称）であり，日本のNEC，日立，松下も追走組だったが，（プラズマTVにウェイトを置いたこともあり）迫力はなかった。他方，プラズマTVでは，先行の富士通，“準先行”のパイオニアとNECを追走したのが日立と松下であり，遅れて，しかし強力に追走を開始したのがサムスンとLGだった。韓国の2社はともに液晶TV，プラズマTVの双方に参戦したが，サムスンでは前者に，またLGでは後者にウェイトが置かれた。

最後に出遅れグループについて見ると，東芝，ソニー，キヤノン，三菱電機，三洋電機，日本ビクター，オランダのフィリップスなどがこれに含まれるが，ブラウン管TV時代の御三家の東芝とソニーが入っていることはとくに注目される(2)。

## 2 先行グループ――シャープ，富士通，パイオニア，NEC

はじめに先行グループのシャープと富士通，および準先行のパイオニアとNECをこの順で見てみよう。なお，これは企業ではないが，プラズマTVの開発に大きく貢献したNHK技研についも，シャープの次に簡単に見ることにする。

### 1）シャープ

前章で見たようにシャープは液晶ディスプレイの研究開発ではもともと先駆的な存在であり，1988年には14型a-Si TFT液晶ディスプレイの試作に成功し，TVについても，（86年の松下に続いて）87年には3型の液晶TVを商品化している。シャープがそのように本格的に取り組んだのは，ブラウン管を自社生産しないためにTV市場で苦戦したことから，次世代TVでは自前のディスプレイを持ちたいという思いが強かったためであった。

#### ■ TFT液晶パネルでの先行

シャープはもともと家電メーカーとして出発し，時折アイディア商品を出すことで知られていた。しかし，松下その他の大手と比べて系列販売店が少なく販売力が弱いためにしばしば安売りを余儀なくされ，安売りメーカーと評されていた。また，ブラウン管の外部調達に象徴されるように，コアとなるテクノロジーやキー・デバイス（中核部品）を持たないために，斬新なアイディアで新製品の開発を計画しても，それらのキーとなるデバイスの調達先に計画が漏れ，すぐに模倣されてキャッチアップを許してしまうという事態がしばしば生じていた。そのため同社にとっては，他の家電メーカーがまだそれほど手掛けていない事務機等の非家電部門に進出し，しかもそこで他社にないキー・デバイスを用いて優れたアイディアの新製品を作って他社と差別化するというのが基本的な戦略になり，また悲願となった。

そしてそれを実現する大きなきっかけになったのが電卓であり，そのキー・デバイスである半導体と液晶の内製化によって同社は技術的リーダーとなり，オール・トランジスタ電卓（1964 年），IC 電卓（66 年），LSI 電卓（69 年），液晶電卓（73 年）等，いずれも世界初の製品を生み出して同戦争を勝ち抜き，飛躍を遂げた。そしてその後も複写機，パソコン，ワープロ等の OA（オフィス・オートメーション）機器や情報機器等の分野に進出してかなりの成功を収めたが，80 年代半ばにはパソコン，ファクシミリで失敗するなどの問題も生じた。

その立て直しの期待を担って 1986 年 6 月に社長に就任したのが辻春雄氏であり，彼は（それまでの STN 液晶に代わり）より高精細で高画質だが生産の歩留まり（良品率）が低いために敬遠されていた TFT 液晶を中心とするデバイスなどの非家電比率の引き上げ，またそれらを用いたパソコンや OA 機器以外の新製品の開発を目標として掲げた。そしてこのような積極策の最初の大きな成果となったのが，大型の液晶ディスプレイ，したがって薄型 TV の可能性を立証した，88 年の世界初の 14 型 a-Si TFT 液晶ディスプレイ試作の成功だった(3)。

### TFT 液晶事業への積極投資

このディスプレイの成功を見た辻氏は，1988 年 6 月，a-Si TFT 液晶ディスプレイの本格的事業化を宣言し，それから 3 年後の 91 年秋，世界初の TFT 液晶の専門工場を天理市（奈良県）に新設・稼働した。縦 320 mm，横 400 mm 前後の「第 1 世代」と呼ばれるガラス基板を用いた「第 1 世代（生産）ライン」を設置したものだった。

ところで，当時は液晶パネルの情報機器への応用が次第に進み，携帯端末やノートパソコンだけでなく，TV や大型パソコンなどのディスプレイとして液晶，ことに高精細，高反応速度の TFT 液晶への期待が高まっていたため，ただちに数社が追撃を開始した。中でも，TFT 液晶に絞り込んだ NEC や，日本 IBM と合弁で子会社「DTI（ディスプレイ・テクノロジー株式会社）」を 1989 年に設立していた東芝などの有力パソコン・メーカーの追撃は急であり，いずれもシャープと同じく第 1 世代生産ラインによる量産体制を整えて猛追してきた（なお，DTI は 2001 年 8 月に解散した）。

そして，TFT 液晶への期待がさらに高まったため，業界では第 2 世代のガラス基板（360×465 mm）を用いる第 2 世代生産ラインへの投資に動き始めたが，とくに積極的だったのがシャープであり，不況期にもかかわらず 1992 年度からの 3 年間で 800 億円の投資計画を打ち出して先行し，93 年に稼働を開始した。その結果，93 年度にはシャープの国内液晶パネル市場での出荷額シェアは 39.1% にまで高まり，圧倒的なトップとなった（なお，シェアの増大には外販〔約 80%〕の順調な拡大も貢献した）。

そして同社はその後も積極姿勢を維持し，1993 年 10 月には第 3 世代ガラス基板（550×650 mm）の新工場（三重第 1 工場）の新設を発表して 2005 年に稼働させ（実際の投資額は 530 億円），さらにその後，1998〜99 年度の 2 年間で 1,000 億円の予定で第 4 世代ガラス基板（680×880 mm）の液晶パネル工場（三重第 2 工場）の建設を開始した。先行投資によってリードを保つ狙いであり，稼働予定は 98 年 9 月だった（同工場はその後，数回稼働延期になり，最終的に稼働を開始したのは 2000 年 8 月だった）(4)。

### 液晶 TV への本格進出

次に液晶 TV について見ると，シャープは松下に 1 年遅れて 1987 年に 3 型のポータブル液晶 TV を発売し，89 年には液晶パネルを使ったプロジェクターを発売するなど，業界をリードしたが，それらはいずれも高価格なため販売は当初から期待できず，技術力の高さを誇示するという意味合いの強いものだった。

1990 年代に入ると，91 年には 8.6 型の世界初の壁掛け液晶 TV（50 万円）を，

93年には4型（7.8万円）と5.6型（10万円）のポータブルTVを発売した。また95年には投射（プロジェクション）型と携帯用の2タイプを発売したが，前者は36型と43型であり，後者は8.4型（11万円）と10.4型（15万円）であった。しかし，これらの販売はいずれも振るわず，10.4型にはソニーと松下が追随したが，いずれも1～2年で撤退している。さらにその後，98年3月に「ウィンドウ」と名づけた12.1型（14.8万円）と15型（18.5万円）の液晶TVを発売したが，ブラウン管TVの2倍以上の価格の15型に対する業界の評価は「TVとしての製品レベルに達していない」(5)と手厳しいものだった（なお，シャープは96年に，ソニーと共同でPALC方式の40型TVを開発すると発表したが，これについては，ソニーのところで触れる）(6)。

### 液晶TV化宣言とTV戦略

ところが，そのような芳しくない状況にあった1998年8月，就任間もない町田勝彦社長がマスコミを招いた懇談会で，「2005年ころまでに，ブラウン管を使わない3インチから500インチまでのTVを製品化したい」と述べて業界関係者を驚かせた。これは実質的に，「2005年までに，国内で自社生産するTVはすべて液晶モニターにする」という“先行”宣言だったからである。

これが驚きだったのは，上述のように，シャープはたしかに小型液晶TVで先行していたが，同TVが次世代の主流になるかどうかはまだ不確実な状況だったからである。また，シャープは国産初のTVの製作者であることを自負していたものの，その中核部品であるブラウン管を社内で製造していないために一流のTVメーカーとは見られておらず，そのようなシャープが，ブラウン管TV“御三家”のソニー，松下，東芝を“差し置いて”宣言したからであった。さらに，シャープの液晶の国内出荷額シェアはなおトップだが，他社の追撃でかつてほど大きくはないこと（1998年度，19.4%），また先述の15型TVに対する業界の低評価なども驚きの理由だった。

しかし，町田社長の発言は強い意志にもとづくものだった。彼は社長就任後，業績悪化の原因はヒット商品の不在にあり，さらにその原因はそれまでの総花的な拡大路線にあったとし，「身の丈にあった会社に生まれ変わらなくてはならない」として同路線の修正に乗り出したのである。その中核となったのが，上の宣言と同時に発表された，黒字だが低収益の半導体メモリからの撤退であり，経営資源を液晶事業，ことに液晶 TV 事業に集中投資し，それに社運を掛ける決意を示したものだった。

まず具体的な製品戦略について見ると，1999 年 3 月には業界最大の 20 型液晶 TV「ウィンドウ」を発売したが，これはそれまでのものと違い，20 型という家庭用のメイン TV となりうるサイズのものであり，また価格も 35 万円で，一般家庭での購入がまったく不可能というものではなかった。そのため同機は（なお高価格のために広く普及するには至らなかったが），半年間で出荷台数 1 万台を達成して液晶 TV の認知度アップに大きく貢献した。先に発売していた 15 型の販売も 1.5 倍に増え，99 年のシャープのカラー TV の 20% は液晶 TV になる勢いとなったのだった。これは，シャープが液晶 TV 市場はもとより，プラズマ TV を含めた薄型 TV 市場への"先行に成功した"ことを示すものだと見てよいであろう。

そして注目すべきは，松下，三洋が 15 型の液晶 TV の年内の発売を発表するなど，この 20 型の売行きが追随者を生み出したことである。先述のように町田社長の「発言」への反応は冷ややかだったが，20 型については業界関係者の間に「15 型までと違い，これならいけるかもしれない」（ソニーの TV 部門の企画担当者）という見方が出ていたことがその兆候であった(7)。

### ■ パネル戦略

次に液晶パネルについて見ると，1999 年 7 月にシャープは先述した三重第 2 工場が翌年 8 月に稼働すると発表したが，これに呼応するかのように，松下は 320 億円，日立は 340 億円を投じてそれぞれ新工場を建設することを発表した。これは，シャープの 20 型 TV の好調な売行きと，液晶の問題点とされた応答速度の遅さや視野角の狭さの改善などの技術革新が進み，液晶パネルへの需要が「パソコンから液晶 TV 等のデジタル家電へ」と大きく構造転換し始めたことに対応した動きであった（なお，パソコン向けパネルに依存していては圧倒的シェアを持つ韓国勢に対抗できないので，それ以外の需要を開拓して差別化する必要がある，というのも動機の 1 つだった）。

そして，このような動きを見て 2000 年 4 月にシャープが発表したのが，700 億円を投じる三重第 2 工場への「第 2 生産ライン」の新設だった（01 年 4 月稼働予定）。パソコンや液晶 TV 向けの需要に応えるのが狙いであり，第 1 工場とあわせた生産能力は世界最大級となるものであった(8)。

## 2) NHK技研

以上に見てきたように，1990年代の初めと終わりの時点で戦線をリードしたのは液晶TVだったが，その中間でそれまでの劣勢を逆転するような勢いを示したのがプラズマTVだった。そこで次に同TVで先行した富士通と，“準先行”のパイオニアとNECについて見るが，その前に，早くからプラズマTVの開発に注力し，その立ち上がりに大きな影響を与えたNHK技研について見ておこう。

### ■ NHK技研の先行

前章で述べたようにTVのハイビジョン化を目指すNHK（技研）は1985年にはDC型に絞り込んで開発を進め，92年にはハイビジョン表示が可能な40型カラー・プラズマ・ディスプレイの試作に成功し，大画面壁掛けTVの可能性と，その本命はプラズマTVであることを実証した。しかし，同機も寿命，発光効率，輝度の点で不十分なために，実用化の展望までは示せず，疲弊していた業界各社の参入を決断させるには至らなかった。

そこで1994年には「ハイビジョン用プラズマディスプレイ共同開発協議会」（以下，共同開発協議会と略称）を設立した。その狙いは，98年の長野オリンピックまでに40型級（クラス）のプラズマ・パネルを用いたハイビジョン（アナログ）受信機を開発・実用化するという目標を設定し，関連業界，各社の力を結集して同パネルの開発を推進することだった。これには代表的な日本のメーカーのほとんどが参加したが，中心的な担い手となったのは松下の子会社の松下電子工業（MEC）だった。同社とNHK技研との間にはそれ以前から協力関係があり，91年秋に「研究相互協力契約」が結ばれていたためである(9)。

### ■ NHK技研の挫折

しかし，量産化への道は険しく，さまざまな問題が発生してその対応に追われた。さらに，そうしている間に最大級の衝撃に見舞われることになった。1つは，AC型の致命的欠陥である諧調表示の問題を解決した富士通のAC型の21型フルカラー・プラズマ・ディスプレイの量産が1993年から始まり，その評価が高まったことであった。もう1つは，やはりAC型の欠陥とされていたコントラスト比の問題が解決され，CRT（ブラウン管）に近いレベルにまで引き上げられたことであった。

その結果，もともと量産化の点ではAC型の方が有利と見られていたこともあって評価が逆転し，共同開発協議会での開発とは別に，各社の開発の中心は同型にシフトし，DC型に本格的に取り組むのはMECのみとなった。そして結局，1998年2月の長野オリンピックの開催時に同社の作製したDC型の42型TVが展示されて共同開発協議会の目標はいちおう達成されたが，それは同時に，DC型の量産化への試みの終着駅となったのだった。その時点ではすでにAC型の優越性は明白となっており，MECもDC型からの撤退を余儀なくされたからである。

### 3）富士通

こうしてプラズマTVではAC型が主流となっていったが，その中で先行したのが富士通であった。前章で見たように1993年には世界初の21型フルカラー・プラズマ・パネルの量産を開始し，（家電製品を生産・販売する）子会社の富士通ゼネラルからは，それを使った“すべての‘型（インチ）’を通じて世界初”のプラズマTV（125万円）が発売された(10)。

#### ■ 大型プラズマTVの開発

しかし，それは21型というブラウン管TVと変わらない大きさで，しかも価格がはるかに高く，実際に売ることよりも，市場投入で他社に先行することを目的とした製品だった（たとえば，同じころ発売された日本ビクターのワイドTVは24型で18万円だった）。そこで富士通も次に，実際に売れる――すなわち，液晶TVに対して競争力のある――製品の開発を目指すこととし，ブラウン管TVでは実現できない“大型TV”として40型以上に狙いを定めたが，具体的に選ばれたのは42型だった。

こうして篠田氏が中心となって42型の開発が進められた結果，1995年には“世界初”の42型カラー・プラズマ・ディスプレイが完成した。またそれを受けて，宮崎に“世界初”のパネルの量産工場の建設計画が発表された。翌年，予定通りに稼働を開始した同工場の製品は，富士通ゼネラル，ソニー，フィリップス等，内外のメーカーへ出荷された。

そして1996年12月には，その富士通ゼネラルから，このPDPを使った世界初の42型フルカラー・プラズマTV「プラズマビジョン・ホームシアター(PWD4201)」と，ディスプレイ・モデル「PDS4201」が発売された。前者は，“(40型以上の) 大型TVらしいサイズの薄型TVとしては世界初”のTVであり，価格は120万円だった。同社は翌97年には高画質化した25型と42型パネルの新製品も発売した。前者はパソコンやワークステーションのモニター用だったが，後者はコントラスト比を大幅に高めた，主にTV用のものだった。また，ハイビジョンTV用の42型モニターの試作品も開発され，98年度下期の商品化を目指すことが発表された(11)。

### ■ 各社の“追走”と富士通の反撃

以上のような富士通の先行はパイオニア，NECをはじめとする多くの会社の追走を呼び起こした。もっとも大きな影響を与えたのは，1992年に開発され，翌年に量産が開始された21型のカラーAC型プラズマ・ディスプレイであった。それは大画面TVに必要な精細性，寿命，輝度，発光効率，量産性などのすべてを備えたものであり，各社をプラズマ・パネルへの参入に誘うのに十分だった。AC型を開発しつつあった三菱電機やNECはもとより，新規に開発に乗り出したパイオニア，日立，松下なども富士通方式のAC型の開発を加速した。

そして1995年の富士通の42型プラズマ・パネルの出荷開始後は40型クラスの同パネルを各社がいっせいに発売するようになったが，特筆すべきはパイオニアだった。96年10月には40型カラー・プラズマ・ディスプレイを製品化し，翌年12月には世界初の“ハイビジョン対応”の50型プラズマ・ディスプレイTV (250万円) を発売して同市場に参入したのである。そしてそれに続いたのがNECであり，同社も98年10月に50型のプラズマTV (270万円) を発売した。富士通が“先行”したのに対し，両社は“準”先行したといってよいであろう。

このような各社の追撃に対する富士通（と富士通ゼネラル）の反撃は2つだった。1つは他社よりも機能的に優れたパネルを開発することであり，その成果が「ALIS」と名づけられたハイビジョン・プラズマ・パネルだった。これは画面の精細度（画素数）を既存の機種で採用されていたものの約2.5倍としてハイビジョン放送対応とし，輝度も従来の2倍に高めたものだった。しかも，基本的に既存機種の製造技術と同じ技術で作れるために，ハイビジョン対応TVの低価格化に大きく貢献するという特徴も持つものであり，1998年秋に宮崎工場で量産が開始された（なお，この最初の外販先となったのはソニーだった）。

もう1つの反撃はパネル・コストの引下げに関するものであり，新工場の建設計画だった。しかし，これについては，1998年2月に，新工場の建設を1年間先送りし，99年度に着工して2000年度に5万〜10万台に拡大する方針が発表された。景気低迷などにより，プラズマ・パネル搭載の高価格TVの普及は遅れると判断したためであった(12)。

### ■ 富士通の撤退

ところが，上の方針はさらに転換され，富士通が直接増設投資をすることはなかった。1999年4月に日立との折半出資で世界初のプラズマ・パネルの専業メーカー「FHP（富士通日立プラズマディスプレイ）」（以下，FHPと略称）を設立し，両社の開発，生産，販売部門を移管して，全面的に事業を統合する方針を明らかにしたからである。その理由は，前年8月から両社が提携して共同開発していた「50型で50万円」のディスプレイを実現するには数百億円の投資が必要だが富士通にはその資金的余裕がなく，日立もまた資金難のために単独での工場建設に二の足を踏んだことであった。当時の事情を知る，のちのFHPの専務は「富士通では，大規模な設備投資を計画していました。しかし新しいことをやろうにも，動きがとれなくなっていました。次はいよいよテレビ応用で，本命の分野なのに。プラズマ・ディスプレイに関する特許は山ほど取っているのに……。そこで日立との合弁を作ったんです」(13)と述べている(14)。

## 4） パイオニア

パイオニアは1980年代まではステレオ・プレーヤー，LD（レーザーディスク）プレーヤー／カラオケ・システム，CDプレーヤー等のAV（音響・映像）機器の名門として知られていたが，90年代には家電不況，AV不況のために業績が悪化した。96年3月期には上場以来初の単独最終赤字となり，翌期も赤字となった。その主因はリストラの遅れだった。家電各社は人員削減，アジアへの生産シフト，国内工場の統廃合等のリストラを進めたが，パイオニアのリストラへの着手は90年代半ばと遅れ，効率が悪く操業度の落ちた工場が残っていたのである(15)。

### ■ プラズマ・ディスプレイ事業への参入

しかし，それでもデジタル時代に備えて開発部門が手掛けていたものの中から新商品候補が生まれ，中でも有望と見られたのが（DVDとともに）プラズマ・ディスプレイだった。同社が研究に着手したのは1992年初めと富士通に比べれば遅かったが，95年ごろには富士通，NEC，三菱電機等の大手と互角の技術水準に達していた。

そして1995年には，業界最高の輝度を持つ40型パネルを開発し，これを機にプラズマ・ディスプレイ事業への参入を発表した。96年には，その第1弾として試作ラインの建設を開始し，翌年2月から40型パネルの生産・出荷を開始した。設備投資額はライバル企業の100億以上と比べると少ない，60億円だった。

次いで同年12月，パイオニアは“ハイビジョン対応”としては世界初の50型プラズマTV／ディスプレイ「PDP-501HD」を発売した。家庭向けの高精細機であり，価格は250万円だった（当時，富士通ではハイビジョン機はまだ開発中だった）。

ところが同機の販売台数が月約100台と低迷したため，1998年には，50型よりも精細度を落とした40型のハイビジョン非対応機を140万円で業務用として北米・欧州市場に投入したところ，発売から約2カ月間の販売台数が3,500台に達し，展示等の業務用市場の立ち上がりを認識したのだった(16)。

### ■ 戦略転換

ところで，パイオニアは1998年にはそのハイビジョン非対応機に加えて高価格（220万円）なハイビジョン対応の50型も発売したが，“非対応機”が好調だったため，同年8月には，約150億円を投じて新工場を新設し，生産能力を拡大することを明らかにした。その狙いは空港や展示場向けの需要の急増に対する富士通，NEC などの生産能力増大の動きに対抗することと，40 型と 50 型を新旧の工場で作り分けることで効率化と量産効果を上げてコストを下げ，早期に「1 インチ 1 万円」を実現し，一般家庭への普及を狙うことであった。

しかし 1999 年 5 月，この工場建設はしばらく延期されることになった。プラズマ TV の本格普及にはまだ時間がかかりそうであり，当面，既存工場の生産ラインの改良で月産 4000 枚規模に拡大できるメドが立ったので新工場を急いで作る必要はない，というのがその理由だった。そして，これが低価格戦略への転換を妨げることになったのだった（なお，その後この計画は再開され，2001 年に新工場が稼働し，低価格化にある程度貢献することになるが，生産能力が小さいために，十分ではなかった）。

以上がパイオニアの 1990 年代の戦略の概要だが，この他，次の 2 つのことに留意しておこう。1 つは，98 年 10 月，プラズマ・パネルの次世代技術の開発でフィリップス（オランダ）と提携したが，2000 年 1 月には一定の成果を上げたとして解消されたことである。もう 1 つは，有機 EL ディスプレイについても研究を進めたことである。1997 年 11 月には世界で初めて有機 EL ディスプレイ搭載のカー・オーディオ製品を発売し，また 98 年には 5.2 型ディスプレイを試作している(17)。

## 5） N E C

NEC はディスプレイに関して，液晶，プラズマのいずれも手掛け，液晶ディスプレイについては（当初は消極的だったものの）本フェイズの後半には積極姿勢に転じた。他方，TV に関しては，液晶 TV には一貫してそれほど積極的ではなかったが，プラズマ TV については（やはりフェイズ 1 の初めまでは積極的ではなかったが），終わりごろには先行する富士通を激しく追撃する勢いを見せた。

### ■ 液晶ディスプレイ，TV の開発

NEC はパソコンでは有力メーカーだったが，液晶ディスプレイについて当初はあまり熱心ではなく，1980 年代後半にワープロや OA 機器に広く使われるようになった STN 液晶は手掛けず，シャープや東芝に出遅れた。しかし，それらの機器への TFT 液晶の適用が注目されだした 89 年に液晶ディスプレ

イの事業化に乗り出すと，その後は，当初からTFT液晶，それもパソコン向けの大型に絞って積極的に投資して両社を激しく追い上げ，98年度の国内出荷額シェアはシャープに次ぐ第2位となった。

しかし，その後は年々順位を落として2001年には第5位となり，02年にはランク外となった。その原因としては，販売力が弱く（NEC本体以外への）外販比率が低いこと，主たる販路であるNEC本体のパソコンが富士通等の追い上げにあってシェアを落としたことなどがあったが，主因は，NEC本体の業績不振のために第4世代以降への投資が大きく落ち込んだこと，それとともに後述のようにプラズマ・ディスプレイ，TVに集中する路線に転じたことであった。

次に液晶TVについて見ると，富士通と富士通ゼネラルとの間の分業関係と同様に，NECでは液晶パネルはNEC本体が生産し，それを子会社のNEC-HEが購入して製品に組み込んで販売する体制がとられていたが，そのNEC-HEから1989年に4.3型のカラー液晶TVが発売された。松下の86年，シャープの87年（ともに3型）に比べてそれほど大きな遅れではなかった。また94年には9.5型が発売された。

しかし，その後は同社から液晶TVが発売されることはなかった。その大きな理由は，同社とNEC本体の経営不振だった。こうしてNECは事実上液晶TVから手を引くことになったが，それとは対照的に注力されることになったのが，プラズマ・ディスプレイ，TVであった(18)。

### ■ プラズマ・ディスプレイ，TVの開発

NECはモノクロ・ディスプレイの研究・開発と事業化に早くから取り組みOA機器向けの表示装置として販売していたが，画質や消費電力の点で液晶ディスプレイに劣り年商約10億円で頭打ちになったため，それ以上の成長は見込めないとして撤退を表明していた。しかしカラー・ディスプレイに関しては富士通によるブレイクスルーによって高精細度TV（HDTV）用として有望だという評価が高まったため，1992年初めには研究の継続の方針を明らかにした。

そして3年後の1995年6月末にはプラズマTV事業への参入とパネル工場の建設を表明した。同工場は98年12月に本格稼働を開始し（建設費は250億円），NECの総生産能力はトップの富士通に並ぶものとなった。なお，同工場

で量産するのはNECが開発した42型パネルであり，従来よりも40％高いブラウン管並みの輝度を持つパネルであった。

他方，以上のプラズマ・パネルと並行してプラズマTV自体の開発・販売も急ピッチで展開された。その第1弾が1997年2月に発売された，同社で初のプラズマTVとなった42型の「プラズマX」である。富士通ゼネラルの42型（「ホームシアター」120万円）より3カ月遅いだけの発売であり，価格は同じ120万円で，ホームシアター用に売り込むということであった。なお，42型の第2世代機の厚みは8.9 cm（50型は9.7 cm）と業界最薄だった。次いで98年1月にはハイビジョン対応の50型の「ハイビジョンプラズマX」と，前年に発売された「プラズマX」の第2世代機が発売された。これは，ハイビジョン対応機の発売で（パイオニアには1カ月遅れたが）富士通に先行したものであった。

こうしてNECはプラズマTVで富士通を抜いてトップに躍り出そうな勢いを示したが，（プラズマ・ディスプレイは空港，駅等の案内表示装置として伸び始めていたものの）家庭用TVの需要はなお盛り上がらなかった。そこで同社は低価格機の発売を計画し，実際に商品化されたのが2000年7月発売の42型「PX-42VT1」であり，価格（標準定価）は99万8000円だった。これは先の目標には届かなかったものの，42型（以上の大型）としては初めて100万円を切るものとなった。画像信号の処理や画像表示のための半導体回路の集積化を進め，部品点数を従来機種より約30％削減して実現したのである。当時は，同年9月のシドニー・オリンピックや年末から始まるBSデジタル放送を起爆剤として家庭用市場の立ち上がりが期待されており，各社が大幅に価格を引き下げた製品を発売すると見られていたが，同機はその先陣を切るものとなったのだった。

以上がNECのプラズマTV戦略であるが，同社は有機ELディスプレイの開発にも取り組み，1998年11月には5.7型のフルカラー・ディスプレイの試作に成功した(19)。

## 3　追走グループ——日立と松下

プラズマTVで先行した富士通，および“準先行”のパイオニアとNECを追走したのは，日立と松下であった。

### 1）日　立

先に見たように富士通はプラズマ TV 事業での成功への絶好のチャンスを逃したが，逆にその機に乗じて同社を追走して逆転に成功したのが日立だった。同社は液晶 TV も手掛けていたので，それについても見てみよう。

#### ■ 液晶ディスプレイ，TV の開発

まず液晶 TV についてである。日立は次世代ディスプレイの有力候補と見られていた液晶パネルとプラズマ・パネルのいずれについても早くから研究を開始し，前章で見たように，ことに前者の基礎技術の発展には大きく貢献した。中でも重要だったのは，1995 年発表の広視野角を実現した IPS と呼ばれる（スイッチング）方式の開発だった。視野角が上下 140 度，左右も 140 度と，既存の製品では不可能だった“超広高視野角”を実現したものである（同社の従来製品は，上下 40 度，左右 90 度だった）。

また，TFT パネルの量産ラインへの投資について見ると，日立は，ブラウン管生産の茂原工場（千葉県）に 1984 年に試作ラインを設けていたが，事業化には積極的ではなかった。ところが，93 年暮れになって，同市場への本格参入を発表して投資を積極化させ，94 年には同工場に総額 300 億円を投じて第 2 世代ガラス基板（370×470 mm）の工場（V1 ライン）を，97 年には第 3.5 世代ガラス基板（650×830 mm）の工場（V2 ライン，400 億円）を，さらに 01 年後半には第 4.5 世代ガラス基板（730×920 mm）の工場（V3 ライン，340 億円）をそれぞれ稼働させた(20)。

#### ■ プラズマ・ディスプレイの開発

次にプラズマ・ディスプレイ，TV について見ると，日立は同ディスプレイの研究を早くから進めていたが，事業化は困難だと判断し，1993 年にはその開発を中断した。しかし，95 年初めになって開発を再開し，長野オリンピックが開催される 2 年後の 98 年初めに 40〜50 型の製品化を目指すことを明らかにした。富士通による技術的ブレイクスルーに刺激され，NHK 技研の「共同開発協議会」への参加を決めたためだった。すでに 21 型を発売している富士

通ゼネラル，20型を発売している三菱電機，40型を開発したNECを追っての決定であった。

そして1997年夏には製品化のめどが立ったため，翌年末までに量産ラインを総額約200億円で建設する計画を発表したが，実行には踏み切らなかった。NHK技研の共同開発協議会が推進するDC型の旗色が悪くなったため，それまでのDC型の自社開発からAC型で先頭を走る富士通との提携路線へと大きく転換したためだった。そしてその最初のステップとなったのが，98年8月の，プラズマ・ディスプレイの高性能化と低価格化のための量産技術に関する富士通との共同開発契約の締結だった。

翌年にはさらに一歩を進め，同社との間で合弁会社「FHP」を設立した。持ち分比率は各50%であり，プラズマ・ディスプレイの開発・製造・販売を行う世界初のプラズマ・ディスプレイ・パネル専業メーカーの誕生だった。両社の“公式”の狙いは事業統合によって効率化を図って低価格品の生産を可能にし，薄型TVウォーズで主導権を確保することだった。しかし“本音”は両社とも，「50型で50万円」のディスプレイの実現に必要な数百億円の投資を単独でする余裕はないということだった。そして日立のもう1つの狙いは，自社には技術的蓄積がないので富士通の高い技術を取り込むこと，またそれと同時に同社の宮崎工場という生産拠点をも確保すること，すなわちプラズマTV戦略の展開に必要な経営資源を迅速に確保することだった(21)。

### ■ プラズマTVの発売と薄型TV戦略

以上が日立のプラズマ・ディスプレイに関する動向である。次いでプラズマTVについて見ると，同社が初めて製品を発売したのは1999年8月であり，42型のハイビジョン対応のプラズマTVだった。これは富士通からパネルの供給を受けて製品化したものであり，価格は170万～180万円だった。

なお，日立は当時，2タイプのプロジェクション（投射型）TVを発売していた。1つは液晶方式のものであり，1999年7月には52型を発売している。もう1つは，DLPと呼ばれる技術を用いた（液晶方式とは異なる）ものであり(22)，99年4月，その開発者であるアメリカのTI（テキサス・インスツルメンツ）との提携を発表した。

このように，1990年代末時点での日立の薄型TV戦略は，25～40型はプラズマTV，それ以上は液晶とDLPのリアプロジェクション（背面投射型）TV，それ以下は液晶TV，というものであり，日本企業の中ではもっとも“広角”なものであった(23)。

## 2) 松　下

本フェイズの後半になって日立に劣らず，というよりも，それ以上の勢いで富士通の追走に移ったのが松下だが，それまでの足取りは順調なものではなかった。

### ■ 液晶TVでの先行と停滞

松下は，液晶TV開発では1990年代半ばまでは先頭集団にいたといえるかもしれない。前章で述べたように，86年には今日でも主流となっているアモルファス・シリコンTFT（aSi-TFT）液晶を使ったポータブルTV（3型）を世界で初めて，しかもシャープに1年先駆けて商品化している。また（その後は必ずしも開発に積極的ではなかったが），95年にシャープが10.4型を発売した際には，ソニーとともに直ちに追随して10.4型（24.8万円）を発売しているからである。

しかし，これもソニーと同様に同TVからはすぐに撤退した。価格がブラウン管TVの2倍以上であり，売行きが芳しくなかったためである(24)。

### ■ 液晶ディスプレイ事業の停滞と追走

次いで液晶TVの基礎となる液晶ディスプレイ事業について見ると，これもTVと似た経緯をたどった。同社はこれについても比較的早くから研究開発と生産を開始し，1980年代に石川工場（石川県）と魚津工場（新潟県）で生産を開始した。また谷井昭雄社長の「液晶，プラズマ両睨み（りょうにらみ）」のディスプレイ戦略により，93～95年には主にノートパソコンやワークステーション向けパネルの増産のために石川工場に二百数十億円を投じて生産ラインを増強している。しかし，その後はむしろ消極的な姿勢に転じ，国内シェアは低いままで，96年度にようやく5位に顔を出す程度だった。

そして注目すべきは，このような松下の液晶ディスプレイ（および液晶TV）事業の低迷の主因はトップ・マネジメント間の確執による戦略の転換ないし

“不在”だったことである。先述のように，松下は次世代ディスプレイに関しては谷井社長時代（1986～93年）に液晶，プラズマの同時展開を決定していたが，次の森下洋一社長（93～2000年）は“ブラウン管重視”の戦略に回帰し，ことに液晶に関してはきわめて冷淡になったのである。そしてその理由は，森下社長が前社長の戦略の継承にすべからく否定的なうえ，次世代ディスプレイへの先行投資の必要性を理解せず，当面の利益の確保を重視したためであった（なお，森下社長が前社長の戦略を否定するスタンスをとったのは，自分を社長に引き上げてくれた，創業家出身で前社長と対立的関係にあった松下正治会長の考えを“忖度(そんたく)”したためであった）。

こうして松下の液晶ディスプレイ戦略は停滞を余儀なくされたが，それでも（後述の中村邦夫次期社長がTV部門の担当になった）森下時代末期の1999年9月には，TFT液晶パネルの第3世代（550×670 mm）の新生産ラインの建設を発表し，本格的にシェア拡大を目指す姿勢に転じた。その中心は主力の石川工場に320億円を投じ，翌年8月から液晶モニターや大型液晶TV向けのTFT液晶パネルを生産するというものだった。デスクトップ・パソコンを含むデジタル家電の普及による需要の増大や，次に述べる“大型”液晶TVの可能性が見えてきたために急遽なされた戦略転換だった。

そしてそれに合わせてTVの発売が発表された。シャープが（1999年）3月に発売した20型液晶TVが好調な売行きを見せ，それへの追随の必要に迫られたためであった。こうして12月に発売されたのが15.2型の液晶TV「T(タウ)」であり，得意のDVD技術を生かしてDVDとスピーカーを内蔵するとともに音楽CDも視聴可能にして先行するシャープ製品との差別化を図ったもので，価格は30万円だった(25)。

### 「DC型」プラズマ・ディスプレイ，TVの開発

松下はプラズマ・ディスプレイについても早くから薄型TV用ディスプレイとして注目し，開発を行っていた。といっても，松下本体ではなく，松下グループでブラウン管を開発・製造するMECの半導体研究所においてだった（なお，その後組織は変遷しているが，以下では，同研究所をMEC研究所と記する）。

前章で述べたように，TVのハイビジョン化を目指すNHK技研は早くから民間企業を巻き込みつつ平面ディスプレイの研究開発を行っていたが，その中

心になったのがMECだった。MECは，松下に必要な技術の導入を目的としてオランダのフィリップスとの間で設立された合弁会社であり，当初はその目的通り，松下のための技術の吸収に専念していた。ところが，その役割を終え，また世代交代が進むにつれて次第に自立性を強め，ことにMEC研究所の中には新しいことにチャレンジしようという機運が生まれていた。

そのMEC研究所にNHK技研からカラー・プラズマTVの共同開発の話が持ち込まれたのは，ちょうどそのころであった。1970年代からプラズマ・ディスプレイの開発を進め，80年代後半には橙色プラズマ・ディスプレイを商品化し，東芝などにラップトップ型パソコン用として大量に供給していたMECにとっては，「渡りに舟」の話だった。こうしてMEC研究所はNHK技研と共同でプラズマTVの研究を開始した（そして96年に26型のDC型プラズマTVを発売した）。

ところで，1994年には，既述のようにNHK技研によって「共同開発協議会」が設立され，長野オリンピック（98年2月）までに42型のDC型ハイビジョン受信機を開発・実用化する目標が掲げられ，MEC研究所はこれに積極的に取り組んだ。しかし，“篠田特許”と“ウェーバー特許”のためにDC型がAC型に対して劣勢になってほとんどの企業が撤退したため，開発の実質的な担い手はNHK技研とMEC研究所だけとなった。それでも同研究所は孤軍奮闘し，目標期限までに製品を完成したが，それは同時にDC型の開発の終焉を告げるものともなった(26)。

### 「AC型」への転換

ところで，その42型のDC型TVの納入期限の4カ月前の1997年10月，松下から“AC型”の42型のプラズマTV「プラズマビュー（TH-42PM1)」が発売された。価格は150万円で，(MUSEデコーダーを内蔵した）ハイビジョン対応機であり，42型としては，富士通ゼネラル，NECに次ぐものだった。そして注意すべきは，これは，松下本体が新たに開始したプラズマTV戦略の第1弾となるものだったことである。

先述のように，DC型プラズマTVの開発はMEC研究所によって進められたが，多くの国内メーカーの中でただ1社だけDC型を推進するというこのMECの動きは，松下本社の経営企画室，テレビ事業部およびTVの研究・開発を担当する中央研究所には危険なものと映り，同研究所はAC型の研究を開始していた。しかし，出遅れて技術の蓄積がない松下がこれから自社開発を始めて追いつくのは困難なため，提携先を含めさまざまの可能性を探索したが，その中でとくに注目したのがAC型の基幹特許を持つウェーバー氏率いるプラズマコであった。

ところが，そのころ，同社は巨額の資金を調達して単独でディスプレイを量産・販売するのが困難になり，松下に接触してきたのだった。これは松下にとっては「渡りに舟」であり，1995年5月にプラズマコと共同開発契約を締結して支援開始を決定した。そしてさらに，翌年1月にはプラズマコを買収して100%子会社とし，富士通や日立に先駆けてプラズマTVを商品化する方針を明らかにした。買収金額は2,800万ドル（30億円）であり，これは，松下本体が本格的にAC型の開発・製造・販売へと大きく舵を切ったことを示すものとなった。なお，子会社となったプラズマコにはさらに100億円が投じられ，松下の北米でのプラズマ・ディスプレイの先端技術の開発拠点および北米市場向けの生産拠点に転換された(27)。

### ■「AC型」プラズマ・ディスプレイ，TV戦略の展開

こうして松下ではDC型からAC型への転換が図られたが，それを主導したのは，1997年6月にTV事業担当の社内分社「AVC社」の社長に就任した中村氏だった。彼はのちに強いリーダーシップを発揮して松下グループの大改革を断行し，プラズマTV事業を強力に推進することになるが，最初に実施したのは98年1月のプラズマディスプレイ事業部の設立であり，MECを含めて松下グループの総力を挙げてDC型プラズマTV事業を推進する体制を確立しようとしたものだった。

そしてその最初の成果が，先述の1997年10月発売の42型「プラズマビュー」であり，プラズマコと共同で開発したものだった。日立，富士通，パイオニア，NECなどに遅れること約1年だったが，松下はその後矢継ぎ早に戦略を繰り出していった（なお，98年3月，MECは本社の高槻工場内にAC型プラズマ・パネルの量産工場を建設することを発表した。2003年稼働予定で投資額は明らかにされなかったが，総額約200億円と見られた）。

TVについて見ると，1998年12月，松下は42型のプラズマTV「プラズマ

T(タウ)」を，翌年3月にはその37型を発売した。翌99年夏の商戦では「プラズマTVがいよいよ家庭に入り込み始めた」といわれたが，同商戦でもっとも好評で，そのきっかけをつくったのがこの37型であった。そのころの各社の主要製品は42～50型だったのに対し，「ブラウン管TVの買い替え需要を狙うには，大画面ニーズとともに日本の住宅事情に合うサイズが必要と考えた」ことが奏功したのだった。もっとも，価格は120万円となお高く購買層が高額所得者に限られること，またプラズマTV全般にいえることだが明るい部屋では外光が反射して見にくく消費電力がブラウン管TVの2倍以上であること等，広く消費者に普及するにはなお課題が多かったが，プラズマTVの普及への1つのテコとなったのはたしかだった(28)。

## 4 出遅れグループ――ソニー

以上，フェイズ1の先行および“準先行”グループと追走グループを見てきた。本節ではそれ以外の出遅れグループの中の主要企業であるソニーについて見ることにする（なお，東芝については巻末の補論を参照されたい）。

ソニーは将来の薄型TVディスプレイ候補として液晶，プラズマのいずれにも早くから注目し研究を進めたが，結局，そのどちらにも出遅れた。プラズマ・ディスプレイについては1970年代後半には研究を始めていたが，多くの企業と同様，その開発の困難さから80年代には開発を中止している。しかし，液晶ディスプレイについては，それよりは積極的であった(29)。

### ■ 液晶ディスプレイ戦略

ソニーは1993年，カメラ一体型VTR（のファインダー）や小型プロジェクター向けのTFT液晶ディスプレイ市場への本格参入を発表した。それまでも自社の機器向けに生産していたが，生産ラインを新設して生産規模を大幅に拡大し，外販にも乗り出すというものであった。ただし，画面サイズはそれらの機器向けの0.7型であり，この小型製品に限って事業を展開するという戦略だった。

また，1996年には5.6型の低温ポリシリコンTFT液晶ディスプレイの試作に成功し，翌年から三洋と共同生産することを発表した。三洋，シャープに続く事業化の発表であった。「生産技術は主にソニーが供与し三洋が100億円で自社工場を建設する，製品は両社が引き取りそれぞれの製品に組み込む，次の新製品も共同開発する」というものであった。TFT液晶ディスプレイ業界では大手のシャープとDTIを含む約10社が激しいシェア争いを繰り広げており，価格と利益の低下に苦しんだ三洋と，自前の工場を持ちたいが400億円はかかる大型工場を新設するつもりのないソニーとが手を組んだものだった。このようにソニーは液晶ディスプレイに対してはそれなりに積極的な取り組みを見せたが，国内シェアは2000年代初めまで第5位以内に入ったことはなく，弱小メーカーにとどまった(30)。

### ■ 液晶TV戦略

ソニーのTV戦略について見ると，1995年12月，同社は松下とともにシャープに追随して10.4型液晶TVを発売した。家庭内で持ち運びできる薄型TVとしての需要を期待したものであった。しかし価格が高いうえにブラウン管TVに比べて画質が安定しないこともあって販売が振るわなかったため，翌年8月には撤退した。

ところで注意すべきは，ソニーは10.4型の発売の半年前の1995年6月，アメリカの「テクトロニクス社」が開発した「PALC」（プラズマアドレス液晶）という新方式による25型TV「プラズマトロン」を翌96年秋に発売すると発表していたことである。PALC方式とは，表示は液晶で行うが液晶画素のスイッチングには（TFT液晶ディスプレイの場合のトランジスタに代えて）プラズマ放電を使う，液晶，プラズマ両方式の“ハイブリッド”ともいえるものだった。既存の液晶技術をベースとするのでプラズマ・ディスプレイよりも安く量産でき，スクリーン印刷技術を用いるので半導体技術が重要なTFT方式よりも安く量産できる，というのが謳い文句であった。ただし，視野角が狭いこと，40型を超える大型の作製が容易でないことは難点とされていた。しかし，ソニーは92年にテクトロニクスとライセンス契約を結んで共同開発を進めてきており，富士通によるブレイクスルーによって薄型TVの本命に躍り出たと見られたプラズマTVに，共同して対抗しようとするものであった

ところが，そのプラズマトロンの発売予定の1996年の秋，ソニーは「シャープと提携して40型のPALC方式ディスプレイの共同開発を行い98年初め

に製品化する」と発表した。提携の目的はそれまで開発を進めてきたプラズマトロンの視野角が上下左右90度と狭いため，シャープの広視野角技術を得て上下左右140度の視野角を実現するということだった。そしてそれから約1年後の97年7月，ソニーとシャープは，両社とフィリップスが共同で40型までのPALC方式ディスプレイの開発で合意したと発表した。狙いは，開発費負担の軽減と，低コストの生産方法の開発だった。

しかし，PALC方式ディスプレイは実現に至らなかった。1999年12月にフィリップスが共同開発から撤退したからである。生産コストの引下げが思うように進まず，実用化は困難と判断したためだと見られた。ところが，実は，その前年の10月には，ソニーも同様の判断を下していたことを窺わせる戦略が発表されていたのである(31)。

### ■ プラズマTV戦略

それは，PALC方式で対抗するはずだった（富士通主導の）プラズマTVについて，パネルを富士通からOEM調達して国内で発売するというものだった。実際，ソニーはすでに同TVを業務用として同年春から欧米で販売しており，その意味では，この発表はそれを国内まで広げるというものにすぎなかった。しかし，あわせて発表された「PALC-TVは家庭用を含む大画面TVの需要が急拡大すると見られる2000年以降に商品化する」という計画は，その時点ですでにソニーがPALC方式TVの早期実現が困難なことを認識していたことを示している。

それはともかく，これは，それまでの戦略の失敗を受け，ソニーが「基幹デバイスは自社生産する」という創業以来の伝統に反し，「他社からパネルを調達して製品化し，ブラウン管TVで磨いた画質で独自色を出して他社製品と差別化する」という戦略に転じた（というよりも転じざるをえなかった）ことを意味するものだった(32)。

### ■ 薄型TV戦略の迷走

ところで注目すべきは，ソニーは，薄型TVに関してさらに2つの可能性を追求していたことである。1つは有機EL-TVである。1990年代末には，NEC，パイオニア，出光興産などが試作を終え，三洋電器その他の多くのメーカーが開発に取り組んでいたが，ソニーもその中の1社であった。もう1つはFEDであり，アメリカのベンチャー企業「キャンディセント・テクノロジー」と組んでパソコン・モニターや中型の家庭用TV向けの14〜17型を開発し，2000年度以降の商品化を目指すというものであった（40型クラスはPALC方式のTVでカバーするものとされた）。

このように，この期のソニーの薄型TV戦略はいずれもものにならず，迷走といってよい状態を呈した。その原因についてはのちに分析するが，それを示唆する2つの言葉を紹介しておこう。1つは，当時の出井伸之社長の次の言葉である。

「液晶やプラズマディスプレーのような薄型パネルに出遅れたのは，私自身に時間軸の読み違いがあった。ブラウン管の後継技術は自発光する有機EL（エレクトロ・ルミネッセンス）かFED（電界放出型）だと信じ，この2つに賭けていたんです。FEDや有機ELは現時点でも越えなければならない山が2つ3つあって，液晶やプラズマは予想を超えて進歩した。技術のスピードを見誤ったのは確かでしょう」(33)。

もう1つは当時のある技術者が述べたことであり，「やはり，……腰が据わっていなかったというのが，失敗の最大の要因でした。本当に新開発のディスプレイ・デバイスをやろうというなら，もっと全社レベルで投資すべきでした」(34)というものである(35)。

# 第3章

# フェイズ2：2000～03年

### はじめに

本章では，薄型TVウォーズのフェイズ2（2000～03年）における戦いの経過を明らかにする。第1節で，同フェイズの概況を環境動向と戦況に分けて述べる。次の第2節では，同フェイズの先行グループである液晶TVのシャープと，プラズマTV中心の日立の戦いの軌跡を概観する。さらに，第3節では追走グループの中の松下とソニーについて見ることにする。

## 1 概　　況

### 1）環境動向

前フェイズ（1990年代）の日本経済は「失われた10年」ともいわれ，家電業界もAV不況に見舞われたが，本フェイズはまずまずだった。アメリカのITバブルの崩壊による景気後退の影響を受けて2001年はIT不況となり，同年度の実質GDP成長率はマイナス0.4%となったが，02，03年はそれぞれ1.1，2.3%とすぐ立ち直り，07年まで続く好況の始まりとなった。もっとも，02～07年度の平均成長率は1.73%であり，かつての高度成長期と比べればはるかに低く，「不況ではない」というに近かったが，それでも，薄型TVのような革新的で魅力的な新製品の登場を受け入れるには十分であった。

電機業界は2001年度にはソニーを除く大手6社（松下，日立，東芝，富士通，三菱電機，NEC）が最終赤字となり，その合計が2兆円に迫るなど危機的状況

図 3-1　TV 出荷台数（国内）の推移

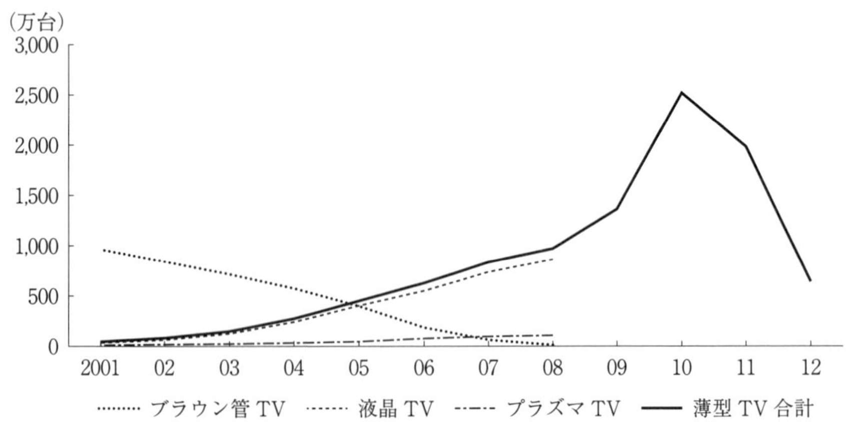


（出所）　薄型（液晶，プラズマ）TV: 日経産業新聞社編『市場占有率』。ブラウン管 TV :『民生機器主要品目国内出荷実績』電子情報技術産業協会（JEITA）HP。

となったが，これは半導体市場の急激な縮小を含むかつてない IT 不況のためにリストラ費用を計上したことによるものであり，03 年にはおおむね急回復した。

TV 需要により直接的にかかわる要因について見ると，シドニー（2000 年 9 月），ソルトレークシティ（02 年 2 月）の両オリンピック，日韓ワールドカップ（02 年 7 月）などの開催はプラス要因だった。また，それらを映像化して送り出すサイドにおける，NHK の「デジタル BS ハイビジョン放送」の開始（2000 年 12 月），「(一部地域での）地上デジタル放送」の開始（03 年 12 月）なども，薄型 TV の立ち上がりへの追い風となった。そして何よりも，技術の急速な進歩によって画面の明るさ，寿命，応答速度，視野角などの点で薄型 TV がブラウン管 TV に迫ったこと，および，01 年には液晶 TV で，また 03 年末にはプラズマ TV で実売価格が「1 型（インチ）1 万円」を切るものが現れるなど価格が急速に低下して消費者の手の届く範囲に近づいたことが，普及への強力な決め手になった。

もっとも，このような好条件にもかかわらず，本フェイズに入っても前フェイズ以来の TV 需要の減少が続いて業界自体は相変わらず逆境に置かれ，競争の焦点になったのは，当初はなおブラウン管 TV だった。薄型 TV をめぐる競争が開始されたのはその競争と並行してだったが，2001 年以降は同 TV

が主戦場となった。そして，それが先述の環境と相まって薄型TV市場の立ち上がりとその後の急成長をもたらすことになった。薄型TVとブラウン管TVをあわせたTV全体の国内出荷台数が01年の1,005万台から03年の864万台へと減少する中で，薄型TVのそれは01年の42万台から03年の148万台へと急成長してTV全体に占めるシェアは01年の4.2%から03年の17.1%へとわずか2年で急拡大し（図3-1参照），世代交代を確かなものにしたのである(1)。

## 2) 戦　況

はじめに，前フェイズ（1990年代）の動きを振り返っておこう。同フェイズの初めには液晶TVの方が実現の可能性が高いと見られていたが，中ごろからプラズマTVが強力に巻き返して逆転に成功したかに見えた。ところが，その後，今度は液晶TVが攻勢に出て，結局，90年代後半には「薄型TVの本命である40型以上の大型TVについてはプラズマTVの方が有利，それ以下（20～30型）については液晶TVが有利」という“棲み分け論”が有力になった。しかし，いずれもブラウン管TVに比べて価格が非常に高く，液晶TV陣営とプラズマTV陣営との間の“方式間競争”はもちろん，各方式内での企業間の競争を意味する“方式内競争”も生ずる状況ではなかった。

ところが，1990年代末にシャープから35万円の20型液晶TVが，またNECから100万円を切る42型プラズマTVの発売が発表されて薄型TVの普及の可能性が高まると，その機運が生じたのだった。

### ■ 本フェイズの特徴

本フェイズの特徴は，①薄型市場が立ち上がって多くの企業が参入して激しい競争が展開されたこと，②“御三家”（松下，東芝，ソニー）の復活がその主因となったこと，③その結果，“方式内競争”については，液晶TVではシャープが圧倒的な地位を築いたが，プラズマTVでは変化が大きかったこと，④他方，“方式間競争”については，前フェイズで生じていた機運がさらに高まったが，全体としてはなお「大型はプラズマTV，中小型は液晶TV」という“棲み分け”が維持されたこと，また，⑤世界市場では韓国のサムスンとLGの躍進が著しくなったこと，であった。

### ■ 市場の立ち上がり

後出の表3-1と表3-2の「全体」欄に示したTVの出荷数量の推移によれば，プラズマTVの2001年の出荷台数は前年の6倍超，液晶TVの02年のそれは80%増となっているので，01〜02年には“薄型TV市場”が立ち上ったと見てよい。そして，それをリードしたのは，次のように，液晶TVではフェイズ1で先行したシャープだが，プラズマTVでは先行した富士通ではなく，追撃組の日立とパイオニアだった。

前フェイズの終わりに生まれた“方式間競争”の機運に乗じて2000年には液晶TVについてはシャープ，松下，ソニーなどから，またプラズマTVについては松下，NEC，日立などからいくつかの機種が発売されたが，この気運をさらに高める役割を果たしたのが，翌01年発売の2機種だった。

1つは，シャープが2001年1月に発売した20型と15型の液晶TV「AQUOS（アクオス）」である。このうちの20型は22万円で，1990年代末に発売した20型TV「ウインドウ」（35万円）よりも大幅に安く，一般家庭への普及に必要と見られていた「1インチ1万円」をほぼ実現したこともあってヒットし，その後の液晶TVの急速な成長のきっかけとなった。もう1つは，同年4月に発売された日立の32型プラズマTV「Wooo（ウー）」であり，「AQUOS」以上のインパクトを業界に与えた。それまでのプラズマTVが40型以上だったのに対して32型と小型化し，価格も50万円とそれまでの半分近くになったことで大ヒットし，プラズマTVの認知度を大きく高めたばかりか，薄型TV全体の市場の立ち上がりに大きく貢献したのである。

以上の2機種に刺激されて2001年から02年にかけて，新規参入を含む多くのメーカーから非常に多くの機種が発売された。ことに顕著なのがプラズマTVであり，富士通ゼネラル，NEC，パイオニアなど前フェイズの先行および準先行グループと，日立，松下，LG等の追走グループはもとより，ソニー，三洋，東芝，日本ビクターなどの出遅れグループ，さらにはシャープまでもがパネルを他社から購入して市場に参入した。そして注目すべきことの1つは，32型，37型などプラズマTVとしては小型の機種の発売が増えたことであり，32型の「Wooo」のインパクトが大きかったことを示している。またもう1つは，42型以上の大型の発売も増えたことであり，これは，「Wooo」によって生まれた“小型”人気がプラズマTV自体の人気を高め，その本来のテリトリーである大型の発売も誘発したことを示している。

他方，液晶TVでも，プラズマTVほどではないが，同様の現象が見られた。“「AQUOS」効果”によって2001年には日本ビクターと日立が，また02年にはアイワ，三菱，LG，東芝，サムスンなどが参入して「15型は乱戦模様」といわれたほどであり，市場の本格的立ち上がりに貢献した。これは，基本的にはそれまでのシャープの着実な画面サイズ拡大の努力が実を結び始めたことによるものだったが，「Wooo」によって生まれた薄型TV人気がそれを加速したこともたしかだった。

### ■ 御三家の追撃と過当競争

ところで，ここで注目すべきは2002年以降にブラウン管TV時代の御三家が復活したことであり，それが上述の競争を加速し，日本の家電・エレクトロニクス業界の“伝統”である“過当競争”の発生をもたらしたことである。

3社は，2002〜03年にはともに積極的に新製品を発売して健闘した。ことにソニーは，03年時点で液晶TVの国内市場では（大差ではあるが）シャープに次ぐ第2位（第3位は松下），世界市場ではシャープ，松下に次ぐ第3位になり，プラズマTVの世界市場でも松下，日立に次ぐ第3位に食い込んだ。パネルを持たない同社が健闘したのは，ブラウン管TVで培った画像処理技術が生きたこと，また企業としての強いブランド力や販売力（海外）を持っていたことによるものであった。

そして重要なのは，このような御三家の復活は競争を加速し，薄型TV市場にブラウン管TV時代と同様の過当競争をもたらしたことである。過当競争とは簡単には「多くの企業が類似の製品を出して“時には採算を度外視して”激しく争うこと」を意味するが，他社からのパネル調達組も含めて既存，新規，あわせて10社近くのメーカーが競って新製品を出していた2002〜03年の薄型TV市場は，まさにその名に値するものだった。そしてその競争の内容については，次の2点が重要である。

1つは，ほとんどの企業ができるだけ多くの製品を揃えようとしたこと，ことに大手企業は液晶とプラズマ双方について小型から大型までのできるだけ多くの「型（インチ）」と，それらの派生モデルを揃える，いわゆるフルライン戦略をとったことである。もう1つは，各社とも他社との差別化に努力するが，その多くは，画面の明るさ，色調，応答速度など製品の“機能的”側面が中心となったために大きな差異が生まれにくかったこと，また，たとえ基本機能以外で差別化に成功しても容易に模倣できるものがほとんどだったことである(2)。

### ■ 方式内競争

以上，本フェイズにおける薄型 TV ウォーズの全体動向を見てきたが，次に液晶 TV，プラズマ TV それぞれの“方式内”での競争の動向を，それぞれの国内出荷台数シェアの推移に即して簡単に見ておこう。まず液晶 TV については，表 3-1 が示すように，2002 年まではシャープが圧倒的なトップであり，同年のシェアは 71.2% だった。これは，それまでパネルの大型化を先導してきた成果を生かして他社にはない幅広い製品ラインアップを用意するとともに，蓄積された技術とパネルから組立までの一貫生産によって高い品質を実現し，製品への信頼感を醸成するのに成功したためであった。そして，その強さがその後も基本的には維持されたことは，07 年まで 40% 超のシェアを維持したことからも明らかである。

もっとも，2002 年以降，同社のシェアが低下していったのも事実であり，これは，復活した御三家を中心とする各社の追撃によるものだった。しかし，シャープとの差は大きく，御三家も国内市場ではシャープとの差を大きく縮めることはできなかった。また，御三家以外の日本ビクター，日立，アイワ，三菱，（さらに LG，サムスンなどの韓国勢）は非常に小さなシェアにとどまり，上位に食い込むことはできなかった。食い込むにはパネルを内製できること（外部調達の場合には量を十分確保できること），あるいはパネルは外注でも映像化や販売などにおいて生かせるブラウン管 TV 時代の遺産を持っていることが必要だったが，新規参入企業にはそのどちらもなかったからである。

次にプラズマ TV については，表 3-2 が示すように，液晶 TV とは対照的に，同 TV の国内出荷台数シェアは，わずか 4 年の間に目まぐるしく変化した。まず 2000 年には，前フェイズで“準先行”だったパイオニアがシェア 50.2% で断トツの第 1 位となり，同じく準先行の NEC がその半分弱のシェアながら第 2 位となった。またそれらに次いで第 3，4 位につけたのは“追走組”の松下，日立だった。フェイズ 1 で先行した富士通（ゼネラル）がランキング

**表 3-1　液晶 TV の国内シェア**

単位：出荷台数シェア（10 型以上）（暦年）

| 順位 | | 2001 年 | 02 年[1] | 03 年 |
|---|---|---|---|---|
| 1 位 | | | シャープ (71.2) | シャープ (56.6) |
| 2 位 | | | 松　下[3] (12.0) | 松　下 (17.8) |
| 3 位 | | | ソニー (8.7) | ソニー (12.9) |
| 4 位 | | | 東　芝 (5.7) | 東　芝 (5.6) |
| 5 位 | | | 日　立 (0.8) | 日　立 (2.4) |
| 全体[2] | | 35 | 63 (＋80.0) | 124 (＋96.8) |

| 順位 | 2004 年 | 05 年 | 06 年 | 07 年 |
|---|---|---|---|---|
| 1 位 | シャープ (50.1) | シャープ (47.2) | シャープ (43.9) | シャープ (46.1) |
| 2 位 | ソニー (18.6) | ソニー (17.3) | ソニー (18.0) | ソニー (15.9) |
| 3 位 | 松　下 (17.7) | 松　下 (16.2) | 松　下 (17.0) | 松　下 (15.0) |
| 4 位 | 東　芝 (8.0) | 東　芝 (10.5) | 東　芝 (8.5) | 東　芝 (13.2) |
| 5 位 | 日本ビクター (3.6) | 日本ビクター (5.0) | 日本ビクター (4.3) | 日本ビクター (3.1) |
| 全体[2] | 241 (94.4) | 403 (＋67.2) | 551 (＋36.7) | 738 (＋33.9) |

（注）1. 2001 年以前はブラウン管と合算され，液晶 TV だけのデータはない。02 年については，04 年版にデータがないため 03 年の対前年増減から逆算した。
2. 業界の出荷台数（単位：万台)。台数は資料（出所）の数値を簡略化して，またカッコ内の対前年増減率（%）については資料の数値をそのまま用いた。以下の表もすべて同じ。
3. 2008 年 10 月に「パナソニック」に改名。

（出所）日経産業新聞社編『市場占有率』。

外だったが，これは資金難のためにパネルの製造を日立との合弁に切り替えたことによるものだった。

ところが，この業界地図は 2001 年には大きく変化した。日立のシェアが約 3.6 倍増の 29.1% となって前年の第 4 位から一躍トップに躍り出し，松下も順位は変わらぬものの 17.8% とかなりシェアを伸ばしたのに対し，パイオニアは 3 分の 1 近い 18.2% へと急落して第 2 位に後退し，NEC も 10 ポイント以上下げて第 4 位へと後退したのである。これは，01 年発売の日立の 32 型がヒットし，それに追随した松下他の各社が 37 型などプラズマ TV としては小型の家庭向けを発売して好調だったのに対し，パイオニアと NEC は業務用が中心で 40 型以上の大型で高価格の機種しか持っていなかったためだった。また，日立と松下――ことに後者――が“パネル内製”の強みを生かして幅広い製品ラインアップを揃えたことも大きな要因であった。

表 3-2　プラズマ TV の国内シェア

単位：出荷台数シェア（暦年）

| 順位 | 2000 年[1] | 01 年 | 02 年 | 03 年 |
|---|---|---|---|---|
| 1 位 | パイオニア (50.2) | 日　立 (29.1) | 日　立 (32.6) | 日　立 (30.8) |
| 2 位 | NEC (22.7) | パイオニア (18.2) | パイオニア (24.6) | 松　下 (29.1) |
| 3 位 | 松　下 (13.0) | 松　下 (17.8) | 松　下 (23.0) | ソニー (16.3) |
| 4 位 | 日　立 (8.0) | NEC (12.3) | ソニー (8.5) | パイオニア (14.6) |
| 5 位 | ソニー (3.0) | ソニー (10.1) | 東　芝 (7.0) | 日本ビクター (6.9) |
| 全体[2] | 1.5 | 11 (+633.3) | 19 (+72.7) | 24 (+26.3) |

| 順位 | 2004 年 | 05 年 | 06 年 | 07 年 |
|---|---|---|---|---|
| 1 位 | 松　下 (42.1) | 松　下 (65.2) | 松　下 (66.5) | 松　下 (68.8) |
| 2 位 | 日　立 (27.0) | 日　立 (24.9) | 日　立 (28.5) | 日　立 (28.6) |
| 3 位 | ソニー (15.0) | パイオニア (8.6) | パイオニア (5.0) | パイオニア (2.5) |
| 4 位 | パイオニア (8.8) | | | バイデザイン (0.1) |
| 5 位 | 日本ビクター (5.0) | | | |
| 全体[2] | 34 (+41.7) | 47 (+38.2) | 77 (+63.8) | 97 (+26.0) |

（注）1. 2002 年版にはデータがないため，01 年の対前年増減から逆算した。
　　　2. 業界の出荷台数（単位：万台）。カッコ内は対前年増減率。
（出所）日経産業新聞社編『市場占有率』。

続く 2002〜03 年には，日立はトップを維持したが，その他ではかなりの順位の変動が生じた。松下が着々シェアを伸ばして日立に僅差の第 2 位に躍進する一方，パイオニアは 02 年にはシェアをかなり回復したが 03 年には再びシェアを大きく落として第 4 位へと後退し，また NEC も 02 年にはランキング圏外に去っている。

### ■ 方式間競争

次に本フェイズの方式間競争について見ると，次の特徴が見られた。第 1 に，表 3-1，表 3-2 の国内出荷台数の伸び率が示すように，2001，02 年には液晶 TV，プラズマ TV ともに急成長し，総じていえば，「32〜50 型はプラズマ TV，15〜20 型は液晶 TV」という“棲み分け”で急成長したことである。第 2 に，しかし，03 年には液晶 TV の伸び率が 96.8% と前年（80.0%）を上回ったのに対し，プラズマ TV は 26.3% と前年の 72.7% から大きく減速したことである。その原因はシャープが牽引した TV の大型化と性能向上によって両

TVを“代替品”とみなす意識が生まれ，それが新製品競争を加速したが，その中で液晶TVを選択する消費者が増えたことであった。

そしてその起爆剤となったのが，2002年以降に発売され，プラズマTVでは小型といえる32型，37型と直接競合するものとなったシャープの“37型”であった。もっとも，03年発売の37型はシャープが80万円，松下が53万円とまだかなり高いために本当の意味での競合には至らず，基本的にはなお“棲み分け”状態だったが，近い将来の，方式間の正面衝突の発生を予感させるものだったこともたしかである。

なお，以上のような両TVのサイズの接近もあり，2003年には，両TVが入り乱れて高画質化を中心とする差別化競争を展開したことにも注意しておこう。たとえば，同年のプラズマTVの年末商戦では，日立がディスプレイと本体を分離して画面サイズと機能の組み合わせの多様性をアピールしたのに対し，ライバルのパイオニアが前面に出したのは低消費電力と長寿命だった。他方，松下は本体の“薄さ（9.9 cm）”や，色合いや明暗を細かく変化させて薄暗い（場面の）映像でも鮮明に見えるようにする機能を強調した(3)。

### ■ 液晶TVの優位性と韓国・台湾メーカーの足音

以上，本フェイズにおける国内市場での戦いの状況を見てきたが，ここで，表3-3に即して世界市場での戦いに触れておこう。

まず，液晶TVである。2003年時点では，国内市場の出荷台数（124万台）が世界市場の出荷台数（279万台）の半分近くを占め，またいずれの市場シェアにおいてもシャープが断トツのトップだった。しかも第2位，第3位もソニーと松下が占め，韓国メーカーは，世界市場でサムスンが第4位，LGが第5位だったので，この時点ではなお日本企業が圧倒的に強かったといえる。しかし，韓国は技術力を着々向上させ，02年にはLGとサムスンが日本メーカーに先んじて40型の液晶TVを発売し，プラズマTVでも03年にはLGがNECの61型と並ぶ60型を発売した。

しかし，より重要なのは，（表示していないが）液晶パネルの世界シェアでは2001年にサムスンがトップになっており，また03年には，サムスンとLGが第1位，第2位を占めたのに対し，シャープは第3位，松下は第5位となって日本側が逆転されたことである。富士通，NEC，三菱電機等，シャープ以外

### 表 3-3　薄型 TV の世界シェア

#### 1. 液晶 TV とプラズマ TV のシェア

《液晶 TV》　　単位：(2003-05 年) 出荷台数シェア　(2006-07 年) 出荷額シェア (暦年)

| 順位 | 2003 年 | 04 年 | 05 年 | 06 年 | 07 年 |
|---|---|---|---|---|---|
| 1 位 | シャープ (48.1) | シャープ (34.1) | シャープ (20.0) | ソニー (16.2) | サムスン (18.7) |
| 2 位 | ソニー (14.9) | ソニー (12.5) | フィリップス (13.6) | サムスン (15.1) | ソニー (17.1) |
| 3 位 | 松　下[3] (13.1) | 松　下 (10.7) | ソニー (13.3) | シャープ (11.5) | シャープ (11.6) |
| 4 位 | サムスン (10.1) | サムスン (8.4) | サムスン (10.0) | フィリップス (10.8) | フィリップス (9.9) |
| 5 位 | L　G (7.2) | 東　芝 (8.0) | 松　下 (7.6) | L　G (6.8) | L　G (8.0) |
| 全体[2] | 279 (＋130.0) | 798 (＋153.6) | 1,677 (＋110.2) | 491 (＋92.6) | 678 (＋38.3) |

《プラズマ TV》

| 順位 | 2003 年[1] | 04 年 | 05 年 | 06 年 | 07 年 |
|---|---|---|---|---|---|
| 1 位 | 松　下 (36.3) | 松　下 (37.2) | 松　下 (35.3) | 松　下 (29.5) | 松　下 (34.5) |
| 2 位 | 日　立 (17.4) | L　G (14.2) | L　G (14.5) | L　G (15.8) | サムスン (20.1) |
| 3 位 | ソニー (15.5) | ソニー (13.0) | サムスン (12.6) | サムスン (14.1) | L　G (16.1) |
| 4 位 | L　G (13.1) | 日　立 (12.9) | フィリップス (10.8) | フィリップス (9.8) | 日　立 (7.5) |
| 5 位 | パイオニア (11.0) | パイオニア (9.0) | 日　立 (7.9) | 日　立 (7.9) | パイオニア (7.3) |
| 全体[2] | 102 (＋130.0) | 232 (＋127.8) | 578 (＋149.1) | 185 (＋22.2) | 154 (－16.6) |

(注)　1. 2003 年のデータがないため 2004 年の対前年増減率 (%) から逆算した (液晶 TV についてはあり)。
2. 業界の出荷台数：(2003-05 年) (単位：万台), 出荷台数：(2006～07 年) (単位：億ドル)。カッコ内は対前年増減率 (%)。
3. 2008 年 10 月に「パナソニック」に改名。
4. (補足) 2002 年の液晶 TV のシェア：①シャープ (61.1), ②松下 (9.5), ③ソニー (7.3), ④LG (6.9), ⑤サムスン (5.8)。

(出所)　日経産業新聞社編『市場占有率』。

#### 2. 薄型 TV (液晶 TV＋プラズマ TV) のシェア　　単位：出荷額シェア (暦年)

| 順位 | 2008 年 | 09 年 | 10 年 | 11 年 | 12 年 |
|---|---|---|---|---|---|
| 1 位 | サムスン (23.2) | サムスン (23.4) | サムスン (22.3) | サムスン (23.8) | サムスン (27.7) |
| 2 位 | ソニー (15.0) | ソニー (12.5) | L　G (13.5) | L　G (13.7) | L　G (15.0) |
| 3 位 | L　G (10.3) | L　G (12.4) | ソニー (12.4) | ソニー (10.6) | ソニー (7.8) |
| 4 位 | パナソニック (9.1) | パナソニック (8.5) | パナソニック (8.4) | パナソニック (7.8) | パナソニック (6.0) |
| 5 位 | シャープ (8.5) | シャープ (6.3) | シャープ (7.4) | シャープ (6.9) | シャープ (5.4) |
| 全体* | 956 (＋14.9) | 961 (－0.1) | 1,132 (17.6) | 1,120 (－1.0) | 1,088 (－2.9) |

(注)　*：業界の出荷額 (単位：億ドル)。カッコ内は対前年増減率 (%)。

(出所)　日経産業新聞社編『市場占有率』。

の日本企業の多くは財務基盤が弱く投資余力がないために投資の規模が小さくてしかも遅く，新鋭設備への大規模投資で先行する韓国・台湾メーカーに対して競争優位性を失ったからであった。また，それへの対策として台湾や中国のメーカーと提携してパネルを調達するという戦略もとられたが，それは先端技術の移転によって提携企業の技術力を高め，それが日本企業への攻撃をさらに強める，という悪循環を生み出したことも大きな要因だった。

次にプラズマ TV について見ると，多少，事情が異なり，2003 年に国内市場でトップの日立に僅差の第 2 位となった松下が，世界市場では販売力の差を生かして日立の 2 倍以上のシェアを獲得して圧倒的なトップとなり，その後も，国内および世界市場でトップを独走し，06 年まで LG，サムスンにその座を譲ることはなかった。しかし，先述のように，問題はプラズマ TV 自体が液晶 TV に対して劣勢となったことであり，これは，松下のプラズマ主軸路線に疑問を投げかけるものとなった(4)。

#### ■ 3 つのグループ

前フェイズで先行グループを形成したのは液晶 TV ではシャープ，プラズマ TV では富士通であり，それらを追走したのはプラズマ TV ではパイオニア，NEC，日立，および松下，液晶 TV では NEC と日立だった。

これに対し，本フェイズでは，前フェイズでの先行の利を生かして薄型 TV 全体のトップに立ったのが液晶 TV のシャープであり，他方，プラズマ TV では，前期に先行した富士通は早くも脱落し，代わって先行グループを形成したのは日立とパイオニアであった。また，追走グループといえるのが，液晶 TV ではソニー，東芝，松下であり，プラズマ TV では松下だった。以下，順次，各グループの動向を見てみよう。

## 2 先行グループ――シャープと日立

### 1) シャープ

前章で述べたように，フェイズ 1 では辻社長がシャープの薄型 TV 戦略の基礎を築き，跡を継いだ町田社長が液晶 TV 化宣言を行って薄型 TV ウォーズで先行したが，本フェイズではその路線をより強力に推し進めることになった。

### ■ 再「液晶 TV 化宣言」と「AQUOS」の発売

シャープは本フェイズの始まりとなる2000年正月の新聞広告で“改めて”「液晶 TV 化宣言」を行った。まだブラウン管 TV が売れている段階であるにもかかわらず，女優を起用して，「20 世紀に，置いてゆくもの。21 世紀に，持ってゆくもの」という宣伝を大々的に行ったのである。ブラウン管 TV は 20 世紀のもので 21 世紀は液晶 TV が主流になるという宣言であり，積極的に液晶 TV 事業に注力することを内外にアピールして同 TV への期待を高め，需要を喚起しようとするものであった。また，同社の町田社長は同年 5 月の決算発表の席で「2003 年度までにすべてのテレビ画面をブラウン管から液晶に切り替える」(5)と宣言した。

そして以上の「宣言」の具体化の第一歩として，同年 8 月には同社は 540 億円を投じて建設していた世界最大級の生産能力を持つ，当時最先端の第 4 世代ガラス基板（680×880 mm）の液晶パネル工場（三重第 2 工場，第 1 生産ライン）を稼動させ，翌年 1 月には同工場製のパネルを用いた 20 型と 15 型の液晶 TV を発売した。新ブランド「AQUOS」の C1 シリーズである。（希望小売）価格は 20 型が 22 万円，15 型が 15.5 万円と，1 インチ当たり約 1 万円として液晶 TV の普及を狙ったものであり，「1 インチ当たりの価格が 1 万円を切れば，大画面液晶テレビは飛ぶように売れる」(6)を持論とする町田社長の狙い通りのものとなった（のちに実売価格は実際に 20 万円を割った）。1999 年 3 月発売の 22 型が 35 万円だったことからも明らかなように，同機は大幅な低価格化を実現したものであり，プラズマ TV において同様に低価格化を実現した（後述の）日立の「Wooo」（32 型，実売価格は約 60 万円）とともに，薄型 TV の本格的普及への牽引車となった（なお，2 月には 13 型も発売された）(7)。

### ■ “棲み分け”論

その後，シャープは 2002 年 7 月に，44 型までの液晶 TV を（次に述べる）04 年 5 月稼働予定の亀山工場製のパネルを用いて量産するという戦略を明らかにした。これは，プラズマ TV の領域とされた 40 型以上の液晶 TV を作る方針を示したものだが，当時の常識は「40 型以上はプラズマ・ディスプレイ，液晶ディスプレイは20〜30型」というものだった。「消費電力や寿命の点では液晶に軍配が上がるが，大型液晶は部品コストが高いので価格的にはプラズマ・ディスプレイに対抗できず，輝度や色の鮮明さ，動画の応答速度でもプラズマ・ディスプレイが勝る」とされていたからである。したがって上の戦略はこのような常識化していた“棲み分け”論に挑戦状を叩きつける意味を持つものであった。そして，このような“過激な”発言の裏づけとなったのが，亀山市（三重県）に建設しつつあった新工場だった(8)。

### 液晶ディスプレイ，TV事業への積極投資

先述のようにシャープは2000年8月に「第4世代」工場（第1生産ライン）を稼動させたが，それに先立って4月には同工場への「第2生産ライン」の新設を発表しており（700億円，稼働予定は01年4月），それらだけでも同社の生産能力は世界最大級となるはずだった。ところが，先述の“過激発言”の裏づけとなったのはそれらではなく，02年2月に発表された亀山工場の新設であった。

それは，「第5世代」をスキップした「第6世代」工場で，しかも世界で初めて液晶パネルの生産からTVの組立までを一貫して行う“垂直統合（生産）型”の工場であった。主力の三重工場に近い亀山市に，（三重県と亀山市からの合計135億円の補助金を得て）土地・建物の取得・建設費290億円，液晶生産設備673億円を含めた合計約1,000億円で建設し，2004年5月の稼働後，05年度までに年間360万台の生産体制を構築してシェア50%を狙うということであった(9)。

### 第6世代の“垂直統合生産型”の工場

亀山工場が第5世代をスキップし第6世代の“垂直統合生産型”の工場として建設されることになったのは，次のような狙いによるものだった。

まず，第5世代をスキップして第6世代を採用した狙いは2つであり，1つは，韓国・台湾勢への“反攻”の姿勢を示すことだった。当時の三重工場はガラス基板がまだ第4世代だったのに対し，LGはすでに2002年2月に第5世代生産ライン（1,000×1,200 mm）を稼働させており，サムスンも同年9月に第5世代の立ち上げを予定していた。また台湾でも，03年5月に最大手の友達電

子が，また翌年初めまでには奇美電子，中華映管，ハンスター等が第5世代を立ち上げる予定となっていたからである。

第6世代としたもう1つの狙いは，「40型以上はプラズマTV，20〜30型は液晶TV」という“業界常識への挑戦”への強い意思をより明確に示すことであった（そしてそこには，2002年6月に世界最大の40型液晶TVを日本で発売するサムスンへの対抗の意味も込められていた）。

他方，亀山工場を垂直統合生産型としたことの狙いは次の2つだった。1つは，パネルの製造とTVの組立を1カ所で行うことによって効率を上げ，コストを削減することだった。それまでは三重工場でパネルを生産し，栃木県の矢板工場に送って組み立てていたが，それらを三重工場に集中すれば，輸送・梱包コスト，および（重複していた）検査コストの削減等が可能になるということだった。

もう1つは（先述の「基板サイズにおける反攻」とは一見矛盾するが），基板サイズによるコスト競争力の争いではいずれ“体力のある”韓国・台湾勢には対抗できなくなるので，「技術の優位性を生かして製品の高性能・高機能化で競争優位性を獲得し，かつそれを持続させる必要があるが，それにはパネルの製造からTVの組立までを終身雇用制のある国内で一貫生産することが望ましい」ということであった。海外工場では人材の流動性が高く，生産に関するノウハウなどの機密が流出する危険性が高いからである。これが，シャープが力を入れたいわゆる「技術のブラックボックス化」であり，実際，亀山工場で生産される「亀山モデル」は，後にシャープの「技術のブラックボックス化」の象徴となったのだった。

このようにシャープは液晶パネルの競争力の回復，強化に努めたが，強い資金力にものをいわせた韓国勢の攻勢の前には，いかんともしがたかった。世界シェアにおいて同社は2001年にサムスンに，また02年にはLGに抜かれて第3位となり，以後も年々順位を下げ，両社との差は開く一方となった。

もっとも，これはシャープだけの問題ではなく，同社の敗退は日本の液晶パネル業界の敗退と同義だった。そこで2001年1月，シャープ，日立，東芝，NEC，松下，三菱電機の6社の共同出資により「株式会社液晶先端技術開発センター」が設立された。各社の共同出資と国からの資金援助によって資金力の豊富なサムスンやLG，さらには台湾のメーカーなどの追い上げをかわすことを狙った官主導の“産官学”の試みだった(10)。

### ■ 戦略の多面化

以上が本フェイズでのシャープの戦略の概要である。この他では，①一時，パイオニアから50型のプラズマ・パネルをOEM調達してプラズマ・パネルを手掛けたこと，②ソニーと提携していたPALC方式ディスプレイの開発から2002年に撤退したこと，③大型パネルに加えて注力の方針を示していた携帯電話等向けの小型パネルについても手が打たれたこと，等があったことに留意しておこう(11)。

## 2) 日　立

前章で見たように，日立は前フェイズではプラズマTVにおける追走グループの有力メンバーだったが，資金難のために迫力を欠いた。本フェイズでも似た状況となったが，ともかくも追走を継続し，先行グループの一角を占めることになった。

### ■ プラズマTV「Wooo」の大ヒット

2001年春，日立，三洋電機，ソニーの3社から32型のプラズマTVが発売された。その中で大ヒットとなり，業界に衝撃を与えたのが，4月に発売された実売価格約50万円の日立のハイビジョンTV「Wooo」だった。そしてそれは，3カ月前に発売されたシャープの「AQUOS」とともに，薄型TV市場の立ち上がりに大きく貢献した。それが衝撃的だったのは，プラズマTVといえば大型が常識で42型は約100万円と高価格で，ハイビジョン・プラズマTVも50型以上しかなかった当時において，低価格かつ高機能で，しかも予想外のコンパクトなサイズを実現したからであった。

それを可能にした最大の要因は，前章で述べた，富士通との合弁会社のFHP製のハイビジョン・パネル「ALIS」だった。FHPが当初同パネルを宮崎工場（第1工場）の既存の生産ラインで生産したときには良品率が上がらなかったが，2001年4月に稼働した新宮崎工場（第2工場，450億円）で革新的な方法や工夫を取り入れた結果，良品率が大きく向上し，これが低価格化を可能にしたのだった。

なお，「Wooo」のヒットのもう1つの要因として重要だったのが32型という画面サイズであり，この点で大きな役割を果たしたのが，FHPの事業企画部担当部長の菊地伸也氏だった。彼は，当時の「42型で100万円」では一般ユーザーには売れないと考え，また価格や標準的な家屋のユーザーにとっての見やすさを考えて最終的に「32型で50万円」に絞り込み，成功に結び付けたのだった。先述のように，同機はシャープの「AQUOS」とともに薄型TVの普及に大きな弾みをつけ，まだ本格的に参入していなかったブラウン管TV“御三家”に本腰を入れさせる契機となったのである(12)。

■ プラズマTVの好調とパネルへの投資の停滞

その後も日立のプラズマTV事業は好調に推移し，2001～03年の国内出荷台数シェアはトップになり，03年には世界シェアでもトップの松下（36.3%）に次ぐ第2位（17.4%）と健闘した。製品ラインアップは32～50型（主軸は37型と32型），生産は国内工場と海外の2つの製造子会社でなされた。

しかし，本フェイズではその後，パネル新工場の建設といった抜本的な能力増強策はとられず，それがとられたのは次のフェイズに入ってであり，しかも小規模なものだった。このため，同社の世界シェアは2004年にはLGとソニーに抜かれて第4位（12.9%）に，翌05年はさらにフィリップスに抜かれて第5位（7.9%）に後退し，その後はパイオニアとの4位争いになり，さらにシェアを低下させたのである(13)。

■ 液晶TVとパネル事業の停滞

以上が日立の主力のプラズマTVの動向だが，同社は，液晶TVも発売する戦略をとり，2002年には高画質液晶パネルを搭載した20型ワイドTV「Wooo」を発表し，その後，さまざまな型のものを幅広く展開，強化していった。

しかし，液晶TVの基礎となる液晶事業は強力とはいえなかった。もっとも，当初はかなり強力だった。2001年7月には第4.5世代ガラス基板の新ラインを稼働して32型TV用パネルの生産体制を整えたが，同ラインは当時としては最先端だった。また需要の増大を受けて02年から03年にかけて270億円を投じてその能力の増強が図られた。ところが，その後，ライバル各社は積極投資へと突き進んだ。02年にはLGとサムスンが，また03年には台湾最大手の友達電子がいずれも第5世代生産ラインを稼働させ，04年初めにはその他の台湾勢も続く状況となった。また，これに対抗すべく，02年2月には，シャープが6世代生産ラインの亀山工場の建設を発表した（しかも，03年3月にはサムスンが1,300億円を投じて製造ラインを増設することを，また4月にはLGフィリップスが3,000億円で新工場を建設することを発表した）。

しかし，日立がそれらに対抗して第5世代（以上の）生産ラインの建設を打ち出すことはなかった。当時の日立はリストラ中であり，その一環として業績不振のディスプレイ部門を本体から切り出して2002年10月に設立した生産子会社「日立ディスプレイズ」の業績が振るわなかったからである。そして代わりにとられたのが，台湾の技術提携先の「ハンスター」からの28型TV用液晶パネルのOEM調達だった。茂原工場で生産を予定していた28型は生産量が少なくコスト競争力がないため，最新の第5世代ガラス基板（1,200×1,300mm）の生産ラインを稼働させる同社から調達し，液晶TVメーカーに供給することにしたのである。当時の日立ディスプレイズ社長の米内史明社長は「大型基板なら必ず生産効率が高まるとは限らない」とし，「次世代工場への投資を2004年中に決断することはない」(14)と述べている(15)。

## 3 追走グループ——松下とソニー

### 1） 松　下

前章で述べたように，前フェイズにおける松下の次世代ディスプレイ戦略は迷走気味だったが，TV事業担当の社内分社（AVC社）社長に就任した中村邦夫氏によって事態は大きく改善された。本フェイズはその中村氏が社長として積極的に戦略を進め，次のフェイズ3における過激な攻撃的戦略を準備する期間となった。

#### ■ プラズマ・パネル生産体制の強化

2000年6月に社長に就任した中村氏は矢継ぎ早に手を打っていった。まずプラズマTVについて見ると，第1弾は，同6月に発表したプラズマ・ディスプレイの製造のための全額出資子会社「松下プラズマディスプレイ製造」の設立（7月）と，その製造拠点となる工場の新設だった。後者はハイビジョンTVを組み立てていた茨木工場（大阪府茨木市）を300億円でプラズマ・パネルの工場（茨木第1工場）に転換し，パネルの製造からTVの組立までの一貫生産体制とするものであった。

第2弾は同年9月に発表された東レとのJV（合弁会社）の設立であり，上述の「松下プラズマディスプレイ製造」に東レが10月中旬までに資本参加し，その後，社名を「松下プラズマディスプレイ」に変更するというものだった。新資本金は12億円，出資比率は松下75%，東レ25%だった。松下がこのJV設立に踏み切った経緯は次のようなものであった。

中村社長はプラズマTVで競争優位性を確立するにはパネルをデバイスの核とする一貫生産体制の確立が不可欠と考えていたが，パネルを構成する2枚のガラス基板（前面，背面）のうち，背面のガラス基板の製造ノウハウが松下にはなかった（「ノリタケ」から調達していた）。そこで優位性をできるだけ長く保つには東レの技術を囲い込む必要があると考え，「他社との合弁は避け，自前主義を貫く」という松下の“タブー”を破って決定したのだった。

こうして設立されたのが「松下プラズマディスプレイ」であり，パネルの低コスト化に寄与しただけでなく，他社にはない独自の技術によって差別化戦略を迅速に展開するのに大きく貢献した。プラズマTVの開発・製造に要する主要技術はパネル，映像，デバイスの3つに関するものに分けられるが，このJVの設立により，松下はこれらのすべてを社内に持つ唯一のメーカーとなったからである。

中村社長の第3弾は2002年5月に発表されたこの「松下プラズマディスプレイ」への600億円の投資であり，茨木工場内に世界最大規模の新工場（茨木第2工場）を建設し（04年4月稼働予定），建設中の海外工場とあわせて，04年度に松下全体で年産約150万枚の量産体制を整えるということであった。

この第3弾の直接の狙いは，当時，シェア・トップのFHP（富士通と日立の合弁会社）が2002年度中にも月産6万枚へと倍増する見込みとなっているため，同社を抜いてトップ・シェアを獲得することだった。またその究極の狙いは，04年度に61型のプラズマTVを商品化するとともに量産効果によって同年度中にも「1インチ1万円」のTVを発売し，次世代の本命と見られるプラズマTVでトップ・シェアを獲得することであった。そしてこの計画通り，松下の生産能力は04年にはFHPを抜いてトップとなった（ただし，世界シェアは第3位にとどまった。サムスンとLGが第1，2位を占めたためである）(16)。

### ■ 液晶パネルの単独生産からの撤退

以上のように，プラズマ・パネルでは他社との事業提携戦略がとられたが，液晶パネルについても同様の戦略がとられた。2001年10月に発表された東芝とのJVの設立がそれであり，出資比率は松下が40%，東芝が60%だった。東芝の低温ポリシリコンTFT液晶技術を使った（携帯電話，モバイルPC，車載用等の）液晶パネルを生産し，世界シェア3位を目指すということであった（これによって翌年4月に設立されたのが「東芝松下ディスプレイテクノロジー」である）。注意すべきは，記者会見の席上，統合に踏み切った理由について東芝の岡村正社長が「中小型から大型まで」を念頭に置いていると述べたのに対し，中村社長は「液晶テレビ向けの高画質な大型LCDに注力したい」と述べ，主に大画面液晶TV用が念頭にあることを明らかにしたことである。

ところでこのJV設立の試みは，シェア第5位で業績不振に苦しんでいた東芝が主導権の確保を絶対条件にしたうえで松下に申し込んで実現したが，松下がそれに応じた理由の1つは，2001年春以降のIT不況の深刻化のために松下の02年度の中間決算が上場以来初の営業赤字の見通しとなったため（プラズマ・パネルに巨額投資していることもあり），韓国・台湾メーカーの低価格攻勢で利益率が低下して存続が危うくなってきた液晶に単独で投資することはできないということだった。

そしてもう1つは，次世代TVとしてそれまではプラズマTVにやや傾斜しつつも液晶TVにも相応に注力してきた中村氏が，「（大型の）プラズマTVの育成に投資の重点を置き，液晶TVについては投資負担を軽減してプラズマTVが思わしくなくなった場合の“保険”として手掛ける」として，より明確にプラズマ重視戦略に傾斜したことであった（ただし，中小型液晶で近い将来有望になりそうな，東芝の低温ポリシリコンTFT液晶技術へのアクセスの確保も重要な動機とされた）。

なお，最後に，松下も，シャープの項で述べた「株式会社液晶先端技術開発センター」の設立に参加したことを付記しておこう(17)。

### ■ 製品戦略と販売戦略

以上のような基本戦略にもとづいて，松下は本フェイズできわめて積極的に製品戦略，販売戦略を展開し，ことにプラズマ TV で大きな成功を収めた。国内の出荷台数シェアは 2000 年には 13.0%（第 3 位）でトップのパイオニア（50.2%）には遠く及ばなかったが，その後急速にシェアを伸ばし，03 年にはトップの日立にわずか 1.7 ポイント差の第 2 位（29.1%）へと大躍進を遂げた。これを可能にしたのは次の要因だった。

第 1 に，家庭用にフォーカスし，家電量販店ルートで拡販したことである。これにより，ことに業務用中心のパイオニアや NEC に対して優位に立ったのだった。

第 2 に，パネルの大きな供給能力と垂直統合生産の強みを生かして，多くの型（インチ）とその派生モデルを揃えるフルライン戦略をとり，しかも需要期にタイミングよくそれらを投入したことである。これは，（ソニー以外の）パネルの外部調達組に対する強い優位性をもたらしたのだった。

第 3 に，個々の製品についての差別化戦略がかなり奏功したことである。たとえば，2001 年には 37～50 型のすべての製品をデジタル衛星（BS）放送受信用チューナー内蔵としたこと，また 03 年には新ブランド「VIERA（ビエラ）」を導入してモデルを一新した際に，画質の改善やパネルの長寿命化，インターネット接続可能としたことなどがシェアの大幅増に貢献した。

最後に，プラズマ TV の販売において後述のユニークな「戦略的マーケティング」を採用したことである。これは，上述の第 1～3 の点では大差のない日立に対しては有効であり，シェアで同社に肉薄するのに貢献した。

以上がプラズマ TV の製品・販売戦略であるが，液晶 TV についてもほぼ同様の戦略がとられ，やはりシェアを上昇させた。しかし長年の蓄積を持つシェア・トップのシャープは強力であり，プラズマ TV とは違ってシェアの差を大きく縮めることはできなかった。なお，液晶 TV 戦略について注意すべきは，中小型 TV については自社製パネルが使われたが，32 型などについてはシャープ，サムスン等から調達したパネルが使われたことである。これは，東芝松下ディスプレイテクノロジーではそれに必要な大型パネルは生産できないために，やむをえずとられた措置であった。

以上が松下の薄型 TV の製品および販売戦略の概要である。ここで述べた新ブランド「VIERA」とユニークな「戦略的マーケティング」は次のフェイズ3（以降）で重要な役割を果たすことになるので，より詳しく見ておこう[18]。

### ■ 新ブランド「VIERA」の発売

2003年8月，松下はのちに同社のプラズマTVの代名詞となる新ブランド名「VIERA」を冠した薄型TVの新製品の発売を発表した。同社がTVで新ブランドを出すのは5年ぶりのことだった。新製品は，地上デジタル放送の受信機能やインターネット接続機能を持たせた，37〜50型のプラズマTV3機種と14〜32型の液晶TV10機種の合計13機種であり，価格は前年モデルより5〜10％引き下げられた。

このように大量の機種を発売したのは，画質の改善やパネルの長寿命化によってプラズマTVでトップを争う日立やパイオニアをリードするとともに，薄型で出遅れたソニーを引き離すためであった。また，それをテコに，プラズマTVと液晶TVをあわせた薄型TVの世界シェアを2005年度には倍増させるという“攻撃的な”戦略によるものだった。また，とくに液晶TVを（旧ブランドを含めて）合計16機種も出したことには，同TVに特化して世界シェアでトップを行くシャープ（40％超）に対し，プラズマTVとあわせた“品揃え”で逆転を目指すという狙いも込められていた[19]。

### ■ 戦略的マーケティング

「VIERA」はのちに松下にとって非常に重要なブランドとなるが，そのヒットを可能にした1つの要因は，同機において初めて採用された同社の「戦略的マーケティング」だった。戦略的マーケティングとは，一般に「戦略の達成と密接にリンクしたマーケティング」を意味するが，同社の場合には，中村社長の意を体して“シェアの拡大”を強く指向したマーケティング戦略を意味しており，それを展開したのは，中村社長の組織改革によって新設された「パナソニック マーケティング本部」であった。

同本部が採用したマーケティング戦略は画期的なものだった。1つは「垂直立ち上げ」と呼ばれるものであり，広告宣伝費を集中的に投下して新製品発売からきわめて短期間（数週間）にトップ・シェア獲得を狙う手法だった。同本部は薄型TVにもこれを適用し，2004年のアテネ・オリンピックをターゲットとする大規模な“戦略的”宣伝広告を03年の年末商戦から開始し，テレビCMなどで「VIERA」の宣伝を徹底的に行ったのである。またもう1つは「一夜城作戦」と呼ばれた販売現場での前例のない販売促進策であり，新製品の発表日に合わせて，全国の家電量販店などの自社の販売スペースを一挙に新製品と新装飾に作り変えて他社との違いを際立たせる方法だった（次章で見るように，これは04年の夏商戦で大々的に展開された）。

なお，中村社長は新製品を世界の主要市場で同時に発売する「世界同時立ち上げ・発売」と呼ばれる方式をプラズマTVに適用することを指示し，2005年の商戦で使われることになるが，これも先述の「垂直立ち上げ」「一夜城作戦」と同様に，新製品の発売と同時に一気にシェアを奪うことを狙ったものであり，それをグローバルなスケールで行おうというものであった。

こうしたマーケティング活動の効果もあり，松下は，2003年のプラズマTVの国内出荷台数で日立を急迫して第2位（29.1%）となった。またブラウン管TV時代からの強力な販売網を生かして世界シェアでも日立の2倍以上のシェア（36.3%）を取り，断トツのトップとなった(20)。

## 2）ソニー

前フェイズのソニーは有機EL-TVを本命視していたこともあり，液晶，プラズマいずれのTVにも出遅れて迷走したが，両TVが立ち上がった本フェイズでは，遅ればせながら両市場への参入を急ぐことになった。

### ■ 神話崩壊の序曲

本フェイズの最初の年である2000年は日本の主要エレクトロニクス各社にとってまずまずの年であり，ソニーにとっても同様だった。そしてこの時点でのソニーの企業としての評価は日本企業の中では非常に高く，出井社長の評価も急速に高まっていた。業界がAV不況の渦中にあった2000年までの5年間で売上高が約1.6倍になっただけでなく，売上高営業利益率の年平均も5.1%で，（海外の有力企業には遠く及ばないものの）松下の3.3%，日立の2.4%などよりも高かったからである。また，2000年度にエレクトロニクス分野と音楽分野を中心に人員削減を行うなど，リストラにいち早く着手したことも高評価の理由だった。

ところが翌2001年度になると，そのソニーに異変が生じた。営業利益が前年度から急減したのはまだしも，1997〜2000年度の年平均が約2,000億円で2000年度にも2,478億円あったエレクトロニクス分野の営業損益が82億円の赤字となったのである（なお，このような同分野の急激な落ち込みを補った主な事業分野はゲーム機だった）。もっとも，当時はエレクトロニクス製品全般についてのグローバルな競争激化による価格低下とIT不況による需要の大幅な縮小のために主要各社はいずれも営業損益と最終損益の双方で巨額の赤字を計上しており，ソニーはむしろ健闘したといえた。

それにもかかわらずソニーの決算が問題になったのは，営業損益の悪化が，IT不況の影響を直接受けた情報通信，半導体，コンポーネント等の事業分野に加えて，基幹事業のエレクトロニクス事業でも生じたためだった。そして収益力低下の原因は「ソニーらしい製品が出てこなくなった」ことにあり，それは，ソニーの技術と市場ニーズとの間にズレが生じているからではないか，さらにその原因は出井社長がインターネット関連ビジネスを重視するあまり本業のエレクトロニクス部門を軽視したからではないか，という観測もなされた。

そして市場ニーズとのズレの1つとして指摘されたのがTVであり，そのきっかけとなったのが，2001年度9月期中間決算でソニーのTV部門が9億円の営業赤字となったことだった。当時はなお平面ブラウン管TV「WEGA」の売上が堅調で，2000年の販売台数は1,080万台（世界第1位）で01年も1,030万台の見通しだった。ソニーの担当部門も「フラットパネル化（＝薄型TV化）の直接的な影響を受けていない」，「従来型のCRT（ブラウン管を利用した映像表示装置）は一番綺麗な画像が出るデバイスである。コストメリットや動画特性など，CRTにはまだまだ優位性がある」(21)などと述べていた。

しかし，市場ニーズとのズレが生じていたのは明らかであり，2002年3月期の連結業績の下方修正を発表した“緊急”記者会見で，安藤国威社長（2000年6月〜05年6月）は，ブラウン管TVの売上減が「いつかは来ることが分かっていた」(22)と述べ，その原因は「フラットパネルディスプレーへの取り組みが遅れた」(23)ことだと認めた(24)。

### ■ 薄型TV戦略

次に，以上のようなエレクトロクス事業の推移の中で展開された2002年ごろまでのソニーの薄型TV戦略について見ると，ソニーが出遅れたのはたしかだが，“赤字ショック”以前にもまったく手を打たなかったわけではなかった。

まず液晶TVについて見ると，2000年には15型を発売している。そして赤字ショック後の02年6月には，平面ブラウン管で展開していた「WEGA」シリーズに初めて液晶TV 2機種（15型，17型）を追加して本格的に参入した。しかし，これらの販売はそれなりの売行きを示したが，先行大手との比較では好調とはいえなかった。市場投入の立ち遅れに加え，ことにブランド名にブラウン管TVと同じ「WEGA」を採用したために古いイメージを引きずったことが主因だったが，自前の液晶を持たず，LG，シャープ，日立などからの“外部調達”に依存したために，（内部調達より割高なうえ）需要の急拡大時に各社が自社を優先し，思うように調達できないことがとくに大きかった。

またプラズマTVについて見ると，赤字ショック以前の2001年5月に130万円（店頭価格）を超えるプラズマTV（42型）を発売したが，この売行きも先行大手メーカーには及ばず，その原因の1つは，液晶TVと同様，FHPとNECから購入し（FHPが約8割），自前のパネルを持たなかったことだった。プラズマ・パネルについては2000年4月にFHPへの15%の出資を発表していたが，「Wooo」のヒットに気を良くした日立との間で限られた生産数量をめぐって牽制し合う状態が生まれ，十分な数量を確保できなかったのである。このため，その後ソニーは出資を実行せず，02年6月には出資交渉を打ち切り，NECが10月に設立を予定している新会社への“資金提供”の交渉に動いたのだった。

以上のようにソニーの薄型TV戦線は芳しくなかったが，それを多少とも変えたのは2002年に発売した液晶TV（30型）とプラズマTV（42型，50型）の3機種だった。これらは新開発のデジタル高画質化システム「WEGAエンジン」を搭載したものであり，地上波の映像信号でもハイビジョンに迫る高密度信号に変換できることを売りものにしたもので，実際に店頭でもわかる鮮やかさを実現して好評だった。しかし，それにも“大勢”を変える力はなかった。

以上が主要な動きであるが，この他，ソニーは開発中だった自発光方式の有機ELディスプレイとFEDのうち前者については2001年末には試作機（13型）を完成しており，03年には量産化技術を確立する予定だと見られた。しかし，それは実用化にはほど遠いものだった。他方，1990年代後半からシャープ，フィリップスと取り組んできたプラズマ・アドレス液晶方式の「PALC」については，2002年1月に共同研究を“秘かに”打ち切って撤退した。プラズマ・ディスプレイよりも輝度や消費電力の点で優れているとされていたが，プラズマ・ディスプレイ（と液晶ディスプレイ）の性能向上とコスト低下の速度が速かったためであった(25)。

### ■ ソニー・ショック

こうしてソニーは2002年度には薄型TVを含むエレクトロニクス事業の“再建”に取り組み，それは一応の成果を上げたかに見えた。パネルは外部調達だが，液晶，プラズマTVへの本格参入を果たし，03年3月期決算のエレクトロニクス分野の最終損益は414億円の黒字となったからである。

ところが，2003年4月に発表された同決算は前年度決算よりもはるかに大きな驚きを株式市場に与えた。ソニーの株価は2日連続のストップ安で年初の高値からの下落率は45%となり，同社の株式時価総額の27%（9,000億円）が失われた。また，この影響で日経平均株価もバブル後の最安値を更新し，市場には“ソニー・ショック”という言葉も生まれた。株式市場を驚かせた理由の1つは，営業利益が（会社）見通しを1,000億円近く下回ったことであり，しかもその原因が“本業”のエレクトロニクス事業におけるパソコン事業の不振，大型ヒット商品の不在などにあり，通年の営業黒字を支えたのはゲーム，映画，金融などの多角化分野だったことだった。なお，不振のパソコン事業とは出井社長（1995年4月～2000年6月）の功績とされた「VAIO」のことであり，パソコンの成熟化に伴う低価格化に乗り遅れたのがその原因だった。また大型ヒット商品の不在の“主犯”とされたのは，薄型TVであった。

しかし，市場を驚かせたもう1つのより大きな理由は，2004年3月期の見通しが減収減益で営業黒字はさらに500億円減るとされたこと，すなわち，営業利益の急減からの脱却の処方箋が示されなかったことだった。そこでソニーは直後の5月にマスコミ，アナリスト向けに03年度経営方針説明会を開き，新年度の経営方針を明らかにしたが，その中で薄型TVについて出井会長兼グループCEO（最高経営責任者）（2000年6月～05年6月）から重要なアナウンスがなされた。それは，それまで基本としてきたTV用液晶パネルの外部調達の方針を転換し，自社生産を視野に入れた積極的な投資を検討していくという宣言，すなわち液晶 TV をソニーが本命と考える有機 EL-TV や FED-TV が実現するまでのつなぎとしてきたそれまでの方針を変え，パネルの生産段階から本格的に取り組むという宣言であった。

そして，この方向でとられた最初の大きな施策が 2003 年 8 月に発表された TV の国内生産体制の再編であり，生産拠点を 3 カ所から 2 カ所に集約し，1 カ所（一宮工場）を薄型 TV に特化するものとされた。またこれに合わせて，02 年末には 7 機種だった薄型 TV の品揃えを 03 年末には 24 機種に増やす計画とされた。こうして，ソニーはようやく遅れていた薄型 TV へのシフトに本腰を入れ始めたが，当時，すでにシャープ，サムスン，LG などは第 6 世代，第 7 世代パネルの生産ラインを建設中であり，それらに対抗するには同レベルの生産ラインの建設を急ぐ必要があった。しかし，巨額の投資を要する生産ラインの建設ノウハウを持たぬソニーがゼロから単独で行うのは困難なため，同社が選択したのは，以下に見るように，他企業との合弁方式での生産ラインの建設だった。

なお，注目すべきは，2003 年 4 月に，ゲーム機事業で業績を上げてきた久夛良木健氏が副社長に就任して TV 事業を担当することになったことであり，次に見る合弁会社の設立を主導したのは彼であった(26)。

### ■ S-LCD の設立とリストラ

先述のパネル合弁生産への方針転換にもとづいてパートナー探しが進められたが，最終的に選ばれたのはサムスンであり，2003 年 10 月 17 日，同社との合弁生産に乗り出すことが報じられた。「両社で合弁会社を設立し，折半で総額 2,000 億円を投じて世界初の第 7 世代（1,870×2,200 mm）液晶パネル工場を韓国の湯井（タンジョン）に建設する，05 年夏から主に薄型 TV 用パネルを量産し両社が半分ずつ引き取り自社の TV に組み込むほか外販も行う」というものであった。合弁会社の株式の持ち分利比率は「ソニーが 50% マイナス 1 株，サムスンが 50% プラス 1 株」であり，CEO はサムスンが派遣するということだった（生産規模は月産 7 万枚の予定とされた）。

この合弁会社の設立はサムスンからの強い要請もあって最終的には出井社長が決断したといわれるが，そこに至るまでは曲折があった。実はソニーは上述の5月の自社生産方式への転換の決定の前までシャープと同社からの液晶パネルの調達交渉を進めていたが決裂し，やむなくサムスンの要請に応じたとされる。サムスンの持ち株が“2株”多い「不平等条約」はソニーの方が弱い立場にあったことを示唆しており，同社の焦りを窺うことができる。

それはともかくサムスンとの合弁に込めたソニーの狙いは，第1に大型液晶パネルの安定的・柔軟な調達，第2にパネル量産技術の習得，そして第3に生産ライン設置・工場設備への投資と次世代パネルの研究開発費用についての負担の軽減だった。この中では第1の狙いがもっとも重要であり，ソニーらしい独自の薄型TVの開発は単独生産の場合よりむずかしくなるが，ともかくも液晶パネルの安定的な調達にめどをつけ，TV供給への不安を払拭することを狙ったものであった。

ところで，この合弁生産が正式に発表されたのは10月28日の全社レベルの大規模なリストラ案の発表の中においてであった。同案は，「ソニーグループの国内外合計15万4,500人の全従業員の13%に相当する2万人（国内は7,000人）を削減し，製造部門の効率化のために部品点数や部品・原材料の調達先を削減する」というものであり，これにより2006年度までに固定費を約3,300億円（人件費2,500億円，設備の除却・売却費800億円）削減し，金融を除く連結営業利益を10%に引き上げるということであった。

これは，2003年9月期中間決算の売上高営業利益率が1.5%にとどまって松下の2.2%を下回るなどエレクトロニクス部門の不振とリストラの遅れが鮮明になったこと，またその表れとして先述のソニー・ショック直後の03年第1四半期にTV事業が営業赤字を計上し翌期も24億円の黒字にとどまったことへの対応策として出されたものであり，出井社長の「ソニーが時代の変化スピードに追いついていないという危機感」(27)にもとづくものだった（なお，営業利益率の10%目標は“名声”の早急な挽回を焦るあまり，社内での十分な議論のないままに，出井社長が独断で表明したといわれている）。

中でも問題になったのがエレクトロニクス分野，ことにTV事業の不振だった。2001年には963万台だったブラウン管TVの国内販売台数は翌年には843万台と120万台減る一方，薄型TVは42万台から82万台へと倍増しており，先述の第1四半期の営業赤字もこのような急激な変化への対応の遅れによるものだったからである（表1-1：32ページの注，図3-1：62ページ参照）。そして，それへの対応策の目玉とされたのがサムスンとのパネルの合弁生産だった。

ここでS-LCDに関連して，1つ注意しておこう。サムスンはS-LCDの第1生産ラインとは別に，同ラインの隣にもう1本の第7世代生産ラインを同社の単独出資で建設したことである。月産能力は4.5万枚，稼働開始は06年春であった。これは当時のサムスンの積極的な能力増強戦略を示すものであった(28)。

### ■ 多難な前途

このような経緯により，本フェイズの最後の年となる2003年度のソニー業績はさらに悪化し，エレクトロニクス分野の営業利益は赤字となり，TV事業の営業利益も黒字だったが109億円減って，119億円となった（ゲーム機は676億円の黒字だった）。

他方，薄型TVの市場競争について見ると，ソニーは2003年の年末商戦に向けて積極的な販売戦略を展開し，同年の液晶TVの世界シェアはシャープに次ぐ第2位となり，プラズマTVについても，松下，日立に次ぐ第3位となった。しかし，次章で見るように04年度には赤字に転落し，以後10年にわたってそれを続けることになった。そのような弱体化の原因は，本フェイズですでに明白になっていたことに注意しておこう(29)。

# 第4章

# フェイズ3：2004〜05年

### はじめに

本章では，薄型TVウォーズのフェイズ3（2004〜05年）における戦いの軌跡をたどる。本フェイズは薄型TVの国内市場が急激に拡大する中，ウォーズ全体でもっとも激しい戦いが展開され，企業間の優劣に大きな格差が生じた時期である。第1節では本フェイズの概況として，環境と戦況の概略について述べる。次いで，第2節では前フェイズでの追走の成功で先頭グループに飛び出した松下と前フェイズからの先頭のシャープ（先頭グループ）について述べる。また第3節では，前フェイズで脱落気味となった日立と前フェイズから追走グループにとどまるソニー（追走グループ）について見ることにする（なお，“先行グループ”は，本フェイズ以降は“先頭グループ”と呼ぶ）。

## 1 概　況

### 1）環境動向

本フェイズの日本経済は，2001年のIT不況と06年のアメリカの住宅バブル崩壊以後の混乱期との間の相対的に安定的な時期だった。04，05年の実質GDP成長率はそれぞれ2.6%，1.3%でかつての成長期と比べれば停滞期に近いが，それでも“いざなみ景気”と呼ばれた時期の中にあり，前フェイズと同様に，薄型TVのような革新的で魅力的な新製品が登場すれば消費者に受け入れられる環境だった。また，アメリカの実質GDP成長率はそれぞれ3.8%，

3.3%であり，住宅バブルが生じて耐久消費材主導型の成長だったこともあってTV需要の増大に貢献した。

薄型TVを取り巻く環境について重要だったのは，2003年12月に東京，名古屋，大阪の一部から「地上デジタル放送」が開始されて日本におけるハイビジョン放送のインフラ整備がスタートし，ブラウン管TVからの買い替え需要を喚起する環境が整ったことである。またこのころにはDVDプレーヤー／レコーダーの普及が進んでDVD映画のタイトルも多く出揃い，この面からも大画面薄型TVの買い替え需要が期待されることとなった。

他方，生産技術の進歩によってより大型のプラズマ・パネルや液晶パネルの効率的生産が可能になり，また予想を上回る液晶技術の進歩によってパネル大型化の限界が打破されたため，プラズマTVと液晶TVの“棲み分け”が崩れ始めた。

こうして，この時期には需要，供給の両面で普及への条件が整い，「生産設備の大規模化によって生産コストが低下し，それによって可能になった低価格化が需要を喚起する。そしてそれがさらなる生産の増大によっていっそうのコストダウン，低価格化をもたらす」という好循環が生まれた。そしてこの結果，日本では2005年には薄型TVの出荷台数はブラウン管TVの出荷台数を上回った（03年にはブラウン管TVは716万台，薄型TVは148万台だったが，05年にはそれぞれ398万台，450万台となった〔図3-1：62ページ参照〕）。

なお，この時期，欧米市場が日本市場に約2年遅れで急速に拡大し始め，ことにヨーロッパの液晶TV市場は爆発的に拡大した。液晶TVの日，米，欧の3市場は2004年にはほぼ同規模だったが，05年の欧州市場は前年の3倍近い875万台となり，日本市場の約2倍で世界最大の市場となったのである。その主因は，ノンブランド・メーカーの激安の普及機の急速な浸透に対抗してLGフィリップスが下位機種で対前年末比3～4割の値下げに踏み切り，これに他社が追随して価格が急落したことだった(1)。

## 2）戦　況

はじめに，前フェイズ（フェイズ2）の状況を復習しておこう。まず“方式間競争”について見ると，前フェイズは薄型市場が立ち上がって液晶，プラズマの両TVが急成長を開始し，全体としては，「大型はプラズマTV，中小型は液晶TV」と“棲み分けて”両者がともに成長した時期だった。しかし，液晶TVの画面サイズの急速な拡大とともに，同フェイズの終わりごろには両TVが“接近遭遇”する局面も生まれ，また成長率では液晶TVがプラズマTVを上回りだした。

次いで“方式内競争”について見ると，まず液晶TVでは，先行したシャープが圧倒的な地位を築き，これを，“目を醒ました”ブラウン管TV時代の御三家（松下，東芝，ソニー）が遅ればせながら追撃した。しかし，その差はなかなか縮まらず，市場シェアの上位の順位はほとんど変わらなかった。

他方，プラズマTVについてはかなりの変化が生じた。フェイズ1で先行した富士通はすでに同フェイズの終わりには失速していたが，同フェイズで“準”先行だったNECとパイオニアも，フェイズ2の前半は良かったものの後半には急激に失速した。代わって台頭して先頭グループを形成したのが日立と松下であり，中でも急速な追い上げを見せたのが松下だった。

なお，変化の予兆という意味でより重要だったのは韓国のサムスンとLGであり，TVの世界シェアで日本の主力企業に次ぐ位置を占めただけでなく，液晶，プラズマの両パネルへの積極的な投資を競い合い，液晶パネルの世界出荷台数シェアで日本企業を上回るなど，TVでの日韓逆転の日が近いことを感じさせた（表3-3の1：70ページ参照）。

### ▒ 本フェイズの特徴

以上のようなフェイズ2を受けて進展した本フェイズの特徴は，次の2つだった。1つは前フェイズの終わりごろの方式間競争の趨勢を引き継いだものであり，国内市場では，急速な技術革新によってプラズマTVに接近遭遇した液晶TVが同TVに対する優位性をさらに高めたことである。それを主導したのはシャープだった。もう1つはやはり前フェイズの終わりごろにプラズマTV陣営の方式内競争で生じた変化を引き継いだものであり，急速な追い上げによって次フェイズでの躍進を予感させた松下が，その予感をはるかに超える躍進を遂げたことである。それを可能にしたのは同社の過激な低価格戦略による“価格破壊”であり，それはプラズマTV陣営のみならず液晶TV陣営にも大きな影響を及ぼした。次に，それらをもう少し詳しく見てみよう。

## ■ 方式間競争——液晶 TV の優位性

まず方式間競争であるが，本フェイズの特徴は，フェイズ 2 で生じていた国内市場での液晶 TV とプラズマ TV の接近遭遇と，液晶 TV の成長率がプラズマ TV の成長率を上回る可能性がより確かなものになったことであった。

前者の“接近遭遇”についていえば，2004 年 8 月にシャープが発売した液晶 TV は，それまでプラズマ TV のテリトリーと考えられていた 45 型の（しかもプラズマ TV 陣営にはない）“フルハイビジョン機”で，プラズマ TV の 2 倍という高額商品だったにもかかわらずヒットし，“サイズ”の点でプラズマ TV 陣営を驚かせた。そして翌年 8 月に同じシャープから発売された液晶 TV は，プラズマと完全に競合する 65 型で同じく“フルハイビジョン機”なのに，価格が，その前年に松下が世界最大として発売した 65 型プラズマ TV を大きく下回るものだったため，プラズマ TV 陣営に驚きを超えて強い危機感を抱かせた。サイズに加え，ディスプレイ技術および価格でも液晶 TV がプラズマ TV に対抗できることを示し，2 つの陣営の正面衝突の時代の到来を告げたからである。実際，同年秋には，売れ筋の 37 型と 42 型が値下がりして実売価格が値ごろ感の目安とされる「1 インチ＝1 万円」を切り，同サイズのプラズマ TV に並んだ。

また成長率についていえば，液晶 TV の国内出荷台数（124 万台）のプラズマ TV の国内出荷台数（24 万台）に対する倍率は 2003 年には 5.2 倍だったが，05 年には約 8.6 倍（液晶 TV が 403 万台，プラズマ TV が 47 万台）とわずか 2 年でかなり拡大しており，両者の勢いの差はより明白になった（表 3-1：67 ページ，表 3-2：68 ページの「全体」欄参照）。

もっとも世界市場では，2003 年時点での液晶 TV のプラズマ TV に対する倍率は 3.1 倍，また 05 年時点でのそれは 2.9 倍であり，国内とは逆にこの間の成長率はプラズマ TV の方が高かった。しかし，これは液晶 TV とプラズマ TV との競合がまだ本格化せず“棲み分け”ていた段階だったこと，また海外では中小型を中心とする液晶 TV よりも大型のプラズマ TV の方が好まれたことによるものだった(2)。

## ■ 方式内競争

次に，方式内競争について見てみよう。まず液晶 TV であるが，表 3-1 からわかるように，国内市場に関してはそれほど大きい変化はなかった。シャープは相変わらず強く，2003 年から 05 年にかけてシェアを 10 ポイント近く落としたが，なお 47.2% と第 2 位のソニー（17.3%）の 3 倍近かった。また，上位 4 位までの顔ぶれはシャープと旧御三家で変わらず，その順位も，04 年にソニーが松下と入れ替わって第 2 位に上がった以外はまったく変動がなかった。

しかし，注目すべきは世界シェアであり，表 3-3 が示すように，ここではかなり大きな変化が生じた。1 つは，トップは維持したもののシャープが 2003 年の 48.1% から 05 年の 20.0% へと急激にシェアを落とし，松下も第 3 位（13.7%）から第 5 位（7.6%）へと大きく落ち込んだことである。またもう 1 つは，それとは逆に，前年までランク外だったフィリップスが 05 年に 13.6% となって第 2 位に急浮上したこと，またサムスンも順位は第 4 位と変わらずシェアの大きさもほぼ同じだったが，シャープとのシェアの差を大きく縮めたことである。これらの変化の主因は，04 年以降（ことに 05 年の）欧米市場，中でも欧州市場の急拡大とそこでのフィリップス，サムスン等の躍進であった。03 年までは先行する日本市場が世界市場の大きな部分を占めていたが，これらの要因によって日本市場のウェイトが低下し，両市場における順位のズレが大きくなったのである。

次にプラズマ TV について見ると，液晶 TV と異なり，国内市場でも非常に大きな変化が生じた（表 3-2 参照）。その最大のものは，2003 年にシェア 29.1% で第 2 位だった松下がわずか 2 年後の 05 年には 2 倍以上の 65.2% という“異常に高い”シェアをとり，断トツの第 1 位になったことである。そしてこれとは逆に，日立が 6 ポイント近く下げて第 2 位（24.9%）に後退し，パイオニアも 8 ポイント減の 8.6% になったことである。もっともパイオニアはそれでも第 3 位だったが，それは 03 年には 16.3% で第 3 位だったソニーがプラズマ TV から撤退したためであり，6.9% で第 5 位だった日本ビクターの事実上の撤退と合わせて，これも変化の大きさを示すものだった。このような激変をもたらしたのは，次節の松下の項で詳しく見るように，同社の過激な“戦闘的低価格戦略”であった。

他方，世界シェアについて見ると，日立とパイオニアは国内と同様に順位を落としたが，注目すべきは，松下はシェアを維持したもののその大きさはほとんど変わっていないこと，また 2005 年にサムスンとフィリップスが突如，第

3，4位に入ったことである（表3-3）。これら2つの現象は同じ原因から生じており，それは，先の液晶TVの場合と同じく欧州市場の急拡大だった。

#### ■ 2つのグループ

フェイズ2では，先行グループ，追走グループを区別できたが，本フェイズでもほぼ同様だった。先頭グループは前フェイズでの追撃が成功して先頭に出た松下と前フェイズからの先頭を維持したシャープであり，追走グループ（の中の主要企業）は前フェイズの先行グループから後退した日立と，相変わらず追走グループにとどまったソニーである。以下，この順で各グループの企業を見てみよう。

## 2 先頭グループ——松下とシャープ

### 1） 松　下

松下は前フェイズ（フェイズ2）では当初はプラズマTV，液晶TVのいずれにも注力したが，その後はプラズマTV中心の戦略に転換してパネルへの投資とTVの販売を積極化し，2003年には国内シェアではトップの日立に肉薄し，世界シェアでは日立の2倍以上のシェアで断トツのトップとなった。本フェイズでの同社の戦いぶりはどのようなものだったろうか。

#### ■ アテネ五輪商戦

松下は2004年8月開催のアテネ・オリンピック（五輪）向け商戦（以下，五輪商戦）において，前章で述べた「垂直立ち上げ」方式によって新製品の発売から短期間に一気にシェアを奪うために過去最大規模の販売促進費を投じてキャンペーンを展開した。平面ブラウン管TVでソニーに奪われたTV業界での覇権を奪還する絶好の機会と見たためだった。2年前から準備を始め，04年3月からのテレビCMでは五輪イメージの映像に合わせて“高画質”TVの発売を予告し，5月からのCMでは発売予定のプラズマTV「VIERA」の新シリーズの内容を明らかにするという戦略であった。世界最高の表示色彩数，既存モデルより10％程度減らした消費電力，SDメモリーカードへの録画機能，等の高機能を謳い，しかも店頭価格は各社の現行モデル並みとしたものだった。

そして以上の準備を踏まえて6月1日に「VIERA」シリーズのプラズマ TV 3機種（37，42，50型）と液晶 TV 10機種の新製品を発売したが，これが業界に衝撃を与えた。

その理由は，五輪に焦点を当てたために発売が前年より3カ月繰り上げられたこともあったが，発売されたプラズマ TV が高機能だったこと，また多くの機種の合計2万2,400台を全国3,200の販売店にいっせいに陳列し，店頭を“一夜にして”五輪ムードに変えたその機動的な“物量作戦”の見事さだった。この販売方法は先の「垂直立ち上げ」と前章で述べた「一夜城作戦」を組み合わせたものであり，新製品の発売日に合わせて（系列店はもとより）家電量販店などの自社の販売スペースを一夜で新製品と新装飾に作り替え，他社との違いを際立たせたのである。

以上の作戦に対し，当時はまだ TV のモデル・チェンジは年1回が業界常識だったこともあり，6月後半にプラズマ TV を発売したパイオニア以外の多くのメーカーは後手に回った。日立はこの常識に従って新製品を発売せず，前年9月に発売した“商品鮮度”の落ちた製品を並べただけだった。またソニーもプラズマ TV では新製品を投入したが，年末商戦を勝負どころと見ていたために（前年の市場規模が約5倍だった）液晶 TV については新製品を投入せず，従来モデルの出荷価格の引下げでの対抗を余儀なくされた。この他で製品を投入したのは，日本ビクター，東芝，三菱（いずれも液晶 TV），またセイコーエプソン（リアプロジェクション TV）などだった。

このような中で，時期的にはやや遅れたものの，より積極的に松下に対抗する戦略に出たのがシャープだった。同社は7月に32型，37型の新モデル4機種を，また8月に液晶 TV では世界最大の45型を発売したが，とくに注目されたのは45型（希望小売価格99.75万円）だった。当時のプラズマ TV はハイビジョン機ではあったが，“本物の”ハイビジョン機ではなかったのに対し，45型はそれを実現した“フルハイビジョン機”だったからである。

第1章で述べたように，高精細のハイビジョン（放送の信号）規格については，2000年に世界統一規格が「画素数が横1,920，縦1,080」と決められた。ところが，日本でハイビジョン放送が始まったころ，日本電子情報産業技術協会がハイビジョンの基準を垂直解像度650本（縦画素数650にほぼ相当）以上としたために，縦の画素数が700以上のものがハイビジョンと呼ばれるようになり，各社から出された初期のハイビジョンはほとんどこのタイプだった。この方式がとられたのは，フルハイビジョンにすると価格が高くなりすぎるのと，またプラズマ TV ではその構造上，液晶よりもハイビジョン化が困難なためだった。これに対し，縦の画素数 1,080 のフルスペックのハイビジョン（略称「フルハイ」）機の実現を急いだのが技術的に先行していたシャープだった（以下，フルハイ機以外のハイビジョン機を「ノン・フルハイ機」と呼ぶ）。他の液晶 TV メーカーとの差別化だけでなく，技術的にフルスペックの実現が困難なプラズマ TV メーカーとの差別化の重要な手段と見たためである。そして，それをデジタルのフルハイ機としては世界最大の液晶 TV として実現したのが先の 45 型であった。

こうして展開された五輪商戦だが，プラズマ TV は松下の圧勝となった。松下の出荷は 2004 年 4～6 月期に急拡大し，7 月の国内シェアは 4 割を超えた。松下以外で好調だったのは先述の 45 型液晶 TV がヒットしたシャープであり，予約に供給が追いつかない状況だった。その他，プラズマ TV では，松下には及ばなかったものの，旧モデルを投入した日立と 6 月に新製品を発売したパイオニアがともに数量的には健闘した。また液晶 TV では，新製品を投入しなかったソニーも出荷価格の引下げで一定の販売を確保した(3)。

### ■ 年末商戦

2004 年の年末商戦では，五輪商戦で新製品を出さなかったソニーが 8 機種の新製品を出し，同じく新製品を出さなかった日立が新販売方式を提案した程度で主要メーカーは新製品を出さず，松下も以下に述べる業務用の 65 型を出しただけだった。そして各社はソニー等の新製品に対しては値下げで対抗したが，松下は「プラズマ＝松下」というイメージを消費者に植え付けるための販売キャンペーンに注力した。

この商戦の 1 つの特徴は「大型化」だったが，これに対しては松下も手を打ち，10 月には業界最大の 65 型（希望小売価格は 207.9 万円）のプラズマ TV を発売した。主に業務用だったが，ホームシアター需要も期待したものだった（なお，2004 年 11 月には LG が韓国内で 71 型のプラズマ TV を発売した）。

また年末商戦のもう 1 つの特徴は「低価格競争」への対応であり，ことに新製品攻勢を掛けてきたソニーへの対抗措置として松下はじめ各社が“積極的

(低) 価格政策”をとり，価格低下が進んだ。そしてその結果，TV の販売は急増したが，同時にプラズマ TV より液晶 TV の伸びの方が大きいという現象が生じたのだった（これが 12 月に発表された，ソニーのプラズマ TV からの撤退の一因となった)。

以上のような積極戦略の結果，松下はプラズマ TV の 2004 年の国内シェアを 13 ポイント増の 42.1% とし，3.8 ポイント減の日立 (27.0%) に代わって首位に躍り出た。日立のシェアの低下は，五輪商戦での新製品の欠如に加え，春に生産した商品の不具合と，年末商戦で打ち出した新コンセプトでの販売方式の不評が原因だった。この他，国内シェアが 3 位以下のソニー (15.0%)，パイオニア (8.8%)，日本ビクター (5.0%) もシェアを落としたが，いずれも市場の急拡大というせっかくのチャンスを生かせなかったためだった。ソニーは五輪商戦の失敗に加え，パネルが外部調達であるために TV 価格の下落で採算が悪化し，またパイオニアは，稼働した新生産ラインや NEC から買収した生産ラインの稼働率が上がらず，値下げ競争で苦戦したのである(4)。

### ■ 2005 年の商戦

翌 2005 年，松下はさらに積極的な，“攻撃的”ともいえる販売戦略を展開した。前年よりさらに 1 カ月早めて，5 月 1 日，価格を前年モデルより約 3 割引き下げたプラズマ TV「VIERA」3 機種 5 万 4,000 台を，全国の約 8,500 店に前年と同じ“一夜城作戦”で出荷したのである。ただし，製品の最大の訴求ポイントは前年の“高機能”とは違い，“低価格”だった。

価格はオープンだが，液晶 TV との競合の激しい 37 型の想定店頭価格は 40 万円前後とされ，前年モデルの発売当初価格から約 16 万円引き下げられた。当時，32 型液晶 TV の店頭実売価格は 32 型で 32 万円前後とほぼ「1 インチ＝1 万円」であり，それをプラズマ TV で実現しようとしたのである。また 42 型，50 型も前年モデルより 3 割前後低く設定された。このような価格設定の狙いは，当時，プラズマ TV は国内市場では液晶 TV に押され，ことに 30 型前半では後者が主役として定着していたが，37 型以上ではなおプラズマが約 7 割を占めていたため，この低価格戦略を巻き返しの突破口にしようとしたことであった。

以上のような松下の先行に対して各社も追随した。液晶 TV ではシャープ，ソニー，日立，東芝などが，またプラズマ TV では日立，パイオニアなどが新製品を発売した。シャープはまず 6 月に 45 型の，次いで 8 月には 65 型のいずれも液晶フルハイ機を発売した。しかし，松下の過激な低価格戦略でのスタートダッシュの威力はすさまじく，7 月後半の国内シェアは約 70% と圧勝した。

ところが，松下は年末商戦でさらに戦闘的な低価格戦略を展開した。それまでの 37，42，50 型（の新モデル）に加えて 11 月に新たに 65 型を投入したが，前者（37～50 型）の想定価格は春商戦向けモデルに比べて 10～15% より低く設定された。目玉は想定価格を「1 インチ＝1 万円」以下に設定した売れ筋の 37 型だった。またもう 1 つの目玉である新機種の 65 型は 99.8 万円であり，上の 3 モデルと比べると型（インチ）当たりの価格が高かったが，これはプラズマ TV としては初の“フルハイ機”だったためであり，その発売には次のような経緯があった。

先述のように松下は春商戦で圧勝したが，実は，シャープが 8 月に発売した 65 型に大きなショックを受けていた。同機がプラズマ TV ではまだ実現できていない“フルハイ”機であり，しかもその価格が前年 9 月に松下が世界最大のプラズマ TV として発売した“ノン・フルハイ”機の 65 型の 207.9 万円を大きく下回る 168 万円だったからである。すでに前年（2004 年），同じシャープの 45 型フルハイ機のヒットによって（本来プラズマ TV のテリトリーであるはずの 40 型以上に“侵入”されたうえに）フルハイ化で先行されていた松下にとってこれは“屈辱”であり，ここに至って何としても負けられぬとして発売されたのが先の 65 型だったのである。99.8 万円という価格は「100 万円を切る値段でいけ」という中村社長の決断で決まったものだった。

その後，本格化した年末商戦では，ライバルも戦略を強化した。日立は春商戦の敗戦からの巻き返しを狙ってプラズマ TV 3 機種，液晶 TV 2 機種を同年 8 月以降，順次，発売し，販売支援に前年の倍の 1,000 人を動員して過去最大規模の販売促進を展開した。ソニーは稼働を開始したサムスンとの合弁会社（S-LCD）製パネルを使って液晶 TV の新ブランド「BRAVIA（ブラビア）」を立ち上げて松下追撃に動いた。また東芝も，10 月に売れ筋の 3 タイプ（32，37，42 型）の液晶 TV の新製品を発売した。そしてこれらの動きに対して，松下が低価格化で応戦し，それにまた大手メーカーがシェア獲得を目指して販売攻勢を強めたためにいっそうの低価格化が進み，さらに安価な輸入品の流入がそれに拍車をかけたのだった(5)。

### ■ プラズマTVでの覇権の確立

以上の結果，松下のプラズマTVの国内シェアは65.2%と，前年から実に23.1%増となって第2位の日立（24.9%）の2倍以上となり，圧倒的な地位を築くのに成功した。なお，液晶TVでも品揃えを拡充してシェア第3位を維持したが，シェア自体は微減となった。その理由としては，薄型の主戦場である37〜42型では主力のプラズマTVと競合し，販売に力を入れにくいことがあったと思われる。

他社について見ると，シャープは後述のように液晶TVのフルハイ化を2004年の45型から37型，57型，65型へと順次拡大し，45型のヒットなどによって出荷数量を増やしたが，パネルの供給が追い付かず，シェアを減らした。日立はプラズマTVでは先述のような懸命の巻き返し策によって国内シェアを微減にとどめ順位も第2位を維持したが，トップの松下には大差をつけられ，また世界市場ではシェアと順位をともに大きく落とした。ソニーは液晶TVでは「BRAVIA」がヒットし出荷台数は増えたもののシェアは微減となる一方，プラズマTVからは撤退した。この他では，液晶TVでは，先述のように新製品を発売した東芝がシェアを微増させて国内第4位を守り，日本ビクターも新製品を発売し，日立を抜いて第5位になった。他方，プラズマTVではパイオニアが黒色の表現力の優れたパネルを使った新製品を発売したが，販売力が弱くシェアをわずかに落とした(6)。

### ■ 北米市場での“戦闘的”販売促進

以上が松下の2005年の国内市場での積極的な戦略展開（とその結果）だが，同社は同年には，それを北米市場（と欧州市場）にまで拡大した。前章で述べた「世界同時立ち上げ・発売」方式の「VIERA」への適用の一環として，同様のキャンペーンを北米でも実施したのである。

2005年当時，単一市場としては世界最大（当時，日本の約3倍）で，しかも利幅の大きい40型以上が売れ筋の北米市場では，アジアを中心とする新興の「安売りブランド」が次々に登場して価格低下を主導していた。これに対し，松下は春の新製品で“破壊的”低価格戦略を仕掛け，それらのブランドを含む競争相手を震撼させた。安売りブランドへの対抗措置として，値下げ対象だったハイビジョン“非対応”の廉価モデルだけでなく，ハイビジョン“対応”モデルも大きく引き下げたのである（たとえば，42型ハイビジョン対応モデルは5,000ドル〔約59万円〕から3,500ドル〔約41万円〕へと30%の値下げであった）。

しかも，同年9月には再度15〜20%の値下げを行ったため，安売りブランドとの価格差は大きく縮小し，その多くが撤退に追い込まれた。大手メーカーも追随を余儀なくされ，市場に踏みとどまっても利益が上がらぬ状況に追い込まれた。また，プラズマTVと競合する液晶TVも値下げを迫られ，利益を大きく減らした。それまでは「40インチ以上の大型はプラズマTV，それ以下の小型は液晶TV」という棲み分けになると見られていたが，液晶TVの技術水準の急速な向上によって大型化が可能になり，次第に競合するようになっていたためだった。この戦略の効果は大きく，前年まで10%前後だった松下の北米市場シェアは5月の同時発売後に40%台に跳ね上がってその後も高水準を続け，2005年度上期の売上高は680億円と約2.5倍となった。また同期の世界売上高も1,833億円と前年同期の約2倍となり，TVを含むAV機器部門は280億円の黒字となった。

他社への影響も甚大であった。ソニーは外部調達パネルによる液晶TV組立路線をとっていたために国内では苦戦したが，海外では強いブランド力で健闘し，北米ではシャープを抜いて金額ベースのシェアでトップとなっていた。しかし，同社もまたパナソニックの大攻勢に直撃されたばかりか，国内でも，松下の大攻勢とシャープの反撃による両社のシェアの急上昇（合計で70%近く）の影響を受け，結局，2005年上期のTVを含むAV機器部門（以下同）は770億円の損失に終わった。この他では，パイオニアは256億円，日立は162億円，日本ビクターは43億円，東芝は8億円のいずれも赤字となり，のちに撤退や大幅縮小に追い込まれる大きな原因となった。

そのような中にあって，シャープだけはやや状況が違った。同社はすでに前年に安売りブランドの価格攻勢によってシェアを大きく落とし，それへの対応として大画面中心にシフトしたが，「BRAVIA」で巻き返しに転じたソニーの攻勢にあって金額ベースで抜かれていた。そこでさらに松下の価格破壊に襲われたため，大きな被害を被った点では他社と同じであり，前年まで独壇場だった北米市場で「AQUOS」のブランド化に成功しつつあると考えていた同社にとっては大打撃となった。しかし注意すべきは，シャープは国内市場では健闘してAV機器部門は162億円の黒字を確保したことである。その理由についてはシャープの項で明らかにする(7)。

### ■ “超積極的”設備投資戦略

以上のような松下の「破壊的低価格戦略」を可能にした主因は最重要部品であるパネルの低コスト化であった。2004年の五輪商戦で使われたのは同年4月稼働の茨木第2工場製の低コスト・パネル，また05年の年末商戦については，同年9月に前倒しで稼働した尼崎第1工場製の低コスト・パネルだった。そこで次に，製品戦略に劣らず戦闘的だった本フェイズでの松下のパネル事業戦略について見てみよう（なお低価格戦略を可能にした他の要因としては，増産時にコストダウンを徹底したこと，IT技術で高度化したSCM〔サプライチェーン・マネジメント〕とセル生産方式を導入して製品の生産・販売管理を月単位から週単位に短縮したことなどがある）。

その第1弾は，2004年5月に発表された尼崎市での世界最大のプラズマ・パネルの新工場（尼崎第1工場）の建設であり，東レとのJV（合弁会社）「松下プラズマディスプレイ」に950億円を投じて翌年11月に稼働させる，というものだった。これにより同社は07年には総生産能力を約4倍の年産450万枚強に増やして先行するFHPの同年の予想能力300万枚を超えて業界トップになるとされた。

ところで，この両社合計で750万枚という数字は，当時，サムスン，LG，パイオニアなども能力増強を考えていたことからすれば，過大に見える数字だった。しかし，松下の大坪文雄専務（のち2006年6月に社長に就任）は，「自社ブランドのプラズマテレビで3割強のシェアを確保し，外部販売も本格化する」(8)，「不安は全くない。屋外広告などに使う業務用需要も伸びる」(9)と述べている（なお，この尼崎第1工場の稼働は05年9月に前倒しされ，先述のように同年の年末商戦を支えた）。

第2弾は，2005年2月に発表された，プラズマ・パネル事業に関する日立との包括提携であった。その狙いは提携によって技術の高度化やコスト削減を目指すこととされたが，真相は，松下とのプラズマTV競争に後れをとったこともあり資金不足から厳しい状況に追い込まれつつあった日立に対し，“一人勝ち”でわが世の春を謳歌しつつあった松下が手を差し延べたということだった。当時，“37型以上”の薄型TVの世界販売額におけるプラズマTVの割合は95%程度だったが，国内では液晶TVの攻勢のために70%を割り込んで“劣勢ムード”が漂い出していた。このため，日立の脱落によって自社が“孤立”し，（プレーヤーの多い液晶TV陣営に対して）プラズマTV陣営が技術革新の点で弱体化することを危惧した松下が動いたのである。なお，日立はFHPを通じて富士通の多くのプラズマ関連特許を所有しており，その特許を活用して自社の技術力の強化に役立てるとともに，それらの特許が韓台メーカーに渡って彼らの競争力が高まることを防ぐことも狙いの1つだった。

第3弾は，2006年1月に発表された尼崎第2工場の建設であった。総投資予定額は1,800億円と巨額であり，プラズマ・パネルへの同社の累計投資額を4,000億円へと押し上げるものだった。同工場は第1工場に隣接して作られ，07年7月から生産を開始し，08年度中に年産600万台（42型換算）のフル稼働に移行する計画とされた(10)。

### ■“破壊的”低価格戦略の論理

当時，薄型TV市場は2006年には前年比8割増の4,400万台程度，プラズマTVはその4分の1程度になると見られ，プラズマTV，液晶TVとも上位企業は積極的な設備拡大に動いていた。したがって，松下がとくに積極的だったとしてもそれ自体には不思議はない。しかし，それにしても“2年に1工場”近いペースでの工場の新設が“過激”だったことは否定できないが，それ（と同じく過激な低価格戦略）を主導した中村社長は，あるインタビューで「儲かる方程式がありますか」と問われて，「寡占化が絶対条件。言い換えれば，寡占化に持ち込み，圧倒的なトップにならないと儲からない。……何でもそうでしょ。売り上げを伸ばしてシェアをどんどん奪ったほうが儲かる，シェアを落とした会社は必ず利益も減る」(11)と答えている。

また，「松下はライバルたちを完膚なきまでに叩こうとしているように見えるが，プラズマTV陣営からライバルがみんな脱落したら，松下1社で液晶TV陣営と戦うのはむしろマイナスではないか」という趣旨の問いには「1社で戦う？　面白いじゃないですか」(12)と答えている。

このような中村社長の積極的な戦略の結果が本フェイズでの“一人勝ち”だったが，そのような松下も順風満帆だったわけではなく，ある危機感を抱きつつあった。

### ■ 液晶パネル新工場の建設

前章で述べたように，それまでの松下は「(40型以上の）プラズマTVを薄型TVの本命と考えて注力し，液晶TVはそれが外れた場合の保険として手掛ける」という戦略であり，30型台の液晶が売れてもそれは40型以上の需要が本格化するまでの過渡的現象であり，それが製品ラインアップ上必要だということであれば，液晶パネルを外部調達してTVを販売すればよい，というのが基本だった。

ところが，本フェイズに入って液晶TVの国内売上の伸び率がプラズマTVのそれよりもはるかに高くなり，ことに30型台前半まででは（売れ筋の32型を中心にして）液晶TVが主役として定着しだしたため，松下は危機感を抱くようになった。そしてそこで松下が下した結論は，「30型台が“中小型の薄型TV分野”として定着し，そこで液晶TVが主役として確立するというのであれば，それへのより本格的な対応策として，(外部調達のために苦戦した北米市場での経験からも）パネルの安定供給の確保ために自社生産しなくてはならない」いうものだった。そしてそれへの具体的戦略として打ち出したのが，2004年8月に発表された，日立，東芝との合弁による液晶パネル製造会社の設立と新工場の建設だった（合弁会社が実際に設立されたのは05年1月)。

同年10月発表の正式契約によれば，合弁会社の社名は「株式会社IPSアルファテクノロジ」(以下，IPSアルファと略称)，資本金は600億〜700億円，出資比率は日立ディスプレイズ50%，東芝と松下各21〜25%，その他0〜8%だった。2006年4〜6月の稼働を目指し，1,100億円を投じて日立の子会社「日立ディスプレイズ」の茂原工場に新工場を建設し，同社が開発したIPS方式の32型と26型の液晶パネルに絞って生産するということだった。使用するガラス基板は第6世代（1,500×1,800 mm）であり，当時，日立ディスプレイズが使用していたガラス基板が第4.5世代（730×920 mm）で1枚の基板から32型パネルが2枚しか取れないのに対し，8枚取れるということであった。

しかし，同工場製パネルの競争力には疑問の声が多かった。この発表の7カ月前にすでにシャープが第6世代工場を稼働させており，上の新工場の稼働はそれから2年遅れとなるものだった。また，S-LCDの2,000億円を投じた“第7世代”工場が2005年夏――上の第6世代新工場の稼働の1年近く前――を目指して建設中だったからである（実際に稼働したのは05年4月）。さらに，出資比率，社名，生産品目から明らかなようにこの合弁会社の設立は日立主導であり，プラズマTVでは垂直統合を絶対の条件としていた松下には受け入れがたいものではないかと見られたからである。

それにもかかわらず松下がこのJVに“乗った”のは，パネルの直接生産を自社単独で行う技術的蓄積も資金的余裕もないこと，日立はIPS方式という優れたパネル技術を持ちながら資金不足のために撤退もうわさされているのでそれを防ぎたいこと，また第6世代パネルなら32型までは低コストで生産できそうなこと，等によるものだった（なお，サムスンからの調達を減らし，同社や台湾メーカーに対抗することも狙いの1つだったとされている）。

こうして松下の薄型TV戦略は，「37型以上の“大型”は自前のパネルを使うプラズマTV，32型以下の“中小型”は“半自前”のIPSアルファのパネル（と外部調達パネル）を使う液晶TV」という2段構えへと大きく転換され，液晶TVの攻勢への一応の対応策が形成されたのである。

しかし，これだけで松下の危機感が完全に払拭されたわけではない。シャープの“フルハイ攻勢”への対策として8月にはフルハイ規格の65型の11月発売を発表した。ところが，これに対してシャープは翌9月に，同じく年末商戦向けとして10月から57型と37型の液晶フルハイ機を発売し，従来の3機種から5機種に拡充するとともに，40型以上の薄型TVの国内シェアを2004年度の10%から25%に引き上げることを宣言し，松下への対決の姿勢を鮮明にしたからである(13)。

## 2）シャープ

フェイズ1で液晶TVでの先行に成功したシャープはフェイズ2では戦いを順調に進めて圧倒的な覇権を確立し，技術革新による画面の拡大とともにプラズマTVへの挑戦の姿勢を明らかにした。しかし，他方では，ソニー・サムスン連合（S-LCD）のより本格的な追撃も迫りつつあった。

### ■ 2004年の五輪商戦

松下のところで述べたように，2004年の五輪商戦はプラズマTVを主力とする松下の圧勝に終わったが，プラズマTV陣営のほとんどの企業が出遅れたのに対し，液晶TV陣営のリーダーとしてより積極的に松下に対抗したのがシャープだった。同社は7月以降，32型，37型の新モデル4機種を，また8月には45型を発売したが，とくに注目されたのは45型（希望小売価格99.75万円）だった。松下の項で述べたように，それは“本物の”ハイビジョン機――“フルハイ機”――であり，フルハイ機としては（すべての方式を通じて）世界最大のTVとなったからである。そしてそれは，世界初の第6世代の（ガラス基板を用いる）亀山第1工場製のパネルを用いたものだった（なお，サムスンは04年6月に46型液晶TVを発売していたが，フルハイ機ではなかった）。

この45型の狙いは，他社の液晶TVはもちろん，技術的にフルハイ化が困難なプラズマTVとの差別化だったが，その狙いは当たり，同機は期待に応えて高価格にもかかわらずヒットし，予約に供給が追い付かない状況となった。そして，それもあり，シャープ製TVの2004年4～10月の平均販売価格は，業界平均が約3割の下落となったのに対し，逆に約1割上がり，また04年度通期でも約3%の下落にとどまったのだった(14)。

### ■ 2005年の商戦

続く2005年の商戦では，松下が前年より1カ月早く過激な低価格戦略を仕掛けて再び圧勝したが，シャープがとった戦略は，松下のような“単純な”低価格戦略ではなく，フルハイ路線――すなわち，（すでに前年に45型を発売していた）フルハイ機のラインアップを拡張する戦略――と組み合わせた低価格戦略であった。

その第1弾は，6月発売の45型のフルハイ機であり，（希望小売）価格は65.1万円で，前年8月発売モデルよりも約35万円引き下げられたものだった。第2弾は，8月に発売されて松下に衝撃を与えた65型フルハイ機（希望小売価格168万円）である。そして第3弾が，年末商戦向け新製品として9月に発表された37型（同54.6万円）と57型（同152.25万円）だった。

これによってシャープのフルハイ機は合計5機種となり，「高精細なフルハイ機で他社との差別化を図り，2005年下期には37型以上の大画面TVの売上の60％以上をフルハイ機によるものとし，40型以上の薄型TVの国内シェアを04年度の10％から25％以上に引き上げる」という目標が掲げられた。

これは，プラズマTV陣営――そして実質的には松下――に対する宣戦布告ともいえるものだったが，松下も12月には100万円を切るプラズマのフルハイ機（65型）を発売した。こうして2005年末には，国内市場でシャープと松下がほぼ同じ土俵で直接的に全面対決する構図が形成された(15)。

### ■ 好業績に潜む不安

以上のように，シャープは本フェイズにおいて大画面TVのフルハイ化（という高機能化）で液晶TV陣営内はもちろんプラズマTV陣営を含めて先行し，これは同社に大きな利益をもたらした。液晶のフルハイ機で追撃してくる企業はなく，またノン・フルハイ機ではないので同機をめぐる激しい低価格競争に完全には巻き込まれなかったため，かなり高めに価格を設定しても販売好調だったからである。たとえば，2005年の年末商戦では液晶TVの平均価格は前年同時期と比べて約3割低下したが，シャープ製品は高額なフルハイ機が好調で全販売台数に占める同機の比率が高まったため，平均価格の下落率は0〜5％にとどまったのである。

当時，シャープは松下とともに「デジタル家電の勝ち組」と呼ばれたが，それは薄型TVに負うところが多く，その後の2006年3月期までの3期連続の最高益更新の原動力になったのも，（液晶パネル事業とともに）液晶TV事業だった。また次に見るように，このころには亀山工場製のTVが「亀山モデル」としてブランド化しつつあり，これも"高めの価格設定"を可能にすることによって好業績に貢献したが，それを可能にしたのはフルハイ化を中心とする高機能化戦略だった。

しかし，そのような同社もまったく問題がなかったわけではない。以上のような大型化，高機能化路線の好調にもかかわらず，液晶TVの2005年の国内シェアは前年からさらに2.9ポイント減の47.2％となり，03年からは約10ポイント低下したからである。また，より大きな問題は世界シェアであり，首位は守ったものの前年より14.1ポイント減の20.0％となり，フィリップス，ソニー（ともに13.6％），サムスン（10.0％）の追撃の足音が大きくなり出したのだった。

以上の主因は，国内市場については，パネルの供給が追いつかなかったことである。シャープの大画面化，高機能化路線はそれ自体としては優れたものであり，ことに利益率の点では望ましかったが，垂直統合方式による自社生産であるために供給を急拡大するのはむずかしく，販売機会を逃したのである。

他方，海外市場での不振の原因は，同市場では，日本市場に比べて「高機能で高価格の大型機」よりも「機能は低くてもより安価な機種や中小型機」への需要の方がはるかに大きいにもかかわらず，それへの適切な戦略がなく，ブランド力も弱かったことである。欧州市場ではアジア他の新興ノンブランド・メーカーの激安機の浸透に対抗してフィリップスが価格低下に踏み切って激しい低価格競争が始まったが，それに追随できず，急拡大する同市場でシェアを大きく落としたのである。他方，利幅の大きい 40 型以上が売れ筋の北米市場では，アジアを中心とする新興の安売りブランドの低価格攻勢でシェアを大きく落としたため，大型機中心にシフトしたが，「BRAVIA」で巻き返しに転じたソニーの攻勢にあって金額ベースでは抜かれていた。松下の価格破壊が襲ってきたのはまさにそのタイミングであり，大打撃を受けたのだった(16)。

### ■ 液晶パネル戦略——第 8 世代（亀山）工場の建設

次に，本フェイズにおけるシャープのパネル関連の 3 つの主要な動きについて見てみよう。その最初のものは，かねて建設中だった亀山第 1 工場の稼働を，当初予定を 4 カ月繰り上げて 2004 年 1 月に開始したことである。当初予定の 1,000 億円をはるかに超える 1,500 億円の巨費を投じた世界初の第 6 世代ガラス基板（1,500×1,800 mm）の最新鋭工場であり，45 型以降のシャープのフルハイ機はすべてこの工場製のパネルを用いて作られることとなった。

第 2 の動きは，翌 2005 年 1 月に発表された，第 8 世代（2,160×2,460 mm）ガラス基板を採用する総投資予定額 1,500 億円の亀山第 2 工場の建設であり，第 7 世代をスキップするものであった（同工場は，06 年 10 月に稼働した)。この工場の建設の狙いは 2 つだった。1 つは，同じ液晶 TV 陣営の S-LCD などの第 7 世代生産ラインとのコスト競争に勝ち抜くことであった。またもう 1 つは，プラズマ TV 陣営との競争で中心になると見られる 40～50 型市場で，プラズマ TV に勝てるようにコスト競争力を高めることであった。プラズマ・パネル価格の低下のスピードが思っていたよりも速く，それが続く見通しとなったため，それに対抗する必要に迫られたのである。なお，そのような認識を強く持つようになったきっかけは，松下の猛烈な低価格攻勢によって値下げを余儀なくされ利益を大きく減らしたことであった。

第7世代をスキップして第8世代を選択したのはまさにこれらの狙いを実現するためであり，第7世代基板では40型台ディスプレイで6枚，50型台ディスプレイでは3枚しか取れないのに対し，第8世代基板では40型台のパネルなら8枚，50型台でも6枚取ることができ，液晶TV，プラズマTVいずれの陣営に対してもコスト競争力の点で優位に立てるためであった。なお，それに加えて，第8世代工場ではより大幅なコストダウンのために部材メーカーと設計段階から新規部材の開発を進めるとともに，工場内の搬送距離や生産リードタイムの半減に注力することも明らかにされた。

第3の動きは，以上の2つとはやや異なるもので，2005年2月の富士通の液晶パネル事業の買収であった。日立のところでより詳しく見るように，撤退を模索していた富士通から液晶パネル事業を買収したものである。シャープのパネル技術は画像の高コントラスト比など優れたものだったが，この技術を最初に開発したのは富士通であり，買収の狙いの1つは，同技術が韓台メーカーに渡るのを防ぐことであった。なお，この買収は，内部成長を旨とするシャープとしては，重要技術についての初のM&Aの案件となったものである(17)。

### ■ パネル生産の効率化

以上，シャープの液晶TVとパネルに関する動きを見てきた。それらにおけるターゲットとして重要だったのは“大画面化”とハイビジョン化などの“高機能化”だったが，注意すべきは，同社はそれらに加えてパネル生産の“効率化”や“生産性”も重視したことであり，とくに亀山第1工場はその成功例とされた。

2004年の年初の記者会見で町田社長が亀山工場の稼働開始時の歩留まりが5割以上なるといったとき，業界に衝撃が走ったという。生産の歩留まりとは生産量に占める販売可能な“良品”の割合を示す言葉であり，それが高いことはコスト競争力に直結するからである。また稼働3カ月後には歩留まりは8割に達したとされるが，ライバルの韓国勢の稼働開始時の歩留まりが第5世代では2～3割で，5割に高めるのに約1年かかったとされることを考えれば，これは驚異的な水準だった。そしてこれに関連して工場の立ち上げを先導した谷善平副社長は「歩留まりの高さこそ『韓国勢に勝つための武器』」[18]と述べたが，ことに興味深いのは，同じころ，韓国勢の攻勢に対して，町田社長が「経営で重視するのは，まず『規模の拡大よりも，自社の強みと身の丈をわきまえた効率経営』に徹することだ」[19]と述べたことである。

この言葉に関連して注意すべきは，次の2点である。第1に，町田社長のいう「効率経営」とは，“規模の経済”の実現による「低コスト化」ではなく，規模とは無関係な“経営効率化”による「低コスト化」だということ，したがって彼が考えるシャープのとるべき戦略とは「規模の拡大は追求せず，どの規模であれそこでの効率化を目指してできるだけコストを下げ，そのうえで“大画面化と高機能化”の差別化戦略を追求する。価格はむしろ高くして製品1単位当たりの利益を大きくする」というものだったことである。

第2に，そのようなシャープの戦略は2つの問題を生じる可能性があったことである。1つは，同戦略は“画面サイズ”の大型化には積極的だが“生産規模”の拡大にはきわめて慎重なため，需要が急増する場合にはパネルの生産が追いつかず，販売機会を逃すことが多くなる可能性があることである（前述のように，これは本フェイズで実際に生じたことだった）。もう1つは，“画面サイズのいっそうの大型化”とともに，この戦略は成立しなくなる可能性が高まることである。求める画面サイズが大きくなるに従ってより大きな生産設備を必要とするが，それは固定コストを増大させる。そして，その負担を削減するには，大量生産によって規模の経済を実現しなければならず，そのためには生産規模の拡大が必要になるからである（そしてのちに見るように，それがシャープを敗戦に導くことになるのである）[20]。

## 3 追走グループ——日立とソニー

追走グループ（の主要企業）は，前フェイズでの先行グループから後退した日立と，相変わらず追走グループにとどまったソニーであった。

### 1）日　立

前フェイズの日立は液晶 TV ではほとんど存在感がなかったが，プラズマ

TV では 2001 年発売の「Wooo」の大ヒットで一躍トップランナーに躍り出て，「VIERA」で追撃してきた松下に国内シェアでトップを譲ったものの，トップ集団の位置をキープした。しかし，本フェイズでは，プラズマ TV，液晶 TV とも，国内市場，世界市場のいずれにおいても苦境に追い込まれた。

■ 製品戦略の失敗と再建計画

その直接の原因は松下の 2004～05 年の“戦闘的販売促進”と日立自身の“戦略無策”だった。04 年のアテネ・オリンピックに向けた「五輪商戦」では，モデル・チェンジは年 1 回という業界常識に従って新製品を発売せず，前年 9 月に発売した“商品鮮度”の落ちた製品を並べただけだった。また同年の年末商戦では，「32 型から 55 型までの TV モニターと，HDD レコーダーなどを搭載した別売チューナーとを好みと予算に応じて組み合わせてセットとして販売する」という新コンセプトの販売方式を採用したが，不発に終わった。しかも，春に生産した商品に不具合があったこともあり，04 年のプラズマ TV の国内シェアは 3.8% 減の 27.0% となり，首位の座を，シェアを 13.0% 増の 42.1% とした松下に譲った。また，世界シェアも 4.5% 減の 12.9% として第 2 位から第 4 位へと後退した。

次いで 2005 年について見ると，松下の項でも述べたように，日立は巻き返しを狙ってプラズマ TV 3 機種（37，42，55 型），液晶 TV 2 機種を同年 8 月以降，順次，発売し，販売支援に前年の倍の 1,000 人を動員して過去最大規模の販売促進を展開した。しかし，これも不調に終わり，国内シェアはさらに落ちて 24.9% となり，順位は第 2 位を維持したが，65.2% へと急拡大した松下に大差をつけられた。また，世界シェアも 5.0% 減となり，前年第 3 位だったソニーが戦線離脱したにもかかわらず，順位も第 5 位へと後退した。欧州市場での躍進が著しかったサムスンとフィリップスに抜かれたためであった。

以上が本フェイズにおける日立の薄型 TV 事業の概要であり，それだけを見れば，明らかな“敗戦”といわざるをえない。そしてその原因として松下の戦略が優れていたことはたしかだが，日立自身に問題があったこともまた否定できない。2005 年にシェアで松下に大差をつけられた原因について問われた AV 事業担当の江幡誠執行役常務は，「プラズマテレビは我々が業界に先駆けてきただけに，大変なショックを受けた。理由は明らかだ。高精細の『ALIS

パネル』を使った商品には自信があるが，ブランドが弱く，商品計画で負けたということだ」，「昨年前半はアテネ五輪の特需があったため，今年前半は需要が大きくは伸びないとみて，新製品を投入しなかった。だが，予想に反して需要が伸びる一方，市場での価格下落のスピードが急だった。通常新製品を投入すれば販売価格を新たに設定できるが，我々は1年前に発売したままで，原価を割り込んだ」(21)と述べている(22)。

### IPS アルファの設立

次いでパネル戦略について見ると，本フェイズになって最初の大きな動きが見られたのは液晶 TV だった。松下の項で述べたように，日立は 2004 年 9 月に松下，東芝とともに大型液晶パネルを生産する「IPS アルファ」を設立した。06 年 4〜6 月の稼働を目指して 1,100 億円を投じて第 6 世代工場を新設し，32 型と 26 型の液晶パネルを生産するというものだった。この合弁会社の設立を主導して「大きな賭けに出た」(23)日立の庄山悦彦社長によれば，「今年（04 年）600 万台の液晶 TV 市場は 08 年には 3,000 万台に拡大するので，（薄型 TV ブームの追い風が吹く）今がチャンスとみて 32 型と 26 型に製品を絞り込み，それらにおいて 20% の世界シェアを狙う」(24)（要旨）ということだった。

しかし，この合弁計画には疑問の声が上がった。この IPS アルファの新工場の稼働は，当時すでに稼働していたシャープの第 6 世代工場からは 2 年遅れとなり，S-LCD の“第 7 世代”工場の稼働の 1 年後となるものだったからである。また，その後に予想される他社との規模拡大競争の“消耗戦”に日立，松下，東芝連合が耐えられるかということも懸念された（2004 年 4〜6 月期の 3 社の最終損益の“合計”が 410 億円だったのに対し，サムスンの純利益はその約 8 倍の 3,133 億円だった）。

しかし，それに対する庄山社長の答えは「勝負を決めるのは基板の大きさではない。経済性と性能の勝負だ。我々は（40 インチ以上のパネルも生産するサムスンやシャープと異なり）生産サイズを絞って効率を高める」，「実は昨年，単独での液晶投資を検討したが思いとどまった。液晶のように価格変動が激しい事業で経済合理性のある戦略を打ち出すのは難しい。他社のように 2 千億円もかかる大型工場を作ると，利益が出るか率直にいって疑問。今後は高性能の液晶をいかに安く作るかという技術の勝負になる。大きな投資をすること自体が目的ではない」[25]と述べている[26]。

### ■ プラズマ・パネル事業の強化

次にプラズマ・パネルについて見ると，最初の大きな動きとなったのは，2004年3月に発表されたFHPによる新工場の建設である。750億円を投じて日立唯一のプラズマ・パネル工場のある宮崎事業所の隣接地に新工場（第3工場）を建設し，2005年末に生産を開始するというものだった。03年のFHPの世界シェアは24.8%でトップであり，各社の急追を退けてトップを維持するのが狙いであった。しかし，この日立の狙いは実現せず，04年にはサムスン，LG，松下に抜かれて第4位（18.0%）に転落し，さらに翌年には第5位（9.9%）にまで落ち込んだのだった（第3工場が実際に着工されたのは05年6月，その稼働は翌年10月となったからである）。

そしてこのような事態に対し，2005年には2つの大きな施策が打ち出された。1つは2月に発表された，富士通が保有するFHPの株式の大半を取得して連結子会社にするというものであり，もう1つはその5日後に発表された，プラズマ・パネルの開発，生産，マーケティング，知的財産権などの幅広い分野で松下との包括的協業を推進するというものであった（FHPの連結子会社化は05年に実施された。日立の持ち分は50%から80.1%となり，富士通が19.9%となった。なお，その後，日立が富士通の所有分をすべて取得したのに伴い，08年4月1日付で「日立プラズマディスプレイ株式会社」に商号変更された）。

まず前者について見ると，これは富士通のプラズマと液晶パネル事業からの撤退の動きに応じたものであり，「この機に乗じて富士通の持つプラズマ技術関連の多くの特許を獲得してパネルの設計や生産方法を改善し，パネルからTVまでの一貫生産体制の強化に役立てる。またそれによってパネル事業自体も強化する」ことを狙ったものだった（なお，富士通のパネル事業を買収したのはシャープだった）。

次に，松下との包括提携について見ると，その狙いは公式には提携によって技術の高度化やコスト削減を目指すことであり，庄山社長は「日本発のキーデバイスを世界に普及させる」[27]と述べている。しかし，松下の項で見たように，その真相は，プラズマTV陣営からの日立の脱落を防ぐための松下による同社の救済劇だった[28]。

■ 技術革新と社長の交代

以上が本フェイズにおける日立の戦略行動の概要だが，最後に，同フェイズにおける同社の技術開発に触れておこう。1つは，最高輝度のプラズマ・パネルの開発である。日立が2005年8月以降，順次発売したプラズマTVのパネルは同社が誇る高精細・高輝度のALISパネルを改良したものであり，ピーク時の輝度は世界最高となるものだった。もう1つは，05年12月に発表された，プラズマTVとしてはもっとも売れ筋の42型のフルハイ・プラズマ・パネルの開発だった。液晶パネルに比べてプラズマ・パネルのハイビジョンへの対応は型（インチ）が小さくなるほどむずかしく，40型級は困難と見られていたものだった(29)。

なお，2005年12月，1999年4月から社長の座にあった庄山氏の翌年4月の退任と，古川一夫氏の社長就任が発表された。退任のタイミングについて問われた庄山氏は，「赤字事業の改善の見通しがたったためで，業績が理由ではない」と答えている(30)。

## 2) ソニー

前フェイズにおけるソニーは，平面ブラウン管TV「WEGA」の好調もあって薄型TVで出遅れた。それでもパネルの外部調達で参入し，販売数量的には（ことに世界市場で）健闘したが，損益的には苦戦した。本フェイズにおけるソニーの軌跡はいかなるものだったろうか。

■ 2004年のTV商戦

2004年のソニーの薄型TV商戦は，松下の項で述べたように厳しいものになった。五輪商戦では当時の業界常識に従って新製品を投入しなかったためにそれを投入した松下に完敗し，8機種の新製品を投入した年末商戦では他社の対抗値下げを誘発して激しい低価格競争のきっかけを提供することになり，販売量は増やしたものの，損益的には苦戦した。04年の通年で見ても，液晶TVの国内シェアは5.7ポイント増の18.6%となり，0.1ポイント減の松下に代わって第2位になるなど販売量の点では健闘したが，問題は収益であり，TV事業が初めての営業赤字になったのだった。

2005年3月期決算は全体としてはまずまずだったが，問題は，連結売上の6

割超を占める主力のエレクトロニクス部門の営業赤字が前期より271億円増えて343億円となり，しかもその主因が，長く同部門（したがってソニー）の中心事業となってきたTV事業の“初めて”の営業赤字（257億円）への転落だったことだった。

そしてその原因についてのソニーの認識は，「(2004年度の液晶TV価格は)業界で2～3割下がる見通しだが，ソニーの32型以上の製品の下げ幅は3割超になりそう」（湯原隆男執行役常務）[31]でコスト低減が追いつかないことであり，それは，「部品の内製率が低く，価格下落時に内部で努力できる余地が小さい」(井原勝美副社長)[32]からだということだった。すなわち「コスト削減は予定通り実行できているが，想定以上に価格が下がったからだ」ということである（しかし，これについては，「『想定以上の価格の下落』などというが，経営計画に参画した人は誰も内心わかっていたはずである。このような釈明が，その後，決算発表ごとのソニーの決まり文句となったが，それは，場当たり的な対応に終始し，抜本的改革を先延ばしにしたことの言い訳にすぎない。そしてそれは出井氏を筆頭とする旧経営陣の方針を擁護するためであり，ソニー・ショック以降，出井氏が退任するまでの2年間は，そのような期間だった」[33]（要旨）という厳しいコメントがなされたことに注意しておこう）。

なお，価格低下が業界よりも大きいことについては，2003年以来の業績低迷やそれに伴うリストラのためにソニーのブランド価値が低下し，家電量販店で安売りの対象になったことが原因の1つだとの指摘もなされた。またこの他問題だったのは，液晶TVの在庫を切らして家電量販店の信用を大きく損なったことである。パネルを外部調達に頼っていたために，需要の変化に応じて迅速にパネルの調達量，したがってTVの供給量をコントロールできなかったからであった[34]。

### ■ 社長交代

2005年3月，ソニーは経営陣の交代を発表した。03年4月の“ソニー・ショック”への対応として同年10月に打ち出した（後述の）リストラ対策でも業績が回復せず，06年度の連結営業利益率目標（10%）の達成が絶望的となり，何よりもエレクトロニクス事業が2期連続赤字，またその中核となるTV事業でも初めての営業赤字となったためであった。安藤社長と社長就任以来10

年となる出井会長兼グループCEOが6月に退任し，後任にはイギリス出身の，アメリカ・ソニー代表で副会長のH. ストリンガー氏が，また社長には電子部品担当の中鉢良治副社長が就任した。また，S-LCDの設立を主導した久夛良木氏も副社長を退任し，SCE（ソニー・コンピュータエンタテインメント）に専念することとなった(35)。

### 不徹底なリストラ

こうして発足した新経営陣だが，早速，試練に直面し，7月に2006年3月期の連結営業利益の大幅下方修正を発表した。05年4～6月期のエレクトロニクス部門が363億円の営業赤字となり，TV事業の赤字が392億円（前年同期は101億円の赤字）となったからである。新年度に入ってわずか1四半期の時点でのこの大幅下方修正は，「新経営陣が“うみ”を出すための前向きの決断というよりも，テレビ事業の採算が覆い尽くしがたいほど悪化した」(36)からだと見られた。大根田伸行CFO（最高財務責任者）は，下方修正の理由，対応策，TVの黒字化の見込み等について，「欧米でのテレビの価格下落が想定以上にひどい。年末商戦では一段の下落が見込まれる。当初は年間で25%程度の価格下落を想定したが，50%程度の下落を見込む必要が出てきた。この価格下落に対応できる商品開発は，今からでは間に合わない」，「1年かけて立て直し，来年後半には黒字体質にしたい。当社がコスト競争力を失ったのは，外部から液晶パネルを購入していたからだ。サムスンと合弁生産している第7世代パネルの導入で独自技術を組み込み，コスト改善を進める」(37)と述べている。

この下方修正を受けて9月には，2003年10月以来となるリストラ対策を含む「中期経営方針（05～07年度）」が発表された。「赤字の主因は不振が続くエレクトロニクス部門であり，03年のリストラ対策がその後のデジタル家電の価格急落に追いつかなかったことが不振の原因だった」として，“エレクトロニクス事業に重点投資する”のが狙いだとされた。これは“出井（前社長）流”の多角化路線の修正を狙ったものであり，08年3月までの中期目標は，売上高8兆円以上，全社の営業利益率5%――ただしエレクトロニクス部門については4%――とされた。全世界での1万人の従業員の削減，不採算事業・非戦略事業の縮小・撤退等のリストラ策も示された。

しかし，それは“前向き”の対策に乏しいものだった。ことに問題だったのは，エレクトロニクス部門の最大の赤字事業で2006年3月期の赤字幅が1,000億円を超えそうなTV事業の再建策が，ブラウン管事業拠点の集約と，既存の液晶TV，リアプロジェクション（背面投射型）TVの強化という“決意表明”程度のものでしかなかったことである(38)。

### ■ 2005年の商戦とプラズマTVからの撤退

2005年の商戦の詳細は略するが，この年のもっとも重要な出来事は，年末商戦向けに10月に，新ブランド名「BRAVIA」を冠した新製品の発売を開始したことである。液晶TVは通常のハイビジョン機（ノン・フルハイ機）が32型と40型，フルハイ機が40型と46型，そしてリアプロジェクションTVが42型と50型であり，パネルは同年4月に稼働したS-LCDのタンジョン工場製の“低コスト”の“自前の”パネルを使用したものであった。また，40，46型はハイエンド（最上位機種）のXシリーズで，DRCを搭載したものだった。

「BRAVIA」はソニーにとっては待望久しい新発売の製品であり，「TVの復活」をかけて「背水の陣」で臨んだものであった。それまでの苦戦の原因と見ていた外部調達パネルに代えて自前の低価格パネルを使用して価格競争で優位に立ち，松下，シャープ等に後れをとってきた薄型TV戦線での反転攻勢の先兵となることを期待していたからである。売れ筋の32型と40型のノン・フルハイ機の店頭想定価格を最初からほぼ「1インチ＝1万円」としたのもそのためであり，また，ブラウン管TV時代から使用してきた「WEGA」ブランドに代えて新ブランドを採用したのも，またその表れだった。そしてその新ブランド「BRAVIA」は，この期待にみごとに応えたのである。

8月のオーストラリアや北米を皮切りに世界で発売を開始し，ヨーロッパや国内では前年の約2倍の広告・宣伝費を投入し，北米でも過去最大級の販売促進を展開した。その結果，オーストラリアや北米では相次いで液晶TVのシェア・トップに躍り出て，ことに北米では単価の高い40型がヒットして平均販売価格の引上げに成功した。また，液晶TVとともに注力するプロジェクションTVもシェア37％と他社を圧倒したのだった。そして，このような「BRAVIA」の健闘によって2005年10〜12月期の薄型TVの世界シェアは，同7〜9月期より5.9ポイント増の14.6％となり，シャープ，フィリップスを抜いて初めてトップに立った。他方，国内では，松下の“一夜城作戦”さながらに，10月1日に国内2,000の販売店に「BRAVIA」を並べていっせいに発売を開始した結果，日本でもヒットし，“出荷台数”を伸ばしたのだった。

しかし，2005年の国内の年末商戦では，春商戦の敗戦からの巻き返しを狙ってソニーに加えて日立，東芝などが販売攻勢に出て，これに松下が低価格化で応戦するなど，大手メーカー間の競争が激化したためにいっそうの低価格化が進んだ。それにまた下位メーカーが反撃し，それに安価な輸入品の流入も加わったために価格下落にさらに拍車がかかった。そのため，「BRAVIA」のヒットにもかかわらず，ソニーの05年10～12月期のTV事業の営業損益は19億円の赤字（前年同期は63億円の黒字）となった。大根田CFOによれば，その原因は広告宣伝費が膨らんだためだった。しかし，TV価格の下落がソニーの想定ほどではなく，赤字も想定より小幅にとどまったため，彼は「来期下期にはテレビ事業が黒字化する見通しがたってきた」(39)と述べた。

それはともかく，結局，2005年通年のシェア争いはまたしても松下の圧勝に終わり，ソニーも「BRAVIA」をヒットさせて出荷台数を増やしたが，前半の出遅れが響き，第2位は維持したもののシェアは微減になった。

以上が本フェイズにおけるソニーの薄型TV戦略の概要だが，最後に2つ付け加えておこう。1つはソニーの薄型TV戦略に大きな変化が生じたことであり，04年末に，翌春にプラズマTVから撤退する方針を固めたことである。本章第1節で述べたように，プラズマTVはことに国内では液晶TVに出荷台数で大きく引き離されており，TV事業の立て直しのためには，経営資源の分散を避け，液晶TVのみに集中する必要があると判断したためだった。もう1つはそれとは逆に液晶TV戦略の強化に関連するものであり，2005年12月に82型のフルハイ液晶TVを開発したことである。これは市販中のシャープの65型（8月発売）を抜いて世界最大となるものであり，「（翌年以降は）一段の大画面化とフルハイビジョン対応を軸に据える」とした（井原副社長）戦略に沿うものだった(40)。

### 液晶パネル戦略

以上のようなTV戦略を支えたソニーの液晶パネル戦略について見ると，本フェイズでもっとも重要だったのは先述の2005年4月のS-LCDの稼働だった。ここで，同社製パネルから“ソニー製 TV”が作られるまでのプロセスについて見ておこう。

S-LCD のタンジョン工場で生産した「S-LCD パネル」はいったんすべてソニーの稲沢工場（愛知県）に輸送され，それに同工場で生産したソニー独自の画像処理用基板（「WEGA エンジン」搭載）やバックライトを組み込んで「ソニーパネル」——半完成品の TV——が集中生産される。次いでそれを世界各地のソニーの工場に送り込み，そこでさらに地域ごとに異なるチューナーなどの部品を組み込んで“ソニー製 TV”を完成し，それを販売会社に出荷する，というものである（これは，ブラウン管 TV 時代にソニーが成功した，世界各地に生産工場を持つ「世界四極体制」とは異なる，いわば「稲沢一極体制」というべきものだった）。

このように，まず S-LCD パネルを作り，それからさらにソニー・パネルを作るという 2 ステップとしたのは，ソニーの差別化戦略の武器となるソニー独自の画像処理技術がサムスン側に漏れることを防ぐためであった。両社は S-LCD の設立に合わせて 2004 年 12 月にデジタル機器や部品の開発に使う特許に関して広範なクロスライセンス契約を結び，相互に技術を開放することにしたが，それがカバーするのは半導体製造，データ圧縮，製品企画などの汎用技術特許だけだった。TV の画質を左右する高画質化回路（「WEGA エンジン」）は対象外（の 1 つ）とされ，2 ステップの体制がとられたのは，それに対応するためだった。そしてその下で，ソニーは“ソニー基準の品質”の確保と，“ソニー独自の画質”の確保に取り組んだのである(41)。

# 第5章

# フェイズ4：2006〜08年

## はじめに

本章では，薄型TVウォーズのフェイズ4（2006〜08年）における戦いの経過をたどる。本フェイズは企業間の激しい低価格競争とアメリカの住宅バブルの崩壊に端を発する世界同時不況によって多くの企業が事業の大幅縮小や撤退に追い込まれ，また生き残った企業もTV事業が赤字に転落して撤退につながる戦略をとってしまうなど，日本企業が“事実上の敗戦状態”となった時期である。第1節では概況を，第2〜5節では本フェイズの中心的プレーヤーであるパナソニック，シャープ，ソニー，日立の戦いをこの順序で見ていく。

## 1 概　況

### 1）環境動向

本フェイズの日本経済は2006〜07年と08年とで大きく異なる。06〜07年の日本経済はフェイズ3と同じく“いざなみ景気”の中にあり，両年のGDPの成長率は1.7%，2.2%と，少なくとも薄型TVにとっては悪くない環境だった。また両年のアメリカの実質GDP成長率も2.7%，1.8%であり，日本の薄型TV等のエレクトロニクス製品の輸出には好環境だった。またアメリカ経済の成長がいわゆる“住宅バブル”に牽引された，耐久消費財主導型だったことも，薄型TV産業には有利に作用した。

また，2006〜07年は図5-1が示すように2004年頃からの（対ドル）円安が

図 5-1　為替レートの推移

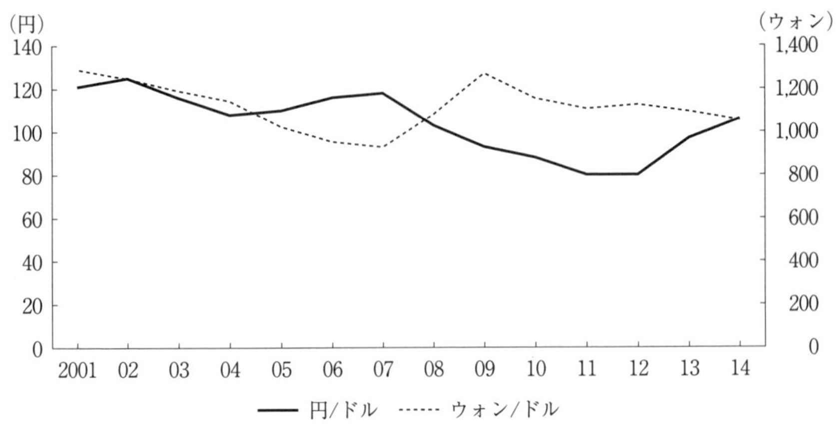


（出所）「為替レートの」推移（1980〜2013）(http://ecodlb.net/exchange/used_jp.html 他)。

さらに進んだ時期であり，これが日本企業の輸出に有利に作用した。加えて，2001 年からの（対ドル）韓国ウォン高もさらに進んだため，日本企業の輸出環境はいっそう良くなったのである(1)。06 年 2 月のトリノ冬季オリンピック，同年 6 月のドイツ・FIFA ワールドカップ，08 年の北京オリンピックの開催なども薄型 TV の成長への大きな誘因となった。さらに，これは純粋の環境要因ではなく，企業自体の行動がそれを生み出したものだが，企業間の熾烈な競争によって薄型 TV の価格が年率 2，3 割のペースで低下するという“市場状況”も，薄型市場の拡大に貢献した。

ところが，このような好環境は 2008 年に突然終わりを迎え，きわめて厳しい環境へと急転した。アメリカ経済の 08，09 年の成長率がそれぞれ，−0.3%，−2.8% へと大きく減速し，これに引きずられて日本経済の両年の成長率も，−1.0%，−5.5% とアメリカ以上に大きく減速したのである。発端となったのは 06 年半ばの，それまで景気を牽引してきたアメリカの住宅バブルの崩壊であり，それとともに金融不安が表面化し，ヘッジ・ファンドの破綻などもあって 07 年 12 月に景気後退が始まった。そして 08 年 9 月の大手投資銀行リーマン・ブラザーズの破綻とともに深刻な世界金融危機が発生し，世界経済の停滞が引き起こされたのである。それが日本にも波及し，上述の失速をもたらしたのだった。

このような経済の変調がTV業界に困難をもたらしたのはいうまでもないが，それをさらに悪化させたのが，金融不安の深刻化とともに，先述の日本企業に有利だった為替レートが逆転したことだった。すなわち，2008年以降，ドルに対して円が急騰する一方，ウォンは逆に急落し，アメリカへの輸出に関して日本メーカーが著しく不利になったのである（図5-1参照）。たとえば，08年4月2日の時点で，円はドルに対して年初より約1割高く，ウォンはドルに対して4%安であった（08～09年おける韓日メーカー間のシェアの差の急拡大については，表3-3の2：70ページを参照(2)）。

### 2）戦　況

本フェイズの薄型TVウォーズは，このように前半と後半とで大きく異なる環境のもとで繰り広げられた。本節ではその全体的な流れとその特徴を明らかにするが，その前に前フェイズの戦況を簡単に振り返っておこう。

前フェイズの“方式間競争”の特徴は，液晶TVの大型化のいっそうの進展によって両陣営が同じか近いサイズの機種を出して直接ぶつかりあう局面が出てきたことと，全体として液晶TVの優位性がより明確になったことだった。また“方式内競争”の最大の特徴は，プラズマTVでは松下が過激な低価格戦略を仕掛けて圧倒的な勝利を収め，敗れた多くの企業が苦境に追い込まれたことだった。他方，液晶TVでは，シャープが大型化，フルハイ化によって国内シェアでは断トツのトップの座を維持したが，他社の台頭もあり，世界シェアを大きく落としたことも特徴の1つだった。

#### ■ 特徴①――方式間競争での液晶TVの優位性の確定

以上のような前フェイズに対し，本フェイズの戦況の特徴は4つだった。第1の特徴は，方式間競争において前フェイズで生まれた上述の趨勢，すなわち「液晶TVの大型化の進展によって液晶，プラズマ両TVが同じサイズで直接ぶつかり合うことが増え，また全体として液晶TVの優越性が明確になってきた」という趨勢がさらに強まったことである。2006年にはシャープとソニーが40型以上の液晶TVの品揃えを拡大し，フルハイ化でもシャープが先行したために37型以上の選択肢が大幅に増えて競合の度合いがさらに高まった。

そして2007年の液晶TVの国内出荷台数（738万台）は，プラズマTVの国

表 5-1　各社の新発売機種数（2006〜08 年）

単位：機種数

| TV タイプ | 発売企業 | 2006 年 | | | | 07 年 | | | | | | 08 年 | | | | | |
|---|---|---|---|---|---|---|---|---|---|---|---|---|---|---|---|---|---|
| | | 発売 | | フルハイ | | 発売 | | フルハイ | | 倍速 | | 発売 | | フルハイ | | 倍速 | |
| | | 春夏 | 年末 | 春夏 | 年末 | 春夏 | 年末 | 春夏 | 年末 | 春夏 | 年末 | 春夏 | 年末 | 春夏 | 年末 | 春夏 | 年末 |
| プラズマTV | 松　下 | 6 | 4 | 0 | 4 | 9 | 6 | 4 | 6 | — | — | 9 | 4 | 6 | 4 | — | — |
| | 日　立 | 4 | 3 | 0 | 1 | 5 | 1 | 1 | 1 | — | — | 3 | 1 | 1 | 0 | — | — |
| | パイオニア | 2 | 1 | 0 | 0 | 1 | 4 | 0 | 2 | — | — | 1 | 3 | 1 | 3 | — | — |
| 液晶TV | シャープ | 10 | 10 | 5 | 6 | 28 | 6 | 19 | 6 | 16 | 3 | 23 | 9 | 18 | 5 | 18 | 5 |
| | ソニー | 9 | 10 | 0 | 5 | 9 | 15 | 3 | 15 | 0 | 10 | 12 | 5 | 5 | 5 | 5 | 5 |
| | 東　芝 | 6 | 12 | 0 | 3 | 12 | 8 | 7 | 7 | 2 | 5 | 12 | 13 | 9 | 9 | 6 | 7 |
| | 日本ビクター | 2 | 2 | 1 | 1 | 10 | 2 | 3 | 1 | 3 | 1 | 6 | 0 | 3 | 0 | 3 | 0 |
| | 松　下 | 4 | 2 | 0 | 0 | 8 | 1 | 0 | 1 | 0 | 1 | 8 | 0 | 4 | 0 | 2 | 0 |
| | 日　立 | 2 | 4 | 0 | 0 | 10 | 1 | 1 | 0 | 1 | 0 | 12 | 3 | 6 | 1 | 6 | 1 |

（注）プロジェクション TV，ワンセグ機，チューナー，パネルは除く。「倍速機」は「倍速表示機」の略で，「フルハイ倍速機」のみ表示。「フルハイ」は「フルハイ機」の略。
（出所）『旧型テレビの資料室』『日本経済新聞』『日経産業新聞』『日経プラスワン』ほか。

内出荷台数（97 万台）の約 7.6 倍となった（表 3-1：67 ページ，表 3-2：68 ページ参照）。また同年の世界市場では液晶 TV の出荷額（678 億ドル）はプラズマ TV の出荷額（154 億ドル）の約 4.4 倍だったが，液晶 TV の 06，07 年の対前年伸び率がそれぞれ，92.6%，38.3% だったのに対し，プラズマ TV のそれらはそれぞれ 22.2%，－16.6% であり，両者の勢いの差も顕著になった（表 3-3 の「全体」欄参照）。

この原因は，液晶 TV 陣営が量的にも質的にもプラズマ TV 陣営に対して優勢になりだしたことだった。量的優位性は表 5-1 に示した各社の新発売機種数の圧倒的な違いから明らかであり，また質的優位性の点でとくに重要だったのが，「大型化」に加えて，フルハイ化と倍速化という「(高機能化・高画質化の）差別化戦略」と後述の「フルライン戦略」での液晶 TV の先行だった。

ここで，フルハイ化と倍速化の動きを表 5-1 で見ておこう。同表は 2006〜08 年の主要各社の新発売機種数を示したものであり，横軸に薄型 TV の各年の「発売機種数」，および，その中の「フルハイ機種数」と（後述の）「倍速（表示）機種数」を示している。なお，それらの機種数は，「春夏」と「年末」

に分けて記載されており，前者は「春ないし夏」商戦を，また後者は「年末」商戦を意味している。縦軸は「プラズマ TV」と「液晶 TV」に分かれており，前者はプラズマ TV 専業もしくはそれを主力とする「プラズマ TV 陣営」の企業（松下，日立，パイオニア）を，また後者は液晶 TV 専業の 4 社（シャープ，ソニー，東芝，日本ビクター）からなる「液晶 TV 陣営」と，同陣営ではないが液晶 TV も手掛ける松下と日立を示している。

この表 5-1 からわかるのは，フルハイ化と倍速化のいずれにおいてもシャープが先行したことである。まずフルハイ機については，シャープは 2006 年の春夏，年末両商戦合計で年間 20 機種を新発売し，うち 11 機種が同機だったが，プラズマ TV 陣営の 3 社はいずれもゼロであった（なお，液晶 TV 陣営でも有力企業のソニーと東芝が出したのは年末商戦だった）。また 07 年にはプラズマ TV 陣営，液晶 TV 陣営内の各社がかなり追いついてきたが，シャープのフルハイ機種数の多さは圧倒的だった。そして表 5-1 から明らかなように，倍速機についても，やはりシャープが圧倒的であった(3)。

### ■ 特徴②――価格低下とコモディティ化

本フェイズの第 2 の特徴は，前フェイズ以来の競争激化による価格の継続的で急激な低下が続いたこと，ことに（液晶 TV の大型化とフルハイ化に押されて）プラズマ TV の下落率の方が大きかったこと，またそれらのために薄型 TV がコモディティ化して利幅が小さくなったことであった。

まず価格下落について見ると，液晶 TV のフルハイ化は単価の上昇に寄与したが，ノン・フルハイ機を中心に全体として価格下落は激しく，業界平均で約 2 割程度低下した。その主因は，松下に主導されたメーカー間の激しい販売競争であり，各メーカーが家電量販店にその値下げの原資となる販売促進費を増額し，それを用いて家電量販店が値下げを競うという構図であった。また，各社の最新鋭工場の稼働や，海外パネル・メーカーの供給能力の向上によるコスト低下も重要な要因だった。さらに，詳しくは松下についての節で述べるが，前年に引き続き同社が引き金を引いた北米市場での“低価格戦争”による約 40% の価格下落の影響を受けたことも大きかった。

次いでプラズマ TV の方が液晶 TV より価格下落が大きかったことについて見てみよう。その主因は，大型化によって競合するようになったサイズにおける液晶 TV のフルハイ機の登場であり，下落幅がとくに大きかったのは，液晶 TV のフルハイ機に押されたノン・フルハイ機の 37 型と 42 型だった。これはシャープをはじめとする液晶 TV 陣営の高機能化による差別化戦略が奏功したことを示しているが，プラズマ TV は発売機種数が少ないために販売店の売り場での存在感が薄かったことも一因だった。

さらにコモディティ化について見ると，これがとくに進んだのは 2007 年の年末商戦であり，同商戦を中心に価格の低下がさらに進んだ結果，薄型 TV に対する「高額品」のイメージが薄れて価格低下がより大型機にも及ぶようになった——すなわち“コモディティ化”の兆候が見られるようになった——ことであった。もっとも売れ筋の 32 型液晶 TV では家電量販店の実売価格「1 インチ＝3,000 円以下」のものも登場したが，より大型機でも 1 インチ当たり 3,000〜4,000 円が中心になったことは，それを示している(4)。

### ■ 特徴③——総力戦化と中下位メーカーの疲弊

本フェイズの第 3 の特徴は，競争の激化とともに戦いは総力戦の様相を呈するようになり，液晶 TV，プラズマ TV いずれの陣営でも大手と中下位メーカーとの格差が前フェイズ以上に拡大し，後者はますます苦しくなっていったことである。主要メーカーは多数の機種・タイプを発売したが，それには，高い製品開発力，強力な販売力，高い生産効率，さらにはそれらのいっそうの向上のための投資余力が必要とされたからである。そして以上の傾向は，液晶 TV よりもプラズマ TV において顕著だった。

この傾向はすでに 2006 年にも表れており，07 年にとくに顕著になったが，それを主導したのはシャープだった。フルハイ化や倍速表示などの高機能化で先行したうえに，複数の生産ラインからなる幅広いフルライン戦略を展開したのである。それによって家電量販店等で広い販売スペースを獲得し，また AQUOS ブランドの強さもあって前年より 2.2 ポイント増の 46.1% と，第 2 位のソニー（15.9%）の 3 倍近いシェアをとり，それまで続いていたシェアの漸減に歯止めをかけたのである。これに対し，フルハイ機の投入の遅れたソニーはシェア第 2 位を維持したものの 2.1 ポイント減らしたのだった。

一方，プラズマ TV 陣営では，国内シェア第 1，2 位の松下と日立にはほとんど変化がなかったが，松下は「低価格戦略」を堅持して国内外で圧倒的なシェアを維持し，液晶のシャープとともに「勝ち組」の名を欲しいままにした。他方，日立は第2位とはいえ松下とは大差で損益的にも赤字だったと見られ，またパイオニアもシェアを半減させてわずか2.5%となり，両社とも存続が危ぶまれる状況となった(5)。

### 特徴④——環境の急変と日本企業の敗戦の始まり

以上が2007年までの特徴だが，08年後半には環境が一変し，以後，各社はそれへの対応に追われることになった。

2008年前半の業界では弱気と強気が交錯した。前者はサブプライム・ローン問題の顕在化により前年末からアメリカ経済が景気後退期に入ったため，それが日本に波及して低価格志向が強まる可能性と，年初からの対ドル・円高と対ドル・ウォン安のためにアメリカへの輸出がむずかしくなる可能性を重視したものであり，この見方からは中型の32型中心の低価格戦略へのシフトが必要と見られた。他方，後者は，夏の五輪商戦による需要の全般的な増大を期待するものであり，この見方からはフルライン戦略の維持による品揃えの強化が考えられた。

そして結局，大手メーカーは前年までの「フルライン型だが大画面，高機能の高価格品に消費者を“誘導”する」戦略から「フルライン型を維持しつつ32型を中心にする低価格戦略に重点を移す」という“折衷型”の戦略へと転換したのだった（なお高価格品については，フルハイ化や倍速化が一巡して大きな差別化方法を見出しにくくなったため，それまで見過ごされていた高機能化を試みた製品や，使い勝手や周辺機器との連携の良さなどをアピールする製品が発売された）。

以上の結果，2008年の五輪商戦での薄型TVの販売台数は前年同期比で約30%増となった。シェアを伸ばしたのは松下，シャープ，ソニーであり，東芝や日立はシェアを落とした。松下はオリンピックの公式スポンサーの立場を生かした積極的販売促進が奏功し，シャープは家電量販店での同社の売り場の広さ，「AQUOS」ブランドの強さなどがシェア・アップに貢献した。

しかし，以下に見るように，その後市場は大波に襲われ，勝者は誰かを論ずるまでもない状況へと急変した。2008年半ばまでは薄型TVウォーズの勝者と見られていたシャープと松下も“敗者になりつつある”，と考えざるをえない事態が生じたからである。世界同時不況の影響によってTVの販売が伸び悩みパネル価格も下落したために各社は軒並み業績を悪化させ，薄型TVウォーズでの日本メーカー“全社”の事実上の敗戦が始まったのである[6]。

## 2 パナソニック

フェイズ3での松下は過激な低価格戦略によってプラズマTVの国内シェアで支配的な地位を築くとともに世界シェアでもトップを維持し，パネルを外部調達する液晶TVでも国内シェア第3位を維持した。そして前節で見たように，本フェイズ（2006～08年）でも，08年前半までは好調だった。しかし，後半には大波に襲われ，TV事業は赤字になって事実上の敗戦（の始まり）に追い込まれた。

### 1）TVの競争戦略

2005年ごろまでの薄型TV市場では市場自体の形成とそこでの主導権の獲得のための低価格戦略が有効であり，差別化戦略の重要性はそれほど高くなかった。しかし，本フェイズに入ると，急速な価格下落の常態化とともに，価格競争を回避し利益を確保するための製品の高機能化による差別化戦略の必要性が認識されるようになった。そして，そこで08年前半までの競争をリードしたのが液晶TV陣営のシャープであり，相変わらずの低価格戦略でそれに対抗したのが松下だった。

#### ■ 低価格戦略の継続

松下の戦略の特徴は次の3つだった。第1の特徴は，本フェイズでも前フェイズに続いて低価格戦略を基本とし，しばしば前フェイズで成功した“破壊的”低価格戦略で“先行”して成果を上げたことである。

同戦略がとくに顕著だったのが北米市場であり，たとえば，サムスンの崔志成（チェジソン）デジタルメディア総括社長によれば2006年の年末商戦は「事実上の戦争状態」となったが，その引き金を引いたのは松下の製品だった。家電量販店大手のベスト・バイで数週間前まで1,799ドルで販売されていた松下製の42型プラズマTVが，年末商戦初日（06年11月24日）に999ドル（約11万9000円）

で特売されたのがその一例である。6時間の限定セールだったが，これに対抗して別の家電量販店も対抗値下げ（899ドル）に踏み切り，ソニー，シャープなどの液晶TVの大手メーカーも500ドル程度の値引きを迫られたのだった。

第2の特徴は，これが示唆するように，松下の低価格戦略は単に“より大きなシェア（ないし利益）を得るため”といった“生ぬるい”ものではなく，先行して徹底的に行うことで全薄型TVメーカーの中での“一人勝ち”を狙うものであり，「液晶TV陣営に対抗してプラズマTV陣営を強化しつつ（ないし少なくともその弱体化を避けつつ）“自社も”勝つ」といった視点は希薄だったことである。そして，2005年の戦闘的販売キャンペーンが日立をプラズマTV陣営から脱落させたのと同様に，これが“味方”であるプラズマTV陣営を弱め，結局は自身の弱体化にもつながったのだった(7)。たとえば，パイオニアは北米市場で松下の“破壊的低価格戦略”に同調せず，価格下落幅を10%にとどめたこともあった（07年1〜3月期）。しかし，急激な価格低下について行けず，08年にはパネル生産からの撤退（そして当の松下からのパネル調達）に追い込まれたのである(8)。

第3の特徴は，以上の低価格戦略は主としてプラズマTVに関するものであり，液晶TVについて主にとられたのは“後追い型”の高機能化戦略だったことである。液晶TV陣営からのフルハイ化，倍速化などの“高機能化攻勢”に立ち遅れ，それらへの対応としてなされたものである。ことに大きかったのはフルハイ化の遅れであり，これが，すでに低下しつつあったプラズマTVの人気のいっそうの低下をもたらしたのだった（なお，後追い型の高機能化戦略は，先行者に追いつくためのものであり，差別化戦略とは呼べないことに注意しよう）。この他，本フェイズでは，絶えざる価格下落への対策として，フルハイ化，倍速化以外にも，各社から超薄型化，ネットワーク対応の強化などの高機能製品やLED-TV，3D-TVなどの新タイプのTVが発売され，松下が追随したものもあった。しかし，同社がそれらのいずれかで先行して成功したということはなかった。

以上が2008年前半までの松下の戦略であり，高機能化戦略など不十分な点はあったが，プラズマTVでは年々シェアを高め，07年の国内出荷台数シェア（68.8%）で第2位の日立（28.6%）の約2.4倍と圧倒的なトップを維持し，世界の出荷額シェアでも前年よりシェアを5ポイント増やし（34.5%），6ポイント増でLGを抜いて第2位に浮上したサムスン（20.1%）に大差をつけて首位を維持した。

また，2007年度には22年ぶりに最高益（純利益）を記録し（2,819億円），営業利益も5,195億円と久々の高水準となった。つづく08年度中間決算でも，営業利益は2,282億円，純利益は22%増の1,284億円となり，後者は23年ぶりに過去最高を更新した。薄型TVの販売が全世界で増え，また原価低減など合理化効果で素材高や価格低下などの影響（価格低下の影響は2,100億円）を吸収したことがそれに貢献した。薄型TVの売上は31%増であり，とくに高かったのはアジア・中国の68%増，ヨーロッパの45%増だった(9)。

### ■ TV事業の赤字のスタート

このように2008年前半までの松下はきわめて好調だったが，同年後半に入ると状況は一変した。上の中間決算の発表時点での09年3月期決算の予想は，純利益が前期比10%増の3,100億円，営業利益が8%増の5,600億円だった。ところが実際の決算は，売上高は14.4%減，営業利益は実に86%減の729億円となり，純利益に至っては3,790億円の（6期振りの）“赤字”になったのである。その主因は10月以降の急激な円高，世界的な景気悪化による電子部品・半導体，薄型TVなどの販売額の減少，不採算事業からの撤退等のための3,674億円のリストラ費用の計上等だった。

そしてとくに重大だったのは，販売台数が1,005万台と35%伸びたにもかかわらず薄型TVが初めて営業赤字に転落したことだった。景気悪化によって年末商戦の需要が低迷し販売が当初計画の年間1,100万台を下回ったために在庫が積み上ったこと，また対ドル・ウォン安（と円高）に乗じてサムスンが北米市場で低価格攻勢を仕掛けたことなどによって価格下落幅が当初想定の20%を上回って30%程度になったためであった。そして注目すべきは，これは次のことを示唆したことである。

当時の松下はなお薄型TVウォーズの勝ち組の1社と見られていたが，価格下落率が想定を10%上回ったために赤字になったことから窺えるように，2008年ごろにはすでに，TVの利益率はかなり低下していたと見られることである。04～05年ごろには，破壊的低価格戦略を仕掛けてもなお大きな利益を上げることができたが，（みずからが主導した！）年率20%程度の価格低下の連続のために次第に余裕がなくなっていたのである。

以上が本フェイズにおける松下の薄型TV戦略の特徴だが，次に，その基礎にあった同社のパネル戦略について見てみよう(10)。

## 2) パネル戦略

2006年6月，中村社長のもとでAV（音響・映像）部門を率いて強気の投資を主導し，プラズマTVを世界トップに育てた最大の立役者の大坪氏が新社長に就任した。彼は，02年3月の巨額の最終赤字以降の一連の構造改革が成果を上げたと判断し，翌07年1月発表の新「中期経営計画（07〜09年度）」で「収益を伴った着実な成長」戦略に転じることを明らかにし，09年度の経営目標として売上高10兆円，株主資本利益率（ROE）（および営業利益率）10%を掲げた。そしてその成否を左右するプラズマTV事業への積極投資の姿勢を鮮明にしていった(11)。

### ■ プラズマ・パネルへの“超積極的”投資

もっとも大坪氏は社長就任以前から実質的に積極戦略を主導しており，その第1弾は，前フェイズのところで述べた（2006年1月発表の）年産600万台（42型換算）のプラズマ・パネルを生産する尼崎第2工場の建設（総投資予定額1,800億円）であり，彼が責任者として「積極的に先手を打ちたい」として中村社長に決断を訴えて実施されたものであった（同工場は07年6月に本格稼働を開始した）。

続く第2弾は2007年1月発表の上述の新中期経営計画に盛り込まれた，年産1,000万台（42型換算）のプラズマTV用パネルの生産能力を持つ尼崎第3工場の建設であり，当初の総投資予定額は（12年までに）2,800億円だった（その後，プラズマTV事業が不振に陥ったために09年に2,100億円に減額され，当初予定より半年遅れて10年1月に本格稼働を開始した）。これは当時の松下の基本戦略であるプラズマTV主軸路線の強化のためだとされ，同工場がフル稼働すれば松下のプラズマ・パネル（したがってTV）の生産能力は年産2,100万台とそれまでの約2倍，生産効率の低い茨木第1，第2工場（合計で300万台）の生産を停止しても，年産1,800万台になるという計算だった。

しかし，2007年度の松下のプラズマTVの販売目標は500万台であり，この1,800万台という数字はあまりに大きかった。また，当時の，液晶TV陣営に対してプラズマTV陣営が劣勢になりつつあるという状況からも，このような急ピッチの生産能力の拡大に対しては危惧する声が多く聞かれた。

実際，2006年の年末商戦を前にした同年10月には，前年同月比で2ケタ増が続いていた国内のプラズマTVの月間販売額が04年10月の集計開始以来初の前年割れ（1.9%減）となり，翌月も1ケタ増（7.6%）にとどまったのである（また，プラズマTVが有利とされた37型以上の大型TVの06年7～9月期の世界出荷台数で，液晶TVが初めてプラズマTVを上回ったことも報じられた）。劣勢の原因として指摘されたのは，シャープとソニーの40型以上の高精細な“フルハイ”液晶TVの新製品攻勢にプラズマTV陣営の“ノン・フルハイ”機が押されて価格が下落したこと，またその原因の1つはメーカー数が少ないためにプラズマTVの売り場での存在感が薄くなっていること，などであった(12)。

### ■ 液晶TV戦略の大転換

さらに，この第2弾からわずか1年後の2007年12月，「プラズマ主軸路線」の大転換を意味する積極戦略が第3弾として打ち出された。第2弾を上回る巨費を投じる，（プラズマTVと同様の）液晶TVの垂直統合生産方式の構築である。これはキヤノン・日立の提携に始まるいくつかのステップからなり複雑だが，簡略化すれば，05年1月に日立，東芝と共同出資で設立していた「IPSアルファ」の過半数の株式を取得して傘下に収め，その後IPSアルファが3,000億円を投じて第8世代の液晶パネルを生産し，それを松下が購入して大型液晶TVを生産する，という戦略であった（なお，投資額は，第2弾の尼崎第3工場の場合と同じ理由で，のちに2,350億円に減額された）。

それまでのプラズマ主軸戦略をこのように大きく転換するに至った主因は，上述の第2弾の発表後，世界売上高におけるプラズマTVの液晶TVに対する劣勢がより明確になったことであり，その原因は，液晶TVとの競合の激化に加え，夏ごろから金融不安の影響で北米市場での大型TVの需要が減少したことだった。

また，液晶TV戦略の大転換の理由としてもう1つ重要だったのは，液晶TVの需要が伸びつつあるのに，パネルの調達が困難なために思うように売上を伸ばせなかったことであった。こうして松下は液晶 TV の垂直統合生産方式の構築を決断したが，大坪社長によれば，それは「液晶でも（パネル生産からテレビ組み立てまで手がける）垂直統合体制を確立，薄型テレビ事業を盤石にする」[13]ためであった。そしてそれを可能にしたのが，2008 年 3 月期の 22 年ぶりの史上最高益によって生まれた 1 兆 3,000 億円超の余裕資金であった。

なお，この松下の急激な方向転換については，以上の他にもう 1 つの理由があったと見られる。それは 2007 年夏に LG からなされた IPS アルファの買収提案であり，日立と東芝はともに液晶事業からの離脱を狙っていたために，この提案に前向きだった。しかし，TV 事業のウェイトが非常に大きく，しかもプラズマ TV の先行きに自信を失い出した松下にとっては，LG への売却は液晶 TV 事業の強化の数少ない手掛かりの喪失に加え，強力なライバルの 1 社をより強力にすることを意味した。そこで松下は売却に反対し，逆に買収したのである[14]。

## 3 シャープ

シャープは前フェイズでは液晶 TV の大画面化，高機能化による差別化戦略に注力し，とくに大画面フルハイ液晶 TV で先行して価格競争を回避して好業績を収め，松下とともに勝ち組と呼ばれた。本フェイズも 2008 年前半までは好調で松下と並んで勝ち組であり続けた。しかし，後半には松下と同様に TV 事業が赤字となり，事実上の敗戦への道をたどり始めた。

### 1） 液晶 TV の競争戦略

松下についての節で述べたように，本フェイズでは価格下落の常態化とともに国内市場では製品の高機能化による差別化戦略の重要性が高まったが，そこで 2008 年前半まで競争をリードしたのがシャープだった。

#### ■ 大画面化・高機能化戦略の継続

シャープの戦略の特徴は次の 2 点だった。第 1 の特徴は，前フェイズからの「大画面化と高機能化による差別化戦略」をより強力に実施したことである。2006 年の春夏商戦がその象徴であり，松下にはフルハイ機はなかったが，シャープは20型から45型までの10機種を発売し，うち5機種がフルハイ機だった。また，各社がフルハイで追随し，液晶TV陣営ではそれが“標準装備”となった07年には，高機能化による差別化の新たな目玉として（フルハイ）倍速機16機種を先行して発売した。なお，それによって液晶，プラズマ両TVのサイズの差が急減したことに注意すべきである。08年の春夏商戦では，松下のプラズマTV 9機種（37〜50型）と液晶TV 8機種（17〜37型）に対し，シャープは液晶TV 23機種（15〜65型）となったからである。

第2の特徴は，以上の「大画面化」と「高機能化」での先行に加え，フルライン戦略によって製品ラインアップの拡充に注力し，販売戦略でも他社をリードしたことである。また，それが先述の高機能化における先行と相まってシャープ製品のブランド化に貢献し，これがまた需要を拡大するという好循環を生み出したのだった。

この結果，シャープは2007年まで好業績を謳歌した。06年の国内シェアは3.3ポイン減となったが断トツのシェアを維持し，同年度（07年3月期）の営業利益（1,865億円）は14%増となり，4期連続で営業最高益を更新した。その主因は（携帯電話端末とともに）液晶TVが好調であり，販売台数が約1.5倍（約603万台）に増えたうえに，TVの平均販売単価の下落率が業界平均の約2割に対してシャープのそれは06年上期が約2%にとどまり，下期には逆に上期の平均単価から約7%上昇したことだった。これを可能にしたのは，大型化とフルハイ化によって付加価値が高められたことと生産効率の高さであり，後者を可能にしたのは，他社に先行して稼働を開始した，第8世代ガラス基板を用いる亀山工場の存在であった。

続く2007年には，国内シェアを2.2ポイント増の46.1%と，2位ソニー（15.9%）の3倍近くにするとともにシェアの漸減に歯止めをかけたが，これはAQUOSブランドの強さや，ラインアップの広さ，家電量販店等での広い販売スペース等によるものだった。また利益面でも好調であり，08年3月期決算では，5年連続の最高益は逃したものの前期並みの営業利益（1,837億円）を上げた。これに大きく貢献したのが液晶TVであり，それを可能にしたのは，前年度と同様に，業界平均より小さい平均単価の下落，高付加価値化およびフルライン戦略，亀山工場製の大型パネルによる低コスト化，等であった。なお，のちの議論との関係で注意しておくべきことは，同期の製品別売上高の上位は，第1位が液晶パネル（1兆2,300億円），第2位が液晶TV（8,100億円），第3位が携帯電話（6,500億円）だったが，液晶TVの売上高営業利益率はわずか2%であり，約5%の携帯電話が稼ぎ頭だったことである。

以上がシャープの国内市場でのTV戦略と業績であるが，海外市場での業績は芳しくなく，2006年の出荷額シェアは（S-LCDを稼働させた）ソニーとサムスンに抜かれ第3位へと陥落した（表3-3参照）。その原因としては，第7章で見るように，グローバル戦略の不足，海外でのブランド力の欠如などもあったが，最大の要因はパネル供給能力の不足とコスト競争力の低下だった(15)。

### 円高の進展と海外戦略の転換

このように2007年までのシャープは非常に好調だったが，08年に入ると，環境が大きく変化し，対応を迫られることになった。先述のように，円高とアメリカ発の景気後退の予想から低価格志向が強まるとの見方が強まり，各社はそれまでの大型で高機能な高価格製品に消費者を誘導する戦略を見直して32型を中心とする中小型で低価格の製品を重視する戦略に転換したが，シャープもそれに加わった。ことに液晶パネルでは直接競合する最大手のサムスンとの間で夏の北京オリンピック特需をめぐって熾烈な低価格競争を繰り広げた。

もっとも，世界最大の北米市場での大画面TVの売行きの急減を見て，シャープはすでに前年（2007年）7月には32型等の中小型のTVとパネル重視の戦略への転換を打ち出していた。46型など大型TV向けパネルの生産でもっとも競争力を発揮できる亀山第2工場で32型などの中型パネルを増産してそれを使った中型TVを海外市場で拡販し，残りのパネルについては外販を拡大するという戦略だった。したがって先の08年に入っての中小型，低価格品重視への転換はこの07年の戦略転換の具体化といえるものであり，一定の成果を上げた。10月になって09年3月期決算の業績の大幅な下方修正を発表したが，4～9月期の液晶TVの販売台数は予想を上回ったのだった。

ところが，TV事業を取り巻く環境はさらに悪化し，上のような戦略転換でも対処困難なものとなった。シャープの09年3月期決算の最終損益は1,258億円の赤字（前期は1,019億円の黒字），営業損益も555億円の赤字（前期は1,837億円の黒字）となり，いずれも1956年の東証上場以来初の赤字となった。また売上高は2兆8,472億円で前期比17%減だった。赤字の主因は液晶関連事業が前年後半から急減速したことであった。液晶 TV の販売台数は 21% 増の 1,000 万台だったが，価格下落のために売上高は 10% 減となり，初めての営業赤字となったのである。また液晶パネルの売上高も 15% 減だった。

このような液晶 TV の業績の急低下の直接的原因は，松下の場合とほぼ同じだった。まず，同 TV の販売台数が伸びたにもかかわらず赤字に転落したのは，年末商戦の需要の低迷による在庫増，ウォン安に乗じたサムスンの低価格攻勢による北米市場での価格下落などによるものだった。また，松下と同様に，シャープは薄型 TV ウォーズの勝ち組と見られてきたが，熾烈な低価格競争の恒常化のために利益率は年々低下し，やはり松下と同じく，2008 年ごろにはかろうじて利益を出せる程度になっていたことである。これは，07 年度の液晶 TV 事業の利益率がわずか 2% だったという先述のことからも推測できるであろう。

以上，シャープの TV 戦略を見てきたが，次にその基礎にあったパネル戦略について見てみよう(16)。

### 2) 液晶パネル戦略

#### ■ 海外市場での苦戦と「基本戦略」の転換

2006 年 1 月 11 日，町田社長は，当時総投資予定額 1,500 億円をかけて建設中だった亀山第 2 工場に 07，08 年に合計 2,000 億円を追加投資し，08 年までに同社の液晶パネルの総生産能力を当時の 4 倍の 2,200 万台（32 型換算）に増強し“世界シェア 3 割”を目指す，と述べた。また翌年 1 月には，07 年度の液晶 TV の販売計画を 06 年度比 5 割増の 900 万台とし，（ソニーとサムスンの躍進によって激減した）シェアの維持を目指す方針を明らかにした。

これは，液晶パネルの世界需要が急拡大しているのに生産能力の拡大が遅れたためにシャープ製パネルの価格競争力が低下し，パネル，TV 双方での地位の低下を招いたので，今後は「高水準の投資によって生産能力を増大し，コストを低減して（世界的な）価格競争を勝ち抜く」という宣言であった。

そして注目すべきは，この積極戦略への転換は，前章で見たシャープの「基本戦略」――すなわち「“身の丈”経営で TV（したがってパネル）の生産規模の拡大は追求せず，大画面化と高機能化を追求し，価格競争は回避する」という，シェアの拡大を追わない戦略――の転換を意味するものだったことである。

すなわち，それは「大画面・高機能化（とそれによる価格競争回避）戦略は堅持するが，もはや“身の丈経営”ではそれを実現できなくなったので，“基本戦略”のその部分は“身の丈を超える経営”に宗旨替えする」という宣言であった(17)。

### ■ 世界最大の液晶パネル生産拠点の建設

2007年4月，1998年の社長就任以来シャープの液晶TV・パネル事業を牽引してきた町田社長が退任し，代わって片山幹雄専務が社長に就任した。同氏は49歳と大企業としては異例の若さだったが，技術者として液晶TVや携帯電話向け液晶パネルなどシャープの中核事業の立ち上げで功績を上げており，25人の取締役の中で最年少ながら最有力の候補者と見られていた。彼は，就任後，それまでのシャープのどちらかといえば慎重な姿勢から一転して，一連の積極的戦略を推進していった。

その第1弾は，就任間もない7月に発表した「液晶（21世紀型）コンビナート構想」であった。堺市（大阪府）に建設する大型TV向け液晶パネルの新工場を中核とし，同一敷地内に，併設する太陽電池工場，部材メーカーの工場，電力等のインフラ企業を含めた「産業の一大集積拠点」を建設するという構想であった。中核となる新工場は第10世代の大型ガラス基板を世界で初めて採用し，稼働予定は2009年で，世界最大級の生産能力を持つということだった。第10世代ガラス基板のサイズ（予定）は（2,850×3,050 mm）で畳5畳分の大きさであり，シャープの亀山第2工場やサムスン・ソニー連合（S-LCD）の第8世代ガラス基板からは3枚しか取れない57型パネルを8枚取れるため，第8世代ガラス基板が40〜50型台前半のパネルの生産に適しているのに対し，より大型の50後半〜60型台で高い生産効率を発揮できるというものであった。

コンビナートへの投資総額は約1兆円と見込まれ，それまでの新工場の建設費に比べてケタ外れに大きな額だった。それは，上述のようにパネル工場の周辺に部材メーカーやインフラ企業の進出を要請し，部材メーカーとの間の部材等の搬送コストの削減や電力・工業用水の共同使用によるコスト削減を目指す，といった壮大な計画だったため，自社工場の建設費に加えて，他社招聘のための亀山第2工場の4倍（127ヘクタール）の広大な敷地の購入費やインフラ整備の費用が含まれていたためであった。発表時点で進出が決まっていた主要企業は，ガラス大手のコーニング，カラー・フィルターの大日本印刷，関西電力などであった。

このように部材メーカー等を工場の周辺に誘致するのは，液晶パネルの垂直統合方式での生産にとっては輸送費の削減，輸送タイミングの調整等の点からはきわめて望ましく，その原型はシャープ，サムスン等により早くから試みられてきたが，注目すべきは，堺工場はこれらの延長線上にありながら，次の意味でそれらをはるかに超えるものとして構想されたものだったことである。

1つには，堺工場でのシャープのパネル工場と部材メーカー等との関係の仕方は亀山工場でのそれを進化させるものであり，シャープが「バーチャル・ワン・カンパニー（VOC）」と名づけたように，各社がより緊密に統合され，実質的には1つの会社のように動くことを狙ったものだったことである。またもう1つには，シャープの構想は液晶パネルと液晶 TV だけでなく，液晶と技術的に関連する太陽電池というもう1つの製品を含む，より大きな統合生産システムとして構想されたものであり，「コンビナート」の名に値するものだったことである。このようなコンビナートの発想を生み出したのは，それら2つの製品の双方を経験した片山社長であった(18)。

### ■ “超積極的”投資の狙い

シャープがこのような巨額投資に踏み切った目的は，当時のシャープは TV，パネルとも海外市場でライバル企業――ことにサムスン・ソニー連合（S-LCD）――との間で熾烈な競争を展開しており，それに勝ち抜くことであった。2005 年までは液晶 TV 出荷額の世界シェアでトップを走っていたシャープだが，同年 4 月に S-LCD の第 7 世代生産ラインが稼働したこともあり，06 年のシェアはソニーが 16.2%（+2.9%）でトップ，サムスンが 15.1%（+4.7%）で第 2 位になったのに対し，シャープは 11.5%（−6.1%）で第 3 位に落ち込んでいたのである。

先述の 2006 年 1 月の町田社長の亀山第 2 工場の能力増強宣言はまさにこのような事態への対処が狙いだった。しかしその後，S-LCD はさらに 07 年 7〜8 月に第 8 世代工場の稼働を予定し，また松下も先述のように設備の増強に動いていており，危機感を強めたシャープが“乾坤一擲”の勝負に出たというのが新工場建設の主たる動機であった(19)。

## ■ パネル外販路線への転換

以上が7月発表の新工場建設計画の概要だが，計画のもう1つの重要なポイントは，それが，シャープが液晶パネルの外販を本格化し，利益の源泉としてはTVよりもパネルを重視する戦略に転換したことを意味するものでもあったことである。シャープはそれまでもパネルの外販を行ってきたが，それはあくまでもTV事業のための補助的なものとしてであった。同社はパネルを同社固有の技術を組み込んだ，同社製TVの競争力の源泉と考えており，生産したパネルの大半は自社製TVのために使用し，外販はあくまでもそのパネルの生産設備の稼働率を維持するのに役立てるという消極的なものだった。

これに対して7月に打ち出された外販戦略ははるかに積極的な，TVではなくパネルを主役とする戦略への転換を意味するものであり，それに踏み切った理由は2つだった。1つはより短期的なものであり，先に見たように，「TVは競争が熾烈で利益を出しにくいが，パネルは安定的に利益が出て利益率も高い」ということだった。またもう1つはより長期的な理由であり，次のようなものだった。すなわち，「北米を中心とする海外市場では32型を中心とする中小型の需要がもっとも多いが，価格競争が激しく利益が出にくい。そのため利益率の高い大型TV需要の開拓で先行して利益を得るのが望ましいが，それには第10世代パネルへの投資が不可欠である。しかし，その投資は巨額で生産能力も巨大になるので高い稼働率を維持する必要がある。ところが自社のTV向けに使うだけではそれはむずかしいので外販を拡大する」というものであった。

なお，注意すべきは，この外販拡大路線は矛盾する側面を含んでいたことである。第10世代工場建設の目的は，大型パネルとTVで先行し，価格競争を回避してより高い利益を獲得することだった。ところが，その大型パネルの外販はTVのライバル・メーカーが自社と同じパネルを使うことを意味し，少なくともTVについては上の目的を（相当程度）放棄することを意味したからである(20)。

## ■ パネル外販先の拡大

片山社長の積極策の第2弾は第1弾の2カ月後の2007年9月に発表されたパイオニアとの資本提携であり，その目的はプラズマTV陣営の同社を液晶

TV陣営に取り込むとともに，自社の液晶パネルの外販先を確保することであった。シャープがパイオニアに同社の株式の14%分を出資して筆頭株主になり，業務面でも提携してカー・エレクトロニクス，次世代DVD等の共同開発を行い，またパイオニアはシャープからパネルの供給を受けて液晶TVに参入する，というものだった。

この資本提携について注目すべきは，シャープはそれまで垂直統合路線とともに技術開発等をできるだけ単独で行う「自前主義」をとり，他社との技術の共同開発などにも消極的な姿勢をとってきたが，上の提携戦略はその転換を意味するものであり，片山社長の「自前主義では勝機を逸する。戦略的な事業提携が必要」(21)という危機感からなされたものだったことである。

ところで，この提携発表から1カ月後に発表されたシャープの2007年9月期中間決算は営業利益が前年同期比12%減となり，その主因は液晶TV事業ではなかったものの，このころ，同事業についても懸念が生じていた。北米市場では低価格のノン・ブランド品のシェアが高まり，また32型の販売が増えるなど大型TVの拡販が進んでおらず，「高画質化，大型化による低価格化の抑制」という同社の戦略が修正を迫られる可能性が出てきたからである。そしてそれとともに問題になったのは，単に数量が伸びないだけでなく，32型の生産を増やすと採算が悪化するということであった。これは，32型は亀山第2工場で生産していたが，先述のように同工場は32型よりも大きなパネルの生産に適しており，32型ではむしろ生産効率が低下するためだった。

このような事情もあってシャープはパネルの外販先の拡大を急いだが，片山社長の積極策の第3弾となったのが，12月の東芝との提携であった。これは，松下のところで述べたように，松下・日立との液晶パネルの共同生産からの東芝の離脱の動きに乗じたものであり，2009年度の堺工場の稼働後，東芝と長期計画を結んで40～60型パネルを同社に大量供給するというものだった(22)。

### ■ パネルの好調とソニーとの共同生産

このようにシャープはパネル外販戦略に大きく傾斜していったが，これは当然，同社の戦略におけるTVのウェイトの低下を意味するものであり，2008年1月，片山社長は年頭会見でそれをより明確にした。すなわち，液晶パネルについては「亀山第2工場の生産能力の引き上げや堺工場の稼働によって液晶パネルの外販比率を10年度に現在の2割から5割超に引き上げる方針だ」と積極姿勢を見せた一方で，液晶TVについては，「(08年度は) 最低で1,000万台を販売したい」と述べたものの，「液晶テレビの販売台数を追うことがブランド向上につながるとは限らない。いたずらに規模を追わない原点に戻るということ」(23)と消極的な姿勢を示したのである。そして，注意すべきは，これは，前年1月に町田社長が示した「07年度の販売目標を06年度の5割増の900万台とし，世界シェアを維持する」という積極戦略への転換を“再転換”し，量的には，旧来の消極的な姿勢に逆戻りすることを意味するものとなったことである。

このようなシャープの経営方針の転換に“より直接的に”影響を与えたと見られるのが，次の2つである。1つは，2007年の年末商戦が“惨敗”に終わったことだった。すなわち，同年10〜12月期の北米市場のシェアが，ソニーが首位になったのとは逆に，シャープは7〜9月期の第1位から第4位に転落したのである。また同期決算において，液晶パネルの売上が27%増で営業利益も28%増となり，全社の営業利益（519億）の5割近くを稼ぎ出したのに対し，液晶TVは，売上が32%増で販売台数も43%増だったのに，営業利益は減益傾向だった。パネルの好調は，08年度は北京オリンピック需要やBRICs（ブラジル，ロシア，インド，中国）の販売拡大で大型パネルへの需要が高まると見られて需給がタイトになったためであり，TVの不調の原因は，アメリカ等で売れ筋の32型の平均価格が上期から15%ほど下落してアメリカのTV事業が採算割れとなり，国内の利益で穴埋めするという状況によるものだった。

またもう1つは，2007年11月，アメリカのクリスマス商戦の開始を告げる家電大手量販店「サーキット・シティ」の広告でシャープの52型フル・ハイビジョンTVが2,199ドルとされ，同仕様のソニー，サムスン製品より数百ドル低かったことだった。これはシャープのアメリカでのブランド力の弱さ（逆に，ソニーのブランド力の強さ）を示すものとして同社に衝撃を与えたのである。

これらに加えてパネル需要が堅調で価格が安定的だったことがシャープがパネルへの傾斜を強めた理由と見られるが，供給過剰のリスクが大きいことは変わらなかったため，安定的外販先の確保への努力が続けられた。そしてそれが実ったのが2008年2月に発表したソニーとのパネルの共同生産（08年2月発表）であり，片山社長の積極策の第4弾となるものだった。

それは，「シャープが建設中の堺工場を分社化してシャープが66%，ソニーが34% 出資して運営会社を設立する。両社が出資比率に応じてパネルを調達し，パネル用部材の開発や生産技術分野での協力も検討する」というものであった（分社化によって09年4月に設立される運営会社が「シャープディスプレイプロダクト〔SDP〕」である）。この共同生産についてのソニーの狙いは，サムスンとの合弁会社（S-LCD）から“思うようにパネルを調達できない”こともあるので調達先を増やしたいということだった一方で，シャープの狙いはパネルの安定的な外販先を確保すること，しかも工場建設費を分担してもらうことによってリスクを大きく軽減することだった。片山社長は「昨年の秋に両社で話を始めた。液晶パネルでのパートナーが欲しかった。世界のテレビ市場でトップのソニーと組めるのは，工場の安定操業の面からも心強い」(24)と述べている(25)。

## 4 ソニー

ソニーは前フェイズではプラズマ TV から撤退し，サムスンと合弁で S-LCD を設立し，同社製パネルを使った新ブランド「BRAVIA」を発売して反攻を開始し，世界シェア（出荷額）ではそれなりに健闘した。しかし同社にとっての問題は事業の収益性であった。

### 1） 液晶 TV の競争戦略

本フェイズにおけるソニーは，液晶 TV 市場での戦いに積極的に加わったが，国内市場では苦戦した。出荷台数や出荷額の点ではかなりの成功を収めたとはいえ，フルハイ化や倍速化で先行して亀山ブランドの確立にも成功したシャープの壁は厚く，2007年のシェア（出荷台数）は第2位を維持したものの同社との差は30ポイント以上と非常に大きかった。

しかし世界シェア（出荷額）では，（2005年には第3位〔13.3%〕で第1位のシャープ〔17.6%〕には及ばなかったが）06年には2.9ポイント増の16.2% となって首位となり，6.1ポイント減で第3位に後退したシャープ（11.5%）とは好対照をなした（表3-3参照，ただし，05年の出荷額シェアは同表には記載されていない）。

このような躍進を可能にしたのは，供給能力不足と国際的なブランド力の欠如というシャープ側の要因に加え，S-LCD 製パネルを使えるようになったこと，そのパネルにソニー独自の画像技術を用いて高画質化できるようになったこと，また TV 時代からのブランド力と販売網がなお健在だったこと，などの要因だった(26)。

### ■ 伴わぬ利益

しかし，ソニーにとって問題だったのは，そのような高い世界シェアが利益に結びつかないことだった。同社は初めて営業赤字になった 2004 年度以降赤字が続き，07，08 年度にはそれぞれ 730 億円，1,270 億円と巨額の営業赤字を記録したが，注目すべきは 07 年度である。同年度は，ユーロに対する“円安”が営業利益を 800 億円押し上げたこともあって全体の営業利益は 3,745 億円というソニー史上 2 番目の高さとなり，TV を含むエレクトロニクス部門も液晶 TV，パソコン，デジタルカメラなどの増収で売上高，営業利益とも過去最高になった。にもかかわらず，液晶 TV は赤字だったのである。

これは明らかに，液晶 TV 事業に何らかの問題があることを示すものだった。大根田 CFO は，赤字の原因について「(液晶テレビの) 価格下落にコスト削減努力が追いつかなかった」(27)と述べているが，このことを念頭に，次に本フェイズでのソニーのパネル戦略とリストラ戦略について見てみよう。

## 2) 液晶パネル戦略

### ■ S-LCD 第 2 工場の建設

本フェイズでのソニーのパネル戦略における最初の大きな動きは，2006 年 7 月に S-LCD の第 2 工場の建設についてサムスンと合意したことであった。05 年 4 月に稼働した第 1 工場の隣接地に 19 億ドル（約 2,000 億円）を折半で投じて業界最大級の“第 8 世代”ガラス基板のパネル工場を建設する，本格稼働予定は翌年秋，という計画だった。第 1 工場の“第 7 世代”基板では売れ筋の 32 型パネルを 12 枚しか取れないのに対し，第 8 世代では 15 枚取れるという最新鋭工場であり，生産能力は月産 5 万枚で，ソニー，サムスンが半数ずつ引き取るということであった。

ソニーがこの投資に動いたのは，2008 年の北京オリンピックや各国のデジタル放送への転換などによる新規需要の増大を睨み，パネルの安定的調達体制をつくるためだった。当時，第1工場からの割り当て分では足りず，サムスンへの割り当て分から一部の融通を受けたこともあるソニーにとっては重要な意味を持つものだった(28)。

### ■ シャープとの共同生産

液晶パネルに関するソニーの第2の大きな動きは，2008年2月末に発表されたシャープとのパネルの共同生産であった。シャープが堺市に建設中の液晶パネルの新工場を分社化して運営会社（SDP）を設立し，同社にソニーが出資するというものであり，ソニーは調達するパネルに見合う額（1,000億円超でシャープの総投資額の34%相当）を出資する，稼働予定は09年度中で年産能力は約1,300万台（40型換算），ということだった。

この共同生産について中鉢社長は，「サムスンとの生産はなんら変更なく共同経営を続ける。液晶テレビの市場が拡大するなかで，画面の大型化とコスト競争力を考えて，シャープを戦略的パートナーとして選んだ」(29)と述べている。しかしこれは主として“量の確保”と“コスト”の面からのいわば“公式の”動機であり，それ以外の重要な動機として，次の2つがあったと見られている。

1つは，サムスン依存からの脱却であった。ソニーは当時，一部の中小型パネルを台湾メーカーから調達する以外は，S-LCDからの調達が中心で，不足分をサムスン本体から調達していた。しかし，2008年度の販売目標を07年度の販売見通しの約1,000万台から1,500万～2,000万台に大幅に引き上げる予定のソニーとしては，このようなサムスン依存体制は安定的調達の観点からは望ましくない。そこで調達先を複数化し，またそれにより調達先を競わせて調達価格の引下げを目指すという狙いであった（なお，その前提として，台湾のパネル専業メーカーを含めた投資競争が激化しTV価格が年2割のペースで下落しつつある状況では，自社単独での投資は回収が困難だという判断があった）。

またもう1つは，上と関連するが，欲しいときに欲しい量のパネルを調達するという機動性の確保であり，S-LCDでは必ずしも満たされなかった（といわれる）要求を満たすことであった(30)。

### ■ S-LCD 第2工場への追加投資

液晶パネルに関するソニーの第3の大きな動きは，上の発表から約1週間後の2008年3月初めに発表されたS-LCD第2工場への追加投資であった。先述の第8世代ガラス基板の第1工場は07年夏に稼働を開始していたが，これに2,000億円前後を折半で投じて同じ第8世代生産ラインを増設するというものであった（09年度上半期稼働予定）。その狙いは，先のシャープとの共同生産の場合と同様に，急拡大する販売計画に対し，単独での投資負担を避けつつ安定的調達体制を構築することだった。

以上がソニーの本フェイズでのパネル戦略の概要であり，サムスンの積極的な能力増強戦略には及ばないまでも，同社の安定調達体制の構築への努力がなされたことはたしかである。ところが，次フェイズに入ったとたん，この構想の実現は危ぶまれることになった。2009年1月に，先述のSDPの設立が，当初予定の同年4月から10年3月まで約1年間延期されたのである。延期の理由は，液晶TVの価格下落と販売鈍化を受け，ソニーが共同出資会社から買い取るパネル価格などの条件を見直したいということであった。

ところで，この延期の決定がなされたのはTV事業を含むソニーの業績が急激に悪化しだしたころであった。そのことを念頭に，次に本フェイズにおけるソニーのリストラについて見てみよう(31)。

## 3） 不徹底なリストラ

前章で見たように，2005年4〜6月期のTV事業とそれを主力とするエレクトロニクス部門の業績悪化を受けてソニーは同年9月の「中期経営方針（05〜07年度）」の中でリストラ対策を発表したが，そのほとんどは“後向き”で具体的成長戦略に乏しいとして“不評”であり，ことに問題視されたのは，TV事業についての対策だった。トップ・マネジメント層も赤字の主因は「（薄型TVの開発の遅れで）コスト競争力が伴わなかった」（井原副社長）(32)うえに，「欧米でのテレビの価格下落が予想以上にひどい」（大根田CFO）(33)ためだと認識していた。ところが，示された対策はブラウン管事業拠点の集約と，既存の液晶TVとリアプロジェクションTVを強化するとの“決意表明”程度であり，削減する製造拠点や売却する資産，縮小する事業の全容が具体的に示されなかったからである(34)。

これは，ソニー自体の認識が（少なくとも公式には）楽観的だったためであり，2005年7月の，06年3月期の営業利益の「大幅下方修正」の際に大根田CFOが述べたのは，「1年かけて立て直し，来年後半には黒字体質にしたい。当社がコスト競争力を失ったのは，外部から液晶パネルを購入していたからだ。サムスンと合弁生産している第7世代パネルの導入で独自技術を組み込み，コスト改善を進める」(35)ということ，すなわち，「4月に稼働したS-LCDでパネルを内製化したのでもう大丈夫」ということであった。そしてしばらくは，彼の見込み通りに展開するかに見えた(36)。

### ■ 液晶TVの黒字化？

それは，先述のように2005年7月に「大幅下方修正」していた06年3月期の営業利益が下方修正値の300億円（対前年比74%減）から一転して1,913億円（同68%増）に急増し，エレクトロニクス部門の営業赤字も，下方修正値の900億円から大きく改善して前年の343億円とほぼ同額の309億円にとどまったからである（もっとも，大幅改善の主因は，株式相場の上昇による株式関連の評価益〔850億円〕によって金融事業の営業利益が1,883億円と前期の3.4倍に膨らんだことや，エレクトロニクス部門で“円安”による567億円の為替差益が出たことによるもので，実際には喜べるものではなかった)。

そして何よりだったのは，S-LCD製パネルを搭載した新ブランド「BRAVIA」の好調であり，TV事業の黒字化の見通しを問われた大根田CFOは「1-3月期は液晶テレビだけをみると損益均衡まできている。改善傾向は今後も続く。下期にはテレビ事業が黒字化し通期でも黒字化の可能性がある。液晶テレビは競争相手の動向によるが，利益率4%以上はでるようになるのではないか」(37)と述べている。

2006年度に入っても「BRAVIA」の売行きは好調で，4～6月期にはTVの販売数量は前年同期の3.5倍，販売額は5割増となり，TV事業の赤字も前期の392億円から110億円に縮小したため，「テレビは下期に黒字化できるのか」と問われた大根田CFOは次のように答えている。

「前期の減損処理でブラウン管もアフターサービスを除けば利益が出ている。液晶の同一モデルで年間25-30%とみている価格下落は少し前倒し気味に進んでいるのが気掛かり。ただ歩留まりの改善や材料費の削減余地はまだまだあると思う。大画面，高付加価値品へ移行していき，全体で平均単価を維持すれば黒字化は見えてくる」(38)。

そしてこの改善方向はその後も続き，TV事業の2007年3月期決算は3期連続の赤字ながら225億円にとどまって前期（898億円）からは大きく減少し，液晶TVに限れば07年3月期は通期で黒字になったのだった。なお，同決算では，営業利益は下方修正値に近い対前期比68%減の718億円になったものの，エレクトロニクス部門はそれまでの3期連続の赤字から一転して1,567億円の黒字となっており，これを受けて，中鉢社長は中期経営方針の営業利益率目標（08年3月期に5%）を達成する力がついてきたと述べている(39)。

### ■ エレクトロニクスの好調とTVの不調

ところが，2007年度に入ると，状況は大きく変化した。4～6月期のエレクトロニクス部門全体は前期の勢いを引き継いで営業利益は前年同期の3.7倍の993億円と第1四半期としては過去最高を記録したが，液晶TVは苦戦が続いたのである。前者をもたらしたのは，デジタルカメラ，ビデオカメラなどの映像機器の好調と，（営業増益額の4割近い）257億円の“円安効果”だった。他方，後者の原因はフルハイ機や倍速機での出遅れや，急激な価格下落であり，その点とその後の見通しについて，大根田CFOは「4-6月期は競争力のある商品を投入できず，価格も大型テレビで25-30%と想定以上の下げ幅になった。ただ8月には第8世代工場が量産体制に入り，フルハイビジョン対応の新製品が出てくる。年末商戦に向けて盛り返し，通期で黒字化させる」(40)と述べている。

しかし，彼のいう「2007年度通期での黒字転換」は実現しなかった。それどころか，4～9月期の赤字（600億円）が大きかったために，赤字は前期より505億円増の730億円に急増したのである。同期のソニーは純利益が前期の2.9倍の3,694億円で10期ぶりに過去最高を更新し，営業利益は前期の5.2倍の3,745億円であり，エレクトロニクス部門は液晶TV，パソコン，デジタルカメラなどの増収で営業利益も2.2倍の3,560億円で過去最高になった。しかも，ユーロに対する“円安”が営業利益を800億円押し上げていた。にもかかわらず，TV 事業は 730 億円の営業赤字になったのである。

しかも注意すべきは，この期の TV 事業は“数量”的には，必ずしも不調ではなかったことである。たしかに，先述のように春夏商戦の不振が大きく，2007 年の国内シェアでは第 2 位（15.9%）を維持したものの 2.1 ポイント減らし，2.2 ポイント増のシャープ（46.1%）に差を広げられた。しかし，世界シェアではソニーはトップの座をサムスン（18.7%）に譲ったものの 0.9 ポイント増で第 2 位（17.1%）を確保し，0.1 ポイント増のシャープ（11.6%）よりはよかったからである。にもかかわらず赤字は拡大したが，それについての大根田 CFO のコメントは，前述の「(液晶テレビの) 価格下落にコスト削減努力が追いつかなかった」(41)というものであった(42)。

### ■ 好調から不調への急転

前章で述べた 2008 年 3 月期を期限とする「中期経営方針（05～07 年度)」は，全社とエレクトロニクス部門の目標営業利益率を達成できずに終わった。しかし，ソニーの同期決算は（上述の円安効果 800 億円に加え本社跡地や半導体設備の売却益約 860 億円などがあったにせよ）“数字的には”非常に好調だったのでリストラが一定の成果を上げたのはたしかであり，ストリンガー会長も「改革は進ちょくした」(43)と自賛した。しかし，営業利益率の向上に必要な新成長分野が見えてこないことや，TV 部門とゲーム部門の黒字化が課題として残されたこともたしかだった。

そこでその後，2008 年 6 月発表の新「中期経営方針」の説明会で成長戦略が示されたが，液晶 TV については「(世界シェアで) 15～20% を獲得し，世界 1 位を目指す」ことが目標として掲げられた。そして後日，中鉢社長は記者の質問に答えて，事業の黒字化について次のように述べている。

> 「世界販売台数を 2007 年度 1,060 万台から，08 年度は一気に 1,700 万台に増やし，量産効果を狙う。シャーシの削減など，あらゆるコストを削減し，新興国向けの基本モデルは社外への生産委託も検討する。これらの効果で黒字化できる」(44)。

すなわち，これはそれまでの TV 戦略を追認したものであり，「生産量を大きく拡大して量産効果を出すとともにあらゆるコストを削減してTVの低価格化に対応し，利益を出す」という宣言であった。

しかし，その後大きな環境変化に見舞われたこともあり，この中鉢社長の思惑は実現せず，TV事業は黒字どころか，赤字拡大への道をたどった。

7月末に発表された4～6月期決算は，純利益が47％減（349億円），営業利益が39％減（734億円）であり，通期の予想純利益は期初予想を500億円（35％）引き下げて2,400億円に下方修正された。そして10月，それはさらに2,000億円に下方修正された。エレクトロニクス部門の採算悪化に加え，円高，株安がその理由とされたが，同部門の採算悪化の主因は薄型TVであり，金融危機や世界景気の減速によって欧米，中国での消費減速が顕著になってきたこと，サムスンなどの価格攻勢でシェア争いが激化し，価格下落が従来予想よりもさらに2～3％大きくなりそうなこと，などによるものとされた。

そしてそれへの対応策が12月に発表された。2010年3月期までに国内外の5，6カ所の生産拠点（全部で57カ所の約1割）の閉鎖，低コスト国への移転・集約，全世界で正社員8,000人（エレクトロニクス部門の総人員の約5％），非正規社員8,000人以上の削減，来期設備投資の3割程度の削減，などであり，最大のターゲットであるTV部門については，具体策が翌年1月に示された。愛知県内の2工場を1工場に集約して非正規社員約1,000人を削減し，設計部門の人員を09年度末までに世界で約30％削減する，ソフト開発の一部をインドなどに委託する，等であった(45)。

### “積年の課題”への“遅ればせ”の取り組み

このようにソニーの業績は急激な悪化への道をたどったが，それはソニーの“積年の課題”を明るみに出すことになった。業績の下方修正をもたらした直接の原因が世界景気の悪化による液晶TVその他のデジタル製品の市場縮小や価格低下，円高などにあったことはたしかだが，それらの影響をより大きなものにしたのは，「（工場設備，人件費などの）固定費の負担が重いために損益分岐点が高く，売上高が減ると利益が急速に落ち込む収益構造」だった。

そして実は，ソニーのトップ・マネジメントはこの“積年の課題”がソニーを牽引してきたTV事業にもっともよく当てはまることを認識していたのである。それを示すのが，上のリストラ策の発表時（08年12月）に「TV事業を黒字化できない最大の理由は何か」と問われて答えた中鉢社長の言葉は次の通りである。

「最大の理由は人件費を含めた固定費の大きさとパネル調達価格にある。固定費を削減し，パネルは適時，市場調達できるようにする。設計基盤の共通化のほか，ソフト開発を含めて設計全体を見直す」(46)。

すなわち，積年の課題とは，結局，「ブラウン管TV時代の生産体制が温存されて設備と人員が過剰になっている状態の改善——リストラ——の必要性」のことであり，中鉢社長の言葉は，彼がこの課題を認識しながら，解決の努力をしないか少なくとも先送りしてきたことを示している。

2009年5月に発表されたソニーの同年3月期決算は，売上高は対前期比12.9％減，営業損益は2,278億円の赤字（前期は3,745億円の黒字），最終損益は989億円の（14年ぶりの）赤字（同3,694億円の黒字）であり，エレクトロニクス部門の売上高は17％減，営業損益は1,681億円の赤字（同4,418億円の黒字）だった。また，TV部門の営業赤字は前期からさらに650億円増えて1,270億円であった。これは5期連続の赤字となるものであり，その後を含めて10期連続する赤字の“中間点”となったのだった（そして次章で見るように，発表に先立って中鉢社長は退任に追い込まれ，ストリンガー会長が社長を兼任する体制へと移行した）。

以上が本フェイズにおけるソニーの戦いの概要であるが，最後に，ソニーがかねてから注力してきた有機EL-TVに関して本フェイズで多少の進展が見られたことを付記しておこう。1つは，2007年11月に，11型の同TVを20万円で発売したことである。液晶TVより高価だったが，3 mmという画面の薄さと高精細さが注目されて初日に完売した。ただし月産2,000台であり，一般家庭への普及は容易ではないというのが大方の見方だった。もう1つは，08年2月に，同年度下期に有機EL事業に220億円を投じてパネル製造ラインを新設することを発表したことである。09年度後半までに生産技術を確立し，20型以上のTVの実用化を目指すということであった(47)。

## 5 日　立

薄型TV市場への参入においては“準先行”グループの1社だった日立も，前フェイズの市場競争は敗北に終わった。同社の本フェイズでの戦いを見てみよう。

### TVの競争戦略

日立のTVの競争戦略についてはすでに述べたので，ポイントのみを振り返っておこう。2006年の商戦では液晶TVの大画面化への対抗策として大画面プラズマTVを発売したが，プラズマTVは前フェイズに続いて松下の一人勝ちとなり，日立はパイオニアとともに出荷計画の下方修正を迫られた。また，液晶TVの大画面化と価格低下，およびシャープ主導のフルハイ化によってプラズマTVの劣勢がより明確になったことも日立にとってはマイナスだった。もっとも日立も液晶TVを発売したが，シャープ主導のフルハイ化に出遅れ，やはり振るわなかった。

2007年のTV市場の大きな特徴は，低価格化の持続による薄型TVのコモディティ化だった。そしてそれとともに，発売商品数，革新的商品の投入などの商品戦略で液晶TV陣営がプラズマTV陣営を上回り，後者はさらに劣勢に立たされたが，日立はまさにその典型であった。発売商品数が少ないうえに，フルハイ化，および液晶TVの倍速化にも出遅れたのである。

2008年の商戦では，日立はフルハイ化，倍速化でようやく追いつき，それ以外にも厚さ3.5 cmの“超薄型”液晶TVを発売し，またHDDドライブ内蔵機を拡充するなど巻き返しを試みたが，成果は芳しくなかった。

以上の結果，本フェイズの日立は表3-2の国内シェアの推移が示すように販売台数としては健闘したが，利益面では苦戦を強いられた。TV事業のみの業績は公表されていないが，それを含むデジタルメディア・民生機器部門の営業損益と各種報道によれば，2005年度に松下の過激な低価格攻勢のために営業赤字に陥り，以後，本フェイズ中はずっと赤字だったと見られるからである。次に，その経緯を含めて，本フェイズにおける日立のパネル戦略を見てみよう。

## ■ パネル戦略

上述のように2006年初め時点での日立の薄型TV市場での戦いぶりは芳しくなく，またそのころには，松下は1,800億円で新工場を建設することを，またシャープは2,000億円近くを投じて生産能力を増強することを表明しており，日立は「劣勢」「負け犬」というレッテルを張られつつあった。

これに対して4月に社長に就任した古川氏は，就任前に「勝ち目はまだあります。日立製作所からテレビ事業をなくして一体何なのといいたいですよ」(48)と述べたのに続き，4月1日の就任直後の記者会見の席上，反攻への強い意欲を明らかにした。同年3月期決算で合計約1,000億円の営業減益要因になったと見られたHDD，薄型TV，ディスプレイ（液晶パネルとプラズマ・パネル）の3事業の黒字化について「黒字化に最大限の努力をはかる」，「(実現できないというシナリオは）想定していない。グループすべてで注力し，必ず達成する」(49)と述べたのが，それである。そして，その実現に向けて打ち出されたのが，次の2つの戦略だった。

1つは，IPSアルファに松下と日立が合計800億円を投じて新生産ラインを設置し，液晶パネルの生産能力を2倍にするというものだった。導入する生産ラインは第8世代ではなく，初期投資が少なくて済む既存のラインと同じ第6世代だった。パネル・サイズを主に32型と26型に絞るので生産効率が高く，競争力があるということであった。

またもう1つは，プラズマ・パネルの生産能力の増強だった。前章で見たように，FHPは2005年6月から850億円を投じて宮崎事業所に新工場（第3工場）を建設していたが，翌年9月に，10月からの量産の開始を発表した。この発表の席上，江幡常務は「パネルの大型化が求められるプラズマ市場で勝負できる体制が整った」(50)と述べ，さらに，もう1つの新工場の建設を計画していることを明らかにした。しかし，07年2月，その建設時期・場所の決定を半年程度先送りすることが発表された。06年10～12月期決算で純利益が対前期比77%減（12億円）となったためであり，その主因は，価格下落が著しく，赤字続きのプラズマTVを含むデジタルメディア・民生機器部門が赤字になったことだった。

そして事態はその後も悪化の度合いを強め，2007年9月中間決算では，デジタルメディア・民生機器部門は508億円の営業赤字となり，薄型TVの営業赤字も500億円程度と見られた。不振の原因の1つは，北米市場で画面サイズの大型化が期待通りに進まなかったこと，すなわちサブプライム・ローン問題，原油高などにより，大画面TVへの買い控えが広がったことであった。また，販売価格の急落も大きな要因だった。市場が1台当たり利益の縮小を販売量の増加で補う“体力勝負”の様相を強めたため，ヨーロッパやアジアが好調でまだ余裕のある松下，シャープ，ソニー等とは違って販売量の少ない日立は，（同じく営業赤字の見通しの）パイオニアなどとともに，対応を迫られることになった（なお，このころ，北米市場では，新興ブランド「VIZIO（ビジオ）」も無視できないプレーヤーになりつつあった）(51)。

### ■ 液晶パネル事業からの事実上の撤退

その第1弾が，2007年12月に発表された松下，キヤノンとの薄型パネル事業での提携であり，液晶事業からの“事実上の撤退”を意味するものだった。これについては松下の節でも述べたが，その“本質”は，プラズマTV重視路線から液晶TVとの二正面作戦への転換を決断した松下が，液晶TVについてもプラズマTVと同様の垂直統合生産方式を採用するために仕掛けた策に，液晶パネル生産からの離脱を模索していた日立と東芝が乗ったということであった。

日立の動機はHDDとともに赤字の元凶となっているパネルを含む薄型TV事業にメスを入れることであり，競争力を失った第6世代生産ラインのIPSアルファから離脱し，松下とは逆に，パネルを自社生産から外部調達に転換することであった。そして注意すべきは，これは，薄型TV事業とHDD事業という庄山会長の“肝いり”でスタートした赤字2事業のリストラを，日立がようやく開始したことを意味するものだったことである。

ところで，上の提携で興味深いのは，その“本質”が上述のようなものであれば，日立がその持ち分を松下に直接売却すれば済むはずだが，実際にとられた提携の手順はきわめてわかりにくいものだったことである。そしてそうなった理由については，「（庄山会長が主導した）日立の液晶事業と有機EL事業が失敗だったという印象を与えて庄山会長に“傷がつく”ことを避けるためだ」という見方がもっぱらであった。実際，松下とキヤノンから子会社の日立ディスプレイズに出資の話が持ち込まれたのは1年近く前だったが，交渉が長引いたのは，価格や出資比率の調整のためではなく，「庄山会長の納得が得られる案か」をめぐる議論が続いて決断できなかったからであり，基本合意に達する数日前まで社内はこの点で揺れていたということだった(52)。

### ■ プラズマ・パネルの外部調達への転換

2008年2月，日立は，10年度の薄型TVの販売目標を当初計画の650万台から約45%減の360万台に下方修正することと，同事業の再建策を発表した。そして，プラズマTVについては400万台から160万台に下方修正したが，それでも大きな過剰能力が発生することは確実であった。

そこで打ち出された対策の中心になったのがプラズマ・パネルの外販の拡大であり，240万枚の約3割を中国のTVメーカーなどに販売するというものであった。外販の対象になるのは50型前後の大型だった。また，在庫処分等を含めて2008年3月期に約300億円のリストラ費用を計上し，豪州市場から撤退し，国内外の生産・営業拠点の整備も進めるということであった。再建策を発表した江幡常務は，「薄型テレビ事業は非常に厳しい世界であることは嫌というほどわかっている」が，以上のような再建策を実行し，さらに，商品力のある“超薄型”を他社に先行して投入し，粗利益率を改善すれば，「売り上げが減っても戦える」(53)と述べた。

それから1カ月後の3月には，2008年3月期決算の下方修正が発表されたが，プラズマTVの同期の販売目標（販売予想）は，2月に下方修正された160万台からさらに90万台に下方修正された。第3工場の稼働率も2月の70%からさらに下がり，35%であった。

そしてそれから2カ月後の2008年5月に発表された同年3月期決算は，重電部門の好調で営業利益は3,455億円と7期ぶりの3,000億円台になったものの最終損益は2年連続の赤字（581億円）だった。その主因は1,099億円の赤字となったデジタルメディア・民生機器部門であり，中でも悪かったのが薄型TV（主にプラズマTV）だった。薄型TVの大画面モデルを中心にした伸び悩みや価格下落，販売体制のリストラ費用，低収益製品の縮小・撤退に伴う費用等に加え，パネル製造設備（第3工場）の評価額引下げや旧型機の在庫処分などの営業外費用が発生し，薄型TVだけで約1,000億円の損失を計上したのである。

この決算発表から約2週間後に都内で開いた経営方針説明会で古川社長は，必達目標としてきた「2009年度の売上高営業利益率5%」をグループの総力を上げて達成したいと述べ，HDD事業は08年度に，また薄型TV事業は09年度に営業黒字化の見込みであり，「成長が見込め，技術力が生かせるプラズマパネルの生産からの撤退は考えていない」(54)と強調した。また当時は，「まさに日立が唱えてきた“選択と集中”戦略に従って，2事業から撤退すべきだ」というのが大方の見方だったが，これに対しては，「コングロマリット（総合）プレミアムを発揮したい」(55)として，総合電機メーカーの業態にこだわる姿勢を明らかにした(56)。

### ■ 実質的敗戦

しかし，事態は急転し，それから約4カ月後の9月中旬，日立は松下とのTV事業での提携を発表し，プラズマ・パネルの生産からの撤退への一歩を踏み出した。日立が松下からプラズマTV用パネルを年間10万台超調達し，それに駆動回路などを組み付けて最終製品を組み立てるというものであった。

こうして古川社長はプラズマ・パネルからの撤退へと舵を切ったが，事態はさらに急転し，2009年3月16日，日立は突如，古川社長と庄山会長の退任と，グループ会社に転じていた元副社長の川村隆氏の4月1日付での社長就任を発表した。古川社長らと4人の副社長が4月以降も続投することを2月3日に発表してからわずか1カ月半後のことであった。このような突然の人事の引き金となったのは急激な経営環境の悪化であり，2月以降の次年度予算の策定プロセスで，次期の業績見通しが非常に厳しいことが判明し，それに対して「社内から経営責任を追及する声が高まった」ことが決定打になったのだった。

庄山会長の1999年の社長就任から会長退任までの10年間の連結最終損益の合計額は1兆円超の赤字であり，その“主犯”は彼が主導したHDD事業と液晶パネル事業だった。また06年に社長に就任した古川氏が「選択」した自動車用部品事業も世界経済の急激な悪化もあって09年3月期には数百億円規模の営業赤字になるという状況であり，両者の退任は事実上の引責辞任であった。これは，続投を決めた時点では「（新体制への移行は）まったく考えていなかった」(57)という古川社長の言葉によっても裏づけられる。

こうして迎えた2009年3月期決算は，製造業としては日本における過去最大規模の7,873億円の赤字となった。ことに自動車用機器，電子部品および民生機器の業績悪化の影響が大きく，売上高は約11％減，営業利益も約63％減の1,271億円となった。それでも営業利益は黒字だったが，リストラ費用の計上，半導体関連会社（ルネサステクノロジ）の業績悪化，円高差損などのために営業外損益が4,170億円の損失になり，さらに09年度の業績悪化見込みから繰延資産の取り崩しを迫られたために巨額の最終赤字になったのである。薄型TVが含まれるデジタルメディア・民生機器部門の営業赤字は1,055億円であり，前期（1,099億円）とほぼ同額の相変わらずの巨額赤字だったが，それでも43億円改善したのは，プラズマ・パネルの外部調達への切り替えや海外販売チャネルの絞り込みなどのリストラの効果であった(58)。

なお，日立のその後については紙幅の都合で割愛するが，赤字が続き，結局，12年9月に薄型TV事業を子会社に移管するとともに薄型TVの国内生産から撤退することになる。生産を海外のEMSに委託してTV事業は継続する道がとられるが，ここに日立の最終的敗戦が確定したといってよいであろう。

# 第6章

# フェイズ5：2009年～

### はじめに

本章では，薄型TVウォーズの最後のフェイズ5，すなわち，2009年以降，"終戦"までの経過をたどる。前章で見たように，薄型TVウォーズにおいて日本企業は事実上，前フェイズで敗れたといえるが，パナソニック，シャープ，ソニーなどはなお抵抗を続け，最終的敗戦が確定したのは本フェイズに入ってからだった。第1節でその概況を示し，第2～4節でそれら3社の苦闘の軌跡をたどることにしよう。

## 1 概　況

### 1）環境動向

前フェイズで見たように，薄型TVの事業環境は2007年までは比較的よかったが，08年には一転して厳しいものとなった。発端は06年半ばのアメリカの住宅バブルの崩壊であり，それによって金融不安が表面化し，ヘッジ・ファンドの破綻などもあって07年12月に景気後退が始まった。そして08年9月のリーマン・ブラザーズの破綻とともに深刻な世界金融危機が発生して世界経済の停滞が生じ，それが日本にも波及したのである。また，それを悪化させたのが円高の進行であり，それらがあいまって，前フェイズで事実上敗れていた日本企業にダメ押しの一撃を与えたのだった。

ところで，そのような最悪の環境にあって救世主のように登場したのが「家電エコポイント制度」であり，リーマン・ショック後の経済活性化，環境温暖化防止，地上デジタル放送対応TVの普及などへの対策として政府が2009年5月に導入して11年3月まで施行されたものである(1)。地上デジタル放送対応TVがその主要な対象製品に含まれたこともあり，同制度が薄型TVメーカーにとっては大きなカンフル剤となった。薄型TV（液晶TVとプラズマTVの合計）の国内売上高の対前年伸び率は05年の63.6%から，39.6%，33.0%，16.2%と年を追って下がりつつあったが，09年には40.5%増と急回復したばかりか，10年には84.8%増と異常なまでに高まり，各社の業績回復を可能にしたのである。

しかし，家電エコポイント制度（および7月の地上デジタル放送へ移行）の終了とともにすさまじい反動減が襲い，国内の薄型TVの販売台数は，2011年は前年の21.2%，また12年には実に同67.7%減となったのだった（図3-1：62ページ参照）。

### 2）戦　況

実は，本フェイズについては“戦況”として語ることはないといってよい。というのは，同フェイズにおける各メーカーの最大の関心事は新製品戦線でいかに他社と戦うかではなく，TVメーカーとして“生き残れるか否か”ということだったからである。すなわち，問題は，需要が急減し価格が続落して営業赤字から脱する道がほとんど見えない中で，撤退するか，それとも家電メーカーとしての“体面”の維持あるいは次世代TVでの復権のために当座をいかに凌ぐか，ということであった。

## 2 パナソニック

前フェイズ（2006～08年）におけるパナソニックの薄型TV事業は，08年前半まではその前のフェイズ（04～05年）に引き続き低価格戦略でかなりの成果を収めたが，その後は世界経済不況によって急激に悪化し，09年3月期には，販売台数が1,005万台と約35%伸びたにもかかわらず“初めて”営業赤字に転落した。以下では，家電エコポイント制度の実施期間までと，その後に分けて見ることにする。

### 1） 家電エコポイント制度による“小康”

まず，家電エコポイント制度の実施期間までについて見てみよう。これは上述のようなショック状態から最終的敗戦に至るまでの小康状態の期間となった。

#### ■ パネル投資の抑制

2009年1月，パナソニックは09年度の経営方針を発表した。「厳しい環境に直面して過去の構造改革効果は消失したので，“選択と集中”によって体質強化と仕込みの1年にする必要がある」（要旨）として赤字事業・商品や海外拠点からの撤退の基準の厳格な運用等の方針を打ち出したものだが，この中で，薄型TVは「選択・集中」事業とされる一方，プラズマ・液晶パネルは「選択」事業にとどめられた。薄型TVについては販売目標を08年度の実績見込みの約5割増の1,550万台とし基本モデルを4機種から8機種に倍増するが，プラズマ・液晶パネル生産への投資は抑制する，としたのがそれである。当時，尼崎市に建設中のプラズマ・パネル新工場には12年までに2,800億円投じる計画だったが，これを2,100億円に減らし，また姫路市に建設中の液晶パネル新工場も当初の3,000億円から2,350億円に減額するというものであった(2)。

#### ■ TV事業の初の営業赤字

2009年3月期決算は，日本のエレクトロニクス産業にとって未曾有の危機的決算となった。大手9社中三菱電機以外の8社が，7,873億円という史上最高額を記録した日立を筆頭に軒並み最終赤字となり，その総額は，02年3月期のITバブル崩壊時の赤字額（1兆9000億円）を上回る2兆2,200億円だった。パナソニックも例外ではなく，売上高は対前年比14.4％減，営業利益は86％減となり，純利益も6期振りの赤字――それも01年度の4,310億円に迫る3,790億円という巨額の赤字――となった。

薄型TVも初の営業赤字となり，販売台数は年間では伸びたものの年末商戦が振るわなかったため，2009年度の販売目標は1,550万台と，1月の経営方針の発表の際に示した数字に据え置かれた。プラズマTVと液晶TVとが半分ずつであった。

なお注目すべきは，パナソニックの薄型TVの海外販売戦略が転換されたことである。当日，記者会見した大坪社長が明らかにしたものであり，「ボリュームゾーンを攻略する」として，新興国向けの普及価格帯の製品――普及品――の開発・販売にも注力するとしたものである。それまでの同社の海外市場戦略は「まず富裕層向けの高付加価値品を展開する」ものだったが，これに「同時に普及品も展開する」ことを加えたものであり，普及品は「高付加価値品から不要な機能を削って作る」ということであった。なお，（世界市場では台数ベースの成長が続くとはいえ）同業他社の撤退が続く中で強気の戦略を維持していることについては，彼は，「他社が生産・販売を伸ばさないのはチャンスで，2009年度1,550万台を達成できれば世界シェアも高められる」と述べている[(3)]。

### ■ 小康状態

こうして始まった2009年度のTV販売は，家電エコポイント制度による国内需要の拡大と新興国市場の需要の増大もあって好調に推移し，販売台数は1,584万台で目標をクリアした（ただし，2期連続の営業赤字だった)。なお，同年度のパナソニック全体の業績も好調であり，10年5月には12年度の連結売上高10兆円，営業利益率5%（5,000億円）を目標とする3カ年の新中期計画を発表した。その中で，薄型TVについては10年度の販売目標を前年度実績の約33%増の2,100万台として3期ぶりの黒字転換を目指すことを明らかにした。なお，11年3月期の業績予想の中の営業外損益に計上されたリストラ費用は400億円だった。

そして次の2010年度の企業業績も売上増の他，材料費を中心とした経営全般にわたる徹底したコスト合理化などによって好調であり，薄型TVも世界販売台数は2,100万台弱でほぼ目標通りとなり，これを受けて11年度の目標販売台数は約2割増の2,500万台とされた[(4)]。エコポイント制度の終了（11年3月）による国内販売の減少は避けられないが，需要拡大が続くインドなど新興国を中心に海外売上を伸ばせば達成可能という判断だった。なお，12年3月期見通しの中の営業外損益に計上されたリストラ費用は1,100億円だった。

もっとも，売上の好調にもかかわらず薄型TVの営業利益は3期連続の赤字となったため，先述のように2009年1月の経営方針ですでに削減されていたパネルへの投資がさらに削減された。液晶パネルの姫路工場と，プラズマ・パネルの尼崎工場に対して合計4,450億円となっていたものを4,000億円前後に抑えるということだった。

ところで，この2010年度にはTV戦線に注目製品が登場したので触れておこう。日本メーカーが液晶TVでの韓国勢の攻勢に対する反攻の戦略商品として位置づけていた3D-TVである。しかし，3D-TVについて先陣を切ったのはサムスンであり，10年2月に韓国内で発売し，翌月，米欧市場にも投入された。そこで日本勢もあわてて追撃に移り，4月に国内市場で最初に3D-TVを投入したのがパナソニックだった(5)。

### 2） 最終的敗戦

以上のように，2010年度はまずまずの回復ぶりを示したが，その後，事態は急変し，実質的敗戦から最終的敗戦に追い込まれた。

#### ■ 事態の急変と業績の大幅下方修正

好調だった上述の2010年度（11年3月期）決算の発表からわずか半年後の10月31日，パナソニックは翌12年3月期の業績の下方修正を発表し，薄型TVと半導体事業のリストラ策を明らかにした。業績悪化の主因は欧米の景気低迷によるデジタル家電販売の落ち込み，および薄型TVと半導体事業のリストラ（縮小）費用の計上であり，後者は，期初に想定していた1,100億円から5,140億円に膨張し，うち薄型TV関連が2,650億円，半導体関連が590億円であった。なお，原材料価格の高騰，円高なども業績悪化の要因であり，後者は280億円の減益要因になるとされた。

この下方修正ではTVの販売見通しも“エコポイント特需”が急減したという理由で期初計画の2,500万台から1,900万台に下方修正し，「液晶・プラズマとも生産体制を抜本的に見直して，パネル工場を1拠点ずつに集約する。組立は原則として宇都宮工場に集約し，茨木工場は技術開発拠点に衣替えする」というリストラ策を打ち出した。これは，販売台数の初めての，しかも大幅な前年割れが確実になったためにとられた措置であり，既存の設備，生産能力の削減に初めて踏み込んだものだった。これについて，生産能力拡大への積極投資を主導してきた大坪社長は「数をつくれば絶対にいけるという信念でやってきたが，外部環境が許さなかった」(6)と述べている。

そして，この発表から4カ月後の2012年2月28日，松下は翌年6月27日付で，大坪社長が代表権のある会長に，中村会長が相談役にそれぞれ退き，津賀一宏専務が社長に昇格する人事を発表した。大坪社長の実質的“引責辞任”の理由としては，新たな成長分野の育成を目指して09年に約6,600億円で買収した三洋電機のリチウム・イオン電池，太陽電池などのエネルギー事業の収益見込みが中国・韓国勢の追い上げで怪しくなり出したこともあったが，最大の理由は，彼が主導して数千億円を投じた薄型TV事業の不振だった。しかし，彼の退任の弁は次のようなものであった(7)。

「巨額の赤字は大変申し訳ない。ただ，将来の成長の布石を打ち，社長の責任は果たせた」，「リーマン・ショックや欧州の不況，震災，洪水，円高など外部の大きな混乱要因があった」(8)。

### ■“最終的”敗戦と敗戦処理

5月11日に発表された2012年3月期決算は前年10月の下方修正値よりもさらに大きく悪化した。営業利益は修正値より約860億円減ながら黒字（437億円）を確保したが，最終赤字は修正値より約3,500億円増の7,722億円であり，09年の日立に次ぐ史上2番目の巨額赤字となった。そしてTV事業についても，販売台数は下方修正値からさらに約150万台減の1,752万台——当初目標からは約750万台減！——となり，営業損益も4期連続の営業赤字となった。しかし，同日発表された13年度事業方針の中で大坪氏が強調したのは，先に紹介した退任の弁と同じく「（厳しい環境の中で）次なる成長の手を打ってきた」(9)ことだった。

翌2013年3月，パナソニックは13年度からの3カ年でTV事業を大幅に縮小する方針を打ち出した。プラズマTVは14年をメドに撤退する方向で検討に入り，液晶TVについてもパネルの自社生産を縮小し，大半を外部からの調達に切り替えるというものだった。そして5月発表の3月期決算では前年度とほぼ同じ7,543億円という巨額の最終赤字を計上した。その主因は，太陽電池やリチウムイオン電池等，大坪前社長が主導した事業の価値の低下への対策としてのリストラ費用（5,088億円）の計上だったが，薄型TVも，国内を中心とする需要の低迷で（パネルを含めて）885億円の営業赤字（5期連続）となった。なお，パナソニック本体の営業損益は1,609億円の黒字だったが，10年度からの中期計画は大幅未達に終わった。

同年12月末，パナソニックは国内メーカーとしてはただ1社続けていた生産子会社パナソニックプラズマディスプレイ（松下のパナソニックへの社名変更に合わせて，2008年10月に「松下プラズマディスプレイ」から社名変更したもの）でのプラズマ・パネルの生産を終了した。2001年の量産開始以来，09年までに国内5工場，海外1工場を稼働し，総額5,000億円超を投じた事業の終焉だった。他方，液晶TV，パネルに関しては事業内容を修正して存続する道がとられた。液晶パネル事業については，14年2月に，タブレット，医療用モニター，車載用など採算性の高い中小型パネルの比率を高めTV用の比率を減らすことによって（13年10～12月期で約5割の）稼働率を向上させるものとされた。

また液晶TV事業については，2014年5月に，①当面の赤字解消策として，メキシコ工場の生産能力の6割削減，タイ工場の生産停止，不足分の委託生産への切り替えなどによって（14年3月期に9割だった）自社生産比率を7割程度に引き下げてコストを削減し，16年3月期にTV事業を黒字化する，②TVは赤字事業だが，消費者向けにパナソニック・ブランドを代表する製品として位置づける，③今後のTV生産は世界10カ所の自社工場のうちのマレーシア，チェコと国内（宇都宮市）の3工場で集中生産し，不足分は台湾など海外の製造会社の現地工場に委託する，④自社工場ではフル・ハイビジョンの4倍の解像度のある4K-TVなどの生産を増やす，等の方針が示された。

これらのうち，4K-TVは，東芝，ソニー，シャープに続いてすでに前年に65型1機種が発売されていたが，上の方針の発表の翌月の5月以降，5機種が順次発売された。なお，有機EL-TVについては一時ソニーとの共同開発が目指されたが，製造方法をめぐって折り合いがつかなかったため，2014年5月に提携が解消され，（また次世代TVとして4K-TVが先行したこともあり）自社生産も（15年度の予定から）16年度以降に先送りされた。

パナソニックの2015年3月期決算はリストラ効果によって営業利益が2期連続で3,000億円を超え，純利益も約1,800億円となり，（2期連続で7,000億円超の純損失を出した）最悪の12，13年3月期からのV字回復を果たした。そしてその最悪期をもたらす主因となったTV事業も，16年3月期に実に8期ぶりに黒字に転換した。17年3月期の世界販売の目標は約640万台で，ピークだった11年3月期の約3分の1となったが，TV事業はなおも継続しており，有機EL-TVの他，8K-TVの製品化も視野に入れられている(10)。

## 3 シャープ

シャープは前フェイズの前半まではパナソニックとともに成功を収めたが，2009年3月期にはこれも同社と同様にTV事業が初めて営業赤字となり，ことに海外市場が不調だった。そしてそれへの対策として期待されたのが，すでに踏み出していた巨大な堺工場の建設だが，これは，その投資額が大きく，また生産能力が巨大なために不安を抱かせるものだった。本フェイズにおける同社の戦いぶりを，パナソニックと同様に，エコポイント制度の実施期間までと，その後に分けて見てみよう。

### 1） エコポイント制度による“小康”

まず，エコポイント制度の実施期間までであるが，これは上述のようなショック状態から最終的敗戦に至るまでの小康状態の期間となった。

#### ■「大型」への集中と「地産地消モデル」への転換

2009年3月期決算の発表に先立って開かれた4月初めの経営戦略説明会で，シャープの片山社長は同期業績の下方修正とともに，その後の経営方針を説明した。その骨子は，① 10月に堺工場を稼働させ世界最大の第10世代ガラス基板で40型以上のTV向けパネルの量産を開始して“サムスンを上回るコスト競争力”を実現する，②中小型パネルは採算の悪化している旧世代生産ラインは閉鎖して，比較的新しい生産ラインに生産を集約し新規投資を抑えて効率を高める，③今後はこれまでの国内での集中生産の方針を転換して，海外現地の有力企業との海外生産にも乗り出す，というものであった。

この中でもっとも重要だったのは①であり，業績悪化への切り札とされた。4月末発表の2009年3月期決算は最終損益が1,258億円の，営業損益が555億円のいずれも1956年の上場以来の赤字となり不振を極めた。またTV事業の初の営業赤字（非公表だが，500億円規模と見られる）に加えて液晶パネル事業の営業利益も前期比95%減の40億円となり，両事業の復活が喫緊の課題となった。そしてそれへの切り札とされたのが堺工場の稼働であり，コスト競争力の高い同工場で40型以上の大型パネルを量産し，自社TVの大型比率を高めるとともに他のTVメーカーにも拡販する，ということだった。これは，当時の主流は32型，37型だったが，その価格下落のスピードが速いため（09年1〜3月の30〜39型の対前年下落率は31〜38%），大型パネルにシフトすることでこれを回避しようというものだった。上の発表時に片山社長が強調した「堺工場の得意な40型，42型，60型台の構成比を米国，中国，日本で拡大したい」(11)と述べたのがそれを示している(12)。

### ■ 堺工場の稼働

2009年10月1日，シャープは堺工場が稼働を開始したことを発表した。その後の増産向けを含めた投資総額が4,300億円になるという，同社の命運をかけた工場の始動であった。同工場では第10世代という世界最大のガラス基板を用いて40型以上の大型パネルを生産するが，当面は40型台のパネルをもっとも生産量の多い「（シャープにとっての）ボリューム・ゾーン」にすることを明らかにした。これは，国内TV市場で“販売量がもっとも多いサイズ”の意味の「市場のボリューム・ゾーン」が32〜37型であるのに対し，40型台のTVを多く投入して「堺工場の得意とするサイズ領域に顧客を引き込む」戦略の採用を意味するものだった。なお，「市場のボリューム・ゾーン」に対しては，亀山第2工場を30型台の主力工場とすることで生産の棲み分けを進めるものとされた。

またパネルそのものについても新機軸が打ち出された。液晶分子の向きを精密に制御できる「光配向技術」（UV$^2$A）の採用であり，それまでAQUOSで使われてきたパネルよりも光の透過率，コントラスト比を大幅に高めて画質や省エネ性能を高めるなど画質を一段と向上させ，また液晶の応答速度を高めることにより次世代の3D-TVにも対応可能にしたものだった。また同技術を採用すると生産工程を減らせるため，コスト削減効果も見込めるということであった（なお，本技術は亀山第2工場のパネル生産にも導入された）(13)。

### ■ 中国市場戦略

以上が先述の2009年4月発表の経営方針のもっとも重要なポイントとその

具体化だったが，もう1つのポイントは③であり，「“日本からの輸出”モデル」から「“需要のある場所で生産する”地産地消モデル」への転換を意味し，シャープにとっては大きな戦略転換となるものだった。その狙いは，為替リスクの回避，物流コストの削減，現地の消費動向に即応できる生産体制の構築などによる競争力の回復であった。また，現地生産会社への出資比率は50%以下とし，パネル販売よりも特許使用料や生産技術に関するノウハウの使用料などのソフトを収益源とするものとされた。そして中でも重要だったのが，次のような，中国での液晶工場の建設の検討の開始だった。

中国では「家電下郷制度」という補助金政策の効果などによって液晶TVの需要が急拡大したために政府がパネルの国産化を推進することになり，それに乗って現地メーカーの京東方科技集団（BOE）が2009年8月に第8世代工場の建設に着手し，他の2社もそれに続く情勢となっていた。これを見て世界の大手パネル・メーカーはいっせいに中国での工場建設の検討を開始し，シャープもそれに加わって8月には具体策を発表した。亀山第1工場の第6世代工場の（償却済み）設備を中国家電大手「CECパンダ」に売却するとともに，その親会社の中国電子信息産業集団（CEC）との第8世代パネルの合弁生産を検討するというものであった（11年3月稼働予定。合弁生産工場は実際に建設され，予定通り稼働した）。

しかし，韓国勢の動きも早く，上の発表の約1週間前にLGが，また1カ月半後にはサムスンが中国での工場建設を発表した。サムスンは第7.5世代工場（約2,000億円）で2011年稼働予定，LGは第8世代工場（約1,500～1,900億円）で10年下半期の稼働予定であった。

そして，これらについてとくに注目すべきは，サムスンはシャープとは異なり最先端ではない第7.5世代工場の新設――それも中国での新設――を決定したことであり，これはTV市場のトレンドの変化にいち早く対応するためのものだったことである。トレンドの変化とは，1つは，各国市場で年々進むと見られていた薄型TVの大画面化の流れがリーマン・ショック後大きく変化し，先進国市場では需要そのものが低迷して大型化のスピードが落ちたことであった。またもう1つ，より重要なのは，先進国に代わって需要の主たる担い手となったのは政府の補助金政策に支えられた中国をはじめとする新興国市場であり，それらの国の「市場のボリューム・ゾーン」は30型台の中型サイズだったことである。そして，サムスンやLGが第7.5世代工場，第8世代工場を選択したのは，中型パネルの生産には第10世代工場よりもそれらの方が同ゾーンに適していると見たからであった(14)。

### ■ LED-TVでの出遅れ

以上が2009年4月発表の経営方針により直接的に関連することであるが，堺工場の稼働に関連するもう1つの出来事があったので触れておこう。

それは，堺工場製パネルを用いたLED-TVの発売である。堺工場の稼働開始の発表の2日前（2009年9月29日）に発表されたものであり，40，46，52，60型の「LED-AQUOS」を11月10日から順次発売するというものであった。LED-TVとは，画面を背面から照らす“バックライト”として従来の冷陰極蛍光管（CCFL）に代えて発光ダイオード（LED）を使うため，パネルを薄型化しやすく，また消費電力を従来機種より減らせるというものであり，シャープの場合は35.6%減だった（また，シャープのパネルは先述の光配向技術を用いており，コントラスト比を従来の100倍とし，業界最高水準の200万対1に高めて“深い黒〔沈み込んだ黒〕”をも表現できるようにしたものだった）。

しかし問題は，このLED-TVの本格展開で先行したのはサムスン（2009年3月発売）であり，シャープは他の日本メーカーと同様，その成功——しかもまさに同社が目指していた差別化・高価格戦略での成功——に驚いて急きょ後追いで販売を開始したということである。同TVはLED-TVと名づけられているが，映像を映し出すパネルはあくまでも液晶パネルであってバックライトにLEDを使ったにすぎず，このネーミングについては「液晶TVとは異なる新型TVと誤解させる」としてのちにアメリカで訴訟沙汰となった。しかし，サムスンはそれを「環境にやさしい商品」として消費者にその名前で売り込むのに成功し，09年（暦年）に260万台（同社の液晶TV販売の1割弱）を売り上げるヒット商品に仕立てたのだった。環境志向が強い欧米市場に即したマーケティング戦略で日本勢に圧勝したのである。

しかも重要なのは，(LEDの価格が高かったこともあるが) TV価格を従来機種より約3割高く設定したために北米市場での同社の薄型TV全体の平均価格がソニーを超えて高い利益をもたらし，サムスンが世界経済不況からいち早く脱するための最大の牽引車となったことである。シャープの発売発表の数日後，サムスンはLED-TVの10年の世界販売目標を09年販売見込みの約5倍の1,000万台としたが，これは発売に動き出した日本メーカーを引き離す姿勢を鮮明にしたものだった。

もっとも，このLED-TVは技術的にはそれほど困難なものではなく，実はその製品化で先行したのは日本メーカーだった。ソニーが2004年に高級機シリーズに搭載したのが最初であり，その後同社は08年秋にはLEDを搭載したうえに薄型化した製品を投入し，シャープ，東芝などもこれに続いた。しかし，同TVは画質的には好評だったが，価格が高くなることから各社が本格的展開を見合わせたため，モデル数が少なく，販売台数は伸びていなかった。そのような中で，消費者ニーズの深い読みに裏づけられた巧みなマーケティング戦略により，シャープが理想としていた戦略を実現して見せたのがサムスンだったのである（なお，LGもサムスンから1カ月遅れて参入したが，LGの方式がLEDをパネル前面に配する“直下配置型”だったのに対し，サムスンはそれをパネルの枠の部分だけに取り付ける“エッジライト型”という技術を使って厚みを29mmに抑え，これがサムスンの勝因となったのだった）[(15)]。

## ■ 小康状態

シャープ本体と薄型TV事業のいずれにとっても，2009，10年度は“小康”のときとなったが，TVの好調をもたらした主因はエコポイント制度であった。販売台数は，09年が対前年42%増の1,018万台（国内551万台，海外467万台），10年が46%増の1,482万台と急増し，営業利益も，09年度は（LED-TVの投入で販売価格の下落に多少歯止めをかけて赤字幅は減らしたものの）2期連続の赤字となったが，10年度は3期ぶりに黒字に転換した。このため，11年度の販売目標は10年度実績とほぼ同じ1,500万台とされた（10年の国内シェア〔販売台数〕は，第1位は維持したものの2.3%減で33.7%だった）。

なお，海外販売は好調とはいいがたかった。2009年はシェアを大きく落とした北米市場を中心に不振で24%減の467万台となり，世界シェアも表3-3の2（70ページ）にあるように，08年の8.5%から6.3%低下した。これは，海外では販売不振で積み上った在庫をさばくために商品供給を絞った結果，多くの店で展示スペースを失ったためだった。もっとも，10年には1.1ポイント回復して7.4%となったが，低下傾向にあることは否めなかった。

2009〜10年度の製品戦略，販売戦略で注目すべきは次の2つだった。1つは，10年7月に発売された液晶TV「AQUOSクアトロン3D LVシリーズ」である。これは3D-TVであり，国内市場では4月発売のパナソニック，それに続いたソニーに次ぐ3番目の参入だった。もう1つは，市販の液晶TVでは世界最大となる70型を11年春に北米市場で発売するというものであった（07年にソニーが70型を400万円前後で発売したことがあるが，当時は発売されておらず，シャープもかつて65型を発売したことがあったが，当時の最大は60型だった）。価格は70万〜80万円の予定で，その後60型も発売して北米の富裕層向けの「60型超の大型TV市場の確立を目指す」ということであった(16)。

## 2) 最終的敗戦

以上のように2009，10年度のシャープは，パナソニックの09〜11年度と同様に世界同時不況からの脱出に成功しつつあるかに見えたが，その後，同社の場合と同様に事態は急変し，実質的敗戦から最終的敗戦へと追い込まれた。

### ■ パネル減産とトップの交代

事態急変の前触れとなったのは，ソニーがシャープとの液晶パネルの共同生産への追加出資の当面の見送りを決めたことだった。前章で見たように，シャープとソニーは2008年2月に，堺工場の運営会社（SDP，09年4月設立）にソニーが11年4月末までに1,000億円程度（シャープの総投資額の約34%）を段階的に出資することで合意し，最初の100億円を出資していた。しかし，残りの出資期限が近づいた4月になってソニーが，期限の同月末までには出資せず，追加出資の期限を1年程度延期して再検討することを明らかにしたのである。「韓国・台湾メーカーの投資により海外から安いパネルを安定的に調達できる可能性が出てきたので，“(円高で) 割高感の強い”国産パネルを調達するメリットが薄れてきた」というのが“表向きの”理由だった（“本音”については次章で述べる）。しかし，堺工場の稼働率を上げるうえで，ことにソニーのような大手外販先の安定的な確保は重要なため，シャープはソニーに追加出資を引き続き求めることになった。

なお，外販先の確保に関連して注意すべきは，2011年2月に，10型以上の液晶パネルの09年の世界シェアで第4位の「奇美電子」（台湾）と業務提携したことである（シャープは同第5位）。シャープがTVの省電力化につながる最新のパネル技術（光配向技術）を奇美電子に供与し，同社が生産した安価なTV用中型パネル（20～30型）を調達する，またシャープが大型パネル（40型以上）を奇美電子に供給する，というものであり，激しい競争を繰り広げてきた日・韓・台メーカー間での初めての試みだった。

ところで，奇美電子の親会社は世界最大手のエレクトロニクス機器受託製造企業「鴻海（ホンハイ）精密工業」（台湾）であった。同社は，郭台銘（かくたいめい）董事長が1974年にTVの「選局つまみ」を作る町工場として設立し，以後，エレクトロニクス機器の受託製造で成長してきた企業である。ことにアップルからiPhoneやiPadの大部分の生産を請け負うようになってから急成長し，売上高もソニー，パナソニックを凌ぐ10兆円企業となっていた。しかし，当時，中国工場で従業員の自殺が相次いだために基本給を2倍程度に上げ，その後も人件費の上昇が続いて低コストの“組立生産”の強みが失われて利幅が薄くなったため，“パネル事業”も持つことで付加価値を高める戦略に転じていた。そして傘下の奇美電子はその一翼を担っていたが，技術力が劣るため，シャープとの提携によって省エネ技術の他，3D技術なども取得し，同社からの生産受託を拡大していくのが狙いだった。

2011年6月初め，シャープは12年3月期の純利益が当初予定の69％減の60億円になるという下方修正とともに，液晶パネル事業の構造改革を発表した。TV需要の低迷のためにパネルの供給過剰が強まってきたというのが理由であり，その中心は，①20～40型パネルはTVの値下がりが続くうえに供給も過剰なため量を競っても利益は出ないので，生産を大幅に縮小し，スマホ向けなどの中小型パネルを強化する，②堺工場は50型以上の超大型にシフトし，60型TVや70型TVをアメリカや中国市場に積極投入する，③大型パネルのコスト競争力の向上のために，鴻海と合弁会社を設立し，ガラス基板等の共同調達を検討する，というものだった。

その後，一時，北米市場でのシャープの大型の好調が伝えられたが，同市場は急速に縮小し，ことに60型以上の縮小幅が大きかったため，シャープは2012年2月1日，同年3月期決算の最終損益が過去最大の2,950億円の赤字になる旨の大幅下方修正と，その最大の原因である液晶パネルの減産を発表した。原因は液晶TVと液晶パネル事業の不振だった。11年4～12月のTV販売台数は前年同期比 12% 減の 1,009 万台で，これに価格低下が加わったため，TV 事業は 2 期ぶりに赤字に転落する見込みとなったのだった。

そしてこれを受けて 3 月 14 日，シャープは奥田隆司常務執行役員が社長に昇格し，片山社長が会長になる人事を発表した。片山社長は引責による社長交代との見方は否定したが，過去最大の最終赤字を計上することになったことについては，円高などの外部環境要因だけでなく，液晶パネルや液晶 TV 事業をめぐる経営判断に問題があったこと，ことに「主力商品の市況悪化にタイムリーに対応できなかった」(17)ことを認めた(18)。

### ■ 鴻海との資本提携

上の社長交代から 2 週間後の 3 月 27 日，シャープは鴻海精密工業（以下，鴻海）との資本業務提携を発表した。鴻海がシャープの（第 3 者割当増資を引き受けて）発行済み株式の 9.88%（1 株当たり 550 円で，総計 669 億円）を取得して筆頭株主になるとともに，郭氏個人が堺工場の運営子会社 SDP の株式の約 47% をシャープから 660 億円で買い取るというものであり，シャープの事実上の鴻海グループ入りともいえるものであった（なお，以前にも鴻海から SDP への出資の打診があったが，そのときには断り，先述の業務提携にとどめていた）。

この提携におけるシャープの狙いは液晶事業の再建であり，鴻海からのパネル需要を確保して堺工場の稼働率を上げることと，高機能な新型パネルの量産を開始して新規需要を開拓することだとされた。後者の新型パネルとは 1 月から休止している生産ラインの一部を改造して生産を準備しつつあったパネルであり，液晶の制御に「IGZO（イグゾー）」と呼ばれる（酸化インジウム・ガリウム・亜鉛から作られた）酸化物半導体を使い，パネルの解像度や省エネ性能を大幅に向上させたものだった。他方，鴻海の狙いは，先述のシャープからの TV の受託生産の拡大に加えて，シャープの IGZO を含む最新技術の獲得によってパネルの生産技術を高め，アップルへの iPhone 向けパネル等の受託生産を拡大することにあると見られた。

ところで，この鴻海からの資本の受け入れから 2 カ月後の 5 月末，ソニーが，所有していた SDP の発行済み株式（総額の 7%）を 6 月末までに 100 億円で SDP に売却することを発表した。これは先述のソニーからシャープへの「残りの出資」が実行されずに終わったことを意味するが，鴻海がシャープに出資することになった以上，これ自体には何ら不思議はなかった。しかし注意すべきは，それは，「シャープが鴻海の傘下入りに追い込まれた理由の1つは，ソニーからの約900億円の出資を得られなくなったことではないか」という推測に確からしさを与えるものだったことである(19)。

### ■ 敗戦処理

2012年3月期のシャープの決算は，最終損益は先の修正見通しをさらに大きく上回る3,761億円の赤字，営業利益も376億円の赤字，そしてTV事業も2期ぶりの営業赤字となり，先述の社長交代，“実質的な”鴻海の傘下入りと合わせて，ここにシャープの戦いは完全な敗北で終了した，はずであった。ところが，シャープの場合にはそこで終わらず，その後の敗戦処理に失敗し，“形式的にも”鴻海の傘下入りを余儀なくされることになる。この間の事情はあまりに込み入っており，また本書の目的にとってはそれほど重要ではないので詳しくは述べないが，結局は，シャープは“百戦錬磨”の鴻海の郭薫事長に付け込まれたということである。

しかし，それを許したのはシャープのトップ・マネジメントの混乱であり，端的には，退任したはずのトップ——町田氏と片山氏——が経営に介入して“バラバラに”影響力を行使し，外部からは現役の社長と彼らのいずれが決定権を握っているのかがわかりにくい状況を生み出したことである。しかも，さらに悪いことに，彼ら3人が鴻海との提携の方法，後継社長人事等で互いに反目しあう関係に陥ったことであり，老練な交渉相手に“好機”を提供したのだった。

もっとも，元トップの行動の中には，結果的に会社に役に立ったことがなかったわけではない。たとえば，2012年3月に代表権を返上して会長に退いていた片山氏は，インテル，アップル，デル，HP，マイクロソフト等にIGZOを核にした業務提携を働きかけ，その“努力”が（融資を渋っていた）主力2行からの3,600億円の融資の取り付けに役立ち，（みずからがもたらした）シャープの“破綻”からの一時的救済に貢献したのがそれである。

しかし，全体として，以上のような，ことにトップ・マネジメントに関するコーポレート・ガバナンスの崩壊のツケは大きく，結局，2016年2月，シャープは鴻海からの買収提案を受け入れることを決定し，ここに，“日本企業としての”シャープの戦いは完全な終わりを告げたのだった。実は，そのころシャープでは同社の優れた技術の海外流出を恐れた政府の意を体して乗り出した産業革新機構の「ジャパンディスプレイ主導の再建案」の受け入れがほぼ固まりつつあったが，2月になって，突如，鴻海が7,000億円の案を提示し，その金額の大きさが決め手となったのだった[20]。

## 4 ソニー

前フェイズ（2006～08年）でのソニーのTV事業は，国内市場では出荷台数や出荷額でシェア第2位を維持したものの，フルハイ化等の技術面での出遅れもあり，第1位のシャープとの大きな差は縮められなかった。ただし世界市場では，S-LCDの稼働に加え，シャープの供給力不足やソニー・ブランドの強さもあって07年にはシェア第1位になり，以後も第2位をキープし，それなりに健闘した。

そのソニーにとっての問題は利益が伴わないことであった。松下とシャープが初めて赤字を出したのは2008年度だが，ソニーは04年度に初めて赤字を出し，以後，前フェイズまでずっと赤字であり，実質的に敗戦状態に追い込まれていたからである。

### 1）“シェアを追う戦略”の継続

ソニーの2009年3月期決算は，営業損益は前期の3,745億円の黒字から一転して2,278億円の巨額赤字，最終損益も同じく3,694億円の黒字から14年振りの赤字（989億円）となり，TV事業も，販売台数の4割増にもかかわらず，営業赤字が前期より540億円増の1,270億円となった。これは過去最高額であり，赤字は5期連続となるものだった。以下，まず，エコポイント制度の実施期間までの本フェイズでのソニーの戦いについて見てみよう[21]。

#### ■ ストリンガー“単独政権”への移行

以上のような決算になることが明確になった同年2月末，ソニーは経営陣の異動（4月1日付）とエレクトロニクス部門の再編を発表した。ストリンガー会長兼CEOが社長を兼務し，中鉢社長は副会長に就任，井原副社長は取締役を退任というものだった。これは実質的にエレクロニクス事業不振の責任を中鉢氏と井原氏にとらせ，同事業をストリンガー会長の直轄にしてそれまでの「ストリンガー・中鉢二頭体制」から「ストリンガー単独政権」に移行することを意味するものだった。

また，それまでエレクトロニクス分野とゲーム分野に分けられていた事業が3分野に再編され，各分野の主力事業に40〜50代の役員4人が配置された。のちに社長になる平井一夫氏はネットワークプロダクツ&サービス分野担当のプレジデント（執行役EVP）に抜擢された。

ストリンガー会長がこのような直轄体制をとるに至ったのは，彼がTV事業の赤字の“真相”を知ったためだった。もともと彼は，「同じS-LCD製の液晶パネルを使っているサムスンが黒字なのに，なぜうちのTV事業は赤字なのか」という疑問を抱いていたが，それを事業本部長クラスに聞こうとしても彼らとの間にエレクトロニクス事業担当の中鉢社長と井原副社長がいるためにできず，全体の業績がまずまずだった間はそれ以上の行動は抑えていた。

しかし，2007年度のTV事業の営業赤字の急拡大に驚いて（テコ入れのために就任させた）事業本部長に聞いたところ，赤字の主因は「世界四極体制の下に世界各地でブラウン管TVを生産していた時代の体質をいまだに引きずっているために高コスト構造になっていること」だと知らされ，先述のような体制に変更したのだった。また，液晶TVではアジアで生産されたパネルを現地に運んでTVを組み立てる“稲沢一極体制”になったため，サプライチェーンが長大化し，在庫と運転資金が膨張して高コストの一因となっていたこともストリンガー氏が問題にしていたことであった（それはまた現金創出力の低下をもたらし，これが技術開発費の減少につながっていた）(22)。

### ■ シェア拡大路線の継続

2009年11月，ソニーは12年度までの経営方針を発表した。ストリンガー・中鉢体制下の前年6月に発表された中期経営方針をその後の急激な業績悪化と新体制の発足に合わせて見直したものであった。最大の懸案となっていた赤字のTV事業については，前年に中鉢社長が打ち出した目標とほぼ同じ「10年度に黒字化，12年度に世界シェア20%（台数）」という目標を示し，そのための施策として，開発や生産の外部委託の拡大の方針を打ち出し，09年度で

20% 強の委託比率を 10 年度に 40% まで高めるものとした。

次いでこの発表の翌月，2012 年度までの液晶 TV の固定費の削減計画が発表された。それまでも生産拠点の統廃合や設計関連人員の削減などを進めてきたが，10 年度の黒字化を目指して 08 年度比 1,200 億～1,300 億円を追加して削減するというものであった。また 08 年初め時点で 13 あった世界の TV 組立工場を 10 年春までに 6 工場に削減し，その後もさらなる削減を検討していることを示唆した（実際，11 年末には 4 工場にまで減らした）。

こうしてストリンガー単独政権は TV の黒字化とシェア拡大を急いだが，2009～10 年度の成果は芳しくなかった。TV 事業は，09 年度は（主に為替の悪影響と価格低下による減収にもかかわらず，コスト削減効果で）営業損益を前年度より 540 億円“改善”したが，なお 730 億円の赤字であり，10 年度は赤字が 20 億円増えて 750 億円になったからである。注意すべきは，この間，エコポイント制度（11 年 3 月末まで）と 11 年 7 月の地上デジタル放送への移行に伴う国内市場の急拡大とアジア市場での（各国の政府助成金等による）需要の大幅増によって，販売量は大幅に増加したことである。

にもかかわらず営業赤字が増えた原因としては，価格下落と為替の悪影響がある。加藤 CFO によれば最大の要因は「（下期の）パネル価格の下落局面の波にうまく乗れなかった」こと，すなわち，外販パネルの価格が低下したにもかかわらず S-LCD から高い価格でパネルを調達しなければならなかったことだった。

このように，赤字は一向に改善しなかったが，2011 年度の TV の販売目標は前期比 21% 増の 2,700 万台と「拡大路線」が維持され，営業損益についても「最低でも赤字額を前期の半分に減らす」（加藤 CFO）(23)という目標が掲げられた(24)。

### 2）“最終的”敗戦

以上のように（東日本大震災の影響などにもかかわらず）ストリンガー体制のリストラ戦略は一定の成果を上げ，TV 事業の黒字化はその後順調に進むかに見えたが，実際にはそうはならず，最終的な敗戦を迎えることになった。

### ■ シェア拡大路線の修正

その兆候は2011年4月ごろに欧米の販売が極度に振るわなくなり液晶パネルが供給過剰になったことだったが，それでもソニーはシェア拡大路線を維持し，先述のように5月の決算発表時には前期比2,700万台という販売目標を掲げた。しかし，その後も販売不振が続いたために8月には販売目標は2,200万台へと下方修正された。TVの不振について問われた加藤CFOは次のように述べ，事業改革計画を策定することを明らかにした。

「先進国市場が成熟し価格競争が激しい。販売量を追わなくても稼げる事業構造に変える。製品開発から部品調達，生産，販売まですべて見直す。他社との提携も含め，聖域は設けない。本社や販売会社も対象にする」(25)。

11月初め，ソニーは2012年3月期最終損益が600億円の黒字から900億円の赤字になるとする「下方修正」とともに，TV事業の再建策を発表した。赤字化の原因としてはタイの洪水の影響もあったが，主因は過去最大の1,750億円の赤字となる見込みのTV事業だった。再建策のポイントとなったのは「世界シェア20%」を目指してきたそれまでの拡大路線の修正であり，09年11月に策定した「13年3月期にTV販売4,000万台」という中期目標を見直すとともに，12年3月期の販売目標を先の2,200万台からさらに2,000万台に下方修正するということであった。

また，コストの削減策として挙げられたのは，①（世界的な供給過剰で市場価格が急落しているパネルの調達先の拡大による）液晶パネル調達コストの削減，②TV製品数の見直し（先進国向けは削減，新興国向けは拡充），③先進国の販売会社の経費削減や研究費の効率化，④本社やTV事業部門の間接コストの削減，⑤TV供給網の見直しによる在庫回転日数の約10日の削減，などであった（なお，人員削減には言及されなかった）。そして，設備の減損や商品数削減に伴う費用（500億円）のために12年3月期のTVの営業赤字は過去最大（1,750億円）になるが，パネル調達コストで約500億円，商品力強化や間接コスト削減で750億円削減することにより，14年3月期のTV黒字化に「不退転の決意で取り組む」（平井副社長）(26)ことを明らかにした（なお，シャープの節で述べたように，ソニーは12年5月末に，所有するSDPの株式を同社に売却することを発表した)[27]。

### ■ サムスンとの合弁の解消

この再建計画にある「液晶パネルの調達コストの削減」の具体的内容が明らかになったのは上の発表から約2カ月後の12月末であり，それは，サムスンとの液晶パネルの合弁事業の解消という大きな方向転換であった。翌年1月をメドに合弁会社S-LCDの全持ち株をソニーがサムスンに約730億円で売却して合弁生産から撤退するというものであった。

その狙いは，パネルの調達先をサムスンを含むいくつかの企業からの調達に切り替えて調達コストを削減することだった。サムスンやLG等との競争激化のためにTVの売行きが鈍化する一方，パネルの世界的な供給過剰が顕在化してパネル価格が低下し，(引き取り義務のある) S-LCDからのパネルの調達は割高になっていた。S-LCDからの撤退と調達先の拡大によって約500億円の削減が可能であり，これをテコにTV事業の営業黒字化を目指すということであった。

なお，注目すべきは，この合弁解消を言い出したのはサムスンであり，その狙いは，S-LCDの生産ラインの一部を中国に建設予定の新工場に移設し，より画像のきれいなディスプレイの生産のために転用するということであった[28]。

### ■ 8年連続の営業赤字

2012年3月期のソニーの業績は最終損益が前期の2倍近い4,567億円という過去最大で4期連続の赤字，営業損益は（前期の約2,000億円の黒字から一転して）673億円の赤字，またエレクトロニクス事業は2,298億円というやはり過去最大の赤字だった。主因はTV事業の不振であり，販売減に価格下落が重なって売上が3割近く減少し，営業赤字は8期連続で前年より1,325億円増の2,075億円だった。

これは，ソニーの最終的敗戦を意味するものであった。同社のTV事業はその後も――そして今日まで――継続しているが，8期連続の営業赤字（でしかもソニー本体の存続をも脅かしたこと）を考えれば，そのように判断しても差し支えないであろう。

こうしてソニーの戦いは終わりを告げたが，以下，その後のいわば敗戦処理――そしておそらくは次のラウンドの液晶ウォーズに向けた準備――のプロセスを簡単に見ておこう(29)。

### ■ “平井”体制への移行とリストラ

先述した2012年3月期決算の発表に先立って，同年2月，ソニーは平井副社長の社長兼CEOへの4月1日付での昇格と，ストリンガー会長兼社長兼CEOの6月の総会後の取締役会議長への就任を発表した。ストリンガー氏から取締役会に提案された当初案では，彼自身は（ほぼゲーム一筋にきた平井副社長に経験を積ませせてから権限を委譲するという理由で）CEOにとどまるとされていたが，一部の社外取締役から4期連続の最終赤字についての経営責任を問う声が出始めたこともあり，このような決定に至ったという。

上の発表の1週間後，平井氏はTV事業について，エレクトロニクス分野の中核として，前年11月に公表した再建計画を「スピード感を持って，大胆に決断し，確実に実行に移す」(30)と述べ，さまざまの施策を実施していった。

そのもっとも重要なものは，就任直後に発表されたグループ全体での1万人の従業員の削減であった。これは，1999年3月（1万7,000人），2003年10月（2万人），05年9月（1万人），08年12月（1万6,000人）に続く5回目となるものだった。その狙いは，それまでの数次にわたる人員削減にもかかわらず生産設備等の削減に比して「人件費」の削減が遅れており，それがTVの赤字からの脱却の大きな妨げになっていると認識したためであった。ちなみに，11年11月末時点での同年3月期の「従業員1人当たりの売上高」（見通し）は，サムスンの約6,100万円に対して，ソニーのそれは約3,900万円と大差があった。これはサムスンに比べてソニーのマージンがはるかに薄く，したがって売上高の減少に対してはるかに脆弱だったことを示しており，その改善が人件費削減の目標であった(31)。

### ■ TVの分社化

もう1つの大きな施策は，TV事業の分社化だった。上述のようにソニー本体の2013年3月期の業績はかなり回復したが，それは金融部門に大きく依存したものでエレクトロニクス部門はなお不振だったため，同年12月，5つの工場を持つ製造子会社（EMCS）の中堅社員や管理職を対象にした追加リストラを発表した。そして翌14年2月，平井社長はパソコン事業からの撤退とともに，TV事業の分社化を発表した。その目的は「現場に近いところで意思決定し経営のスピードを高める」，「高精細・大画面など高付加価値なテレビに注力する戦略の成果が表れ始め，単価も上昇している。これが黒字化への一番の道で分社化でスピードを上げる」(32)ということであった(33)。

### ■ 11期ぶりの営業黒字

以上のような努力にもかかわらず，TV事業は2014年3月期も営業赤字だったが，翌15年3月期についに黒字に転換した。実に，11期振りであった。そして，16年3月期には最終損益が3期ぶりに，またエレクトロニクス部門も5期ぶりに黒字になった。最終損益の急回復の原動力になったのは（TV，カメラなどの）エレクトロニクス部門の急回復であり，その原動力の1つとなったのが大型で高画質の4K液晶TVだった（それ以外で貢献したのは，1眼レフカメラ，およびゲーム機のPS4等だった）。この他，ソニーは16年12月末に大型有機EL-TVの世界展開を17年夏までに開始することを発表した。しかし，その基幹部品であるパネルはLGディスプレイからの調達であった(34)。

# 第2部
# 敗因の分析

この第2部では，これまでに見た戦いの軌跡を踏まえて薄型TVウォーズの（戦略に焦点を当てた）敗因――「主要な敗因」――の分析を行う。まず，第7章～第10章で，シャープ，パナソニック，ソニー，日立の順で，企業ごとの敗因の分析を行う。次いで第11章において，それらの企業（と東芝，パイオニア）の分析結果にもとづいて日本企業の敗因の全体像を明らかにする。同章では，サムスンの勝因にも言及し，日本企業の敗戦の意味をより明確にする。なお，以下では，分析で用いる「敗戦」と「敗因」の定義を明らかにする。

## 1　実質的敗戦と最終的敗戦

まず敗戦についての定義である。一般に，ある事業での敗戦はある日突然やってくるというよりは，業績が低下して赤字になり，立て直しへの努力がなされるが成功せず，徐々に（ないし急激に）事態が悪化してついにその事業からの撤退に至る，という形をとることが多い。そして敗因のほとんどは赤字状態になるまでの段階で発生し，その後の戦略が不適切なために“負け方”をより悪くしたというケースが多い。そこで次章以下では，次の2タイプの敗戦を区別して分析を進めることにする。

(1)　実質的敗戦：ある事業が（営業）赤字になり，その状態が続くこと

(2)　最終的敗戦：ある事業から（廃業，譲渡等で）“公式に”撤退し，あるい

は（事業規模の大幅縮小，他社との合弁会社の設立等による本体からの切り離し等で）“事実上”撤退すること

## 2 敗　因

次いで敗因については，「戦略関連の敗因」と「戦略外の敗因」に分け，次のように考えることにする。

### 1） 戦略関連の敗因

一般に，どんな社会現象も単一ないし少数の要因から生じることは稀で非常に多くの要因が関係しており，事業における敗戦も例外ではない。事業の敗因についても，敗戦の直接的（一次的）原因となった要因——直接的敗因——，そのそれぞれの要因の原因となった要因——二次的敗因——，さらにそのそれぞれの要因の原因となった要因……という階層性があり，しかも単純に次々に枝分かれしていくのではなく，“横”方向での関係も考えられる。

しかし，その全体を捉えるのは至難なので，本書では，非常に単純化し，戦略に焦点を当てて次の2タイプの敗因を区別して分析することにする。

⑴ 直接的敗因：敗戦の直接的（一次的）原因となった“戦略にかかわる要因”

⑵ 間接的敗因：⑴に影響を与えた“戦略にかかわる要因”

### 2） 戦略外の敗因

戦略外の敗因としてはさまざまのものが考えられるが，本書ではとくに，薄型TVウォーズを最初に主導したトップ・マネジメントとその後継者の関係に注目する。ことに，主導した先任のトップが後継トップを（実質的に）決定したのか，したとすれば先任トップは後継トップの戦略に影響を与えたのか，後継トップは実質的敗戦と最終的敗戦のいずれに対して責任があるのか，さらに，先任トップが力を持つに至ったのはなぜか，といった（コーポレート・ガバナンスにかかわる）点に焦点を当てて分析する。これは，薄型TVウォーズは長期間にわたるので一代の社長では終わらず，また，同じ敗戦でも，後継トップの戦略によっては「負け方」をより悪いものにする可能性があるからである。

そして具体的には，「①先任トップが，自己の戦略の失敗のために業績が低下しつつある中で後継者を実質的に決定した，そして，②それを受けた後継トップが，先任トップからの何らかの影響のために先任トップの戦略を転換せず（もしくはできず），業績をさらに低下させて実質的ないし最終的敗戦に至った」場合には，「コーポレート・ガバナンスの欠如」が「戦略外の敗因」になったと判断することにする。

# 第7章

# シャープの敗因

### はじめに

シャープは液晶 TV で先行し，プラズマ TV とあわせた薄型 TV ウォーズ全体での最初の勝者となり，「わが世の春」を謳歌したが，最終的には海外企業の傘下に入るという屈辱的な敗北に終わった。同社の戦略上の「直接的敗因」と「間接的敗因」をそれぞれ第1節と第2節で明らかにし，さらに第3節で「戦略外の敗因」について検討する。また第4節では，すべての敗因をまとめた「シャープの敗因モデル」を明らかにする。

## 1 直接的敗因

シャープの戦略上の「直接的敗因」は，「戦略転換の失敗」であった。ところで，同社について注目すべきは，液晶 TV 市場をパイオニアとして開拓して大きな成功を収めながら，最終的に失敗したことである。そこで，まず同社の初期の成功をもたらした要因を概観したうえで，「直接的敗因」を分析する。

### 1） 初期の成功要因

シャープの初期の成功要因は，①液晶 TV が人々に受け入れられるかどうかが不確実な段階で，いち早くその可能性に賭け，失敗の“リスクをとって”製品を先行発売するという「先行戦略」をとって成功したこと，および，②その後の市場競争において「差別化戦略」という「競争戦略」をとり，それを支える優れた「ビジネスモデル」を構築して成功したことであった。

### ■ 先行戦略

第1章で見たように，シャープは早くから将来のTVへの利用を目指して液晶ディスプレイの大型化に注力し，「世界初の薄型TVの発売」では松下に1年遅れたものの，撤退状態となった松下に代わって大画面化で先行し，1998年には15型TVを発売した。そして同年8月には就任間もない町田社長が「2005年ころまでに，ブラウン管を使わない3インチから500インチまでのTVを製品化したい」と「液晶TV化宣言」をして業界を驚かせ，2000年には「21世紀には液晶TVが主流になる」として「03年度までに（シャープの）すべてのTVを液晶に切り替える」と“改めて”液晶TV化宣言を行い，それを実現していったのである。

そしてこの実現に向けてシャープは液晶パネルの生産でも先行し，世界初のTFT液晶（第1世代）の専門工場を1991年に稼働したあと，第2世代（93年），第3世代（95年），第4世代（2000年）のいずれにおいても先行し，第5世代はスキップしたが，第6世代（04年）で再び先行したのである。この第6世代は，第5世代ではLGに先を越され（02年），サムスンもそれに続くという状況の中で，大型TV市場での優位性を維持すべく決断されたものであった。この第6世代のために総投資額約1,000億円で建設されたのが亀山第1工場であり，同工場製パネルを用いたTVは「亀山モデル」と呼ばれて人気を博し，シャープの液晶TVの国内市場での覇権の確立に大きく貢献したのだった。

このようなパネルでの先行にもとづいてシャープはTVの大画面化でも先行した。中でもインパクトが大きかったのが，新ブランド「AQUOS」のC1シリーズとして2001年1月に発売された20型と15型であった。液晶TVでは他社にない大型で，しかもかねてから町田社長が「1インチ1万円を切れば大画面TVは飛ぶように売れる」といっていたのに近い価格を実現したものだったこともあって大ヒットとなり，日立の32型プラズマTV「Wooo」とともに薄型TVの本格的普及への牽引車となったのだった。

以上が液晶TVと液晶パネルでのシャープの先行戦略の概要だが，成功するには，単に市場に一番乗りするだけでは不十分であり，追いかけてくる他社との市場競争に勝たなくてはならない。そして，それには適切な競争戦略が不可欠だが，シャープはこの点でも優れていた。

### ■ 競争戦略——差別化戦略

その競争戦略とは，①“大画面化と高機能化”という差別化戦略を追求し，価格はむしろ高くして製品1単位当たりの利益を大きくすることを狙う，②したがって（大規模投資による規模の経済の実現を必要とする松下のような）低価格戦略はとらない，③大画面化に必要なので，パネル・サイズの拡大（のための，より上の世代のパネルの採用）での先行は狙うが，その生産規模では争わない（なお，どの世代であれ，そこでの効率化によってコストを下げることに注力する），というものであった。

シャープがもっとも重視した大画面化は，2001年の20型と30型，02年の37型，04年の45型と05年の65型（ともにフルハイ機）等によって実現された。いずれも業界最大の画面となるものだった。

また，高機能化での同社の先行も明らかであった。2001年の「AQUOS」C1シリーズ（15型，20型）は応答速度ではブラウン管TVに劣り，スポーツやアクション映画では画像がぼやけるという難点があったが，映像の美しさでは他社の製品を大きく上回っていた。またその後，04年に発売された前述の45型フルハイ機は映像の精細度を大きく高めて画質を向上させたものだった。翌年のフルハイの65型機も，その大きさに加えて，同様に精細度を高めたものであり，シャープの技術力の高さを十分に示していた。このフルハイ化での先行は07年まで続き，また07年にはこれに加えて動画性能を大きく向上させた「倍速化」でも先行したのだった。

以上が“大画面化と高機能化”というシャープの差別化戦略の概要だが，これが適切なものだったことは，2004〜05年にパナソニックがプラズマTVで仕掛けた攻撃的な低価格競争を切り抜けたことからも明らかである。パナソニックの過激な戦略はプラズマTVメーカーのほとんどを苦境に追い込んだが，画面サイズを急速に拡大して同TVと部分的に競合するようになっていた液晶TVメーカーも影響を受け，シャープも例外ではなかった。しかし，同社は巧みな戦略で影響を最小限にとどめるのに成功した。そしてそれを可能にしたのが，先述の高画質を実現するフルハイ化で先行し，他の液晶TVメーカーはもとより，（技術的にフルハイ化が困難だった）プラズマTVとの差別化を図るという「高機能（したがって，高価格）化戦略」であった。

2004年8月に発売された45型フルハイ機は，プラズマ，液晶その他すべての方式を通じての世界最大（画面サイズ）のフルハイ機となった。これは，先述の亀山第1工場製の世界初の第6世代パネルを用いたものだった。同機は高価格にもかかわらずヒットし，それもあって，04年4～10月にはTVの業界平均販売価格が約3割下落した中で，シャープ製のそれは逆に約1割上がり，04年度通期でも約3%の下落にとどまったのである。なお，このような"高機能・高価格戦略"が成功したのは，シャープの製品が消費者に受け入れられて「亀山モデル」がブランド化したことが大きかったことに注意しておこう。

### ■ ビジネスモデル――垂直統合生産方式

以上が先行後の市場競争においてシャープ製品に競争優位性をもたらした差別化戦略だが，それを支えたのが同社の「ビジネスモデル」であった。ビジネスモデルとは「競争戦略」を実現するのに必要な「新製品開発，生産，販売などの機能別戦略や活動を遂行するための仕組み」を意味する（ビジネスモデルについて詳しくは，河合（2012）を参照せよ）。

このビジネスモデルについてのシャープの特徴は，TVの部品・部材をできるだけ自社で生産――内製――する，いわゆる「垂直統合生産」方式をとったことであり，その中心となったのが，液晶パネルの自社生産であった。またそれとともに，パネル生産に必要な部材，部品等の外注品についてはそれらのメーカーをパネル工場の周辺に誘致するなどして，できるだけ自社生産に近い体制の構築が目指された。これはサムスンはじめ他企業でも試みられたが，シャープの亀山工場はその典型であり，周辺に多くの部材メーカーが工場を建て，亀山製パネルの競争力アップに貢献した。そしてその究極の形を目指したのが，堺工場だった。

このような垂直統合生産の狙いは，部品・部材を外部から購入する場合にかかる「取引コスト」――すなわち，購入数量，価格，その他の取引条件の交渉・決定に関連して生じるコスト――を削減することと，自社が優位性を持つ技術の外部流出を防ぐこと（によって革新的製品の開発力の優越性を維持すること）であり，シャープの場合にも双方の狙いがあったが，より重要なのは後者だった。液晶TVの開発・生産技術については同社が最先端であり，それらの技術が同社の差別化戦略を可能にし，それが同社製 TV に競争優位性をもたらしたからである。また，その優位性を長く持続させるためには，それらの技術の流出を防ぐ必要があったのである。

以上，シャープの成功要因を見てきたが，そのシャープがその後なぜ敗戦に追い込まれたのだろうか。次にその原因を見ることにしよう。

### 2） 直接的敗因

先述のように，シャープの「直接的敗因」は「戦略転換の失敗」だったが，より具体的には，それは，環境変化に対応してもっと早く戦略転換すべきだったのになされなかったこと——「戦略転換の欠如」——と，その後，遅ればせに行った「不適切な戦略転換」の２つだった。

#### ■ 戦略転換の欠如——差別化戦略の継続

先に見たようにシャープの先行戦略はみごとに成功したが，フェイズ３（2004～05 年）以降は，２つの問題に悩まされた。１つは「他社の追い上げによる国内市場でのシェアの低下」であり，もう１つは「大画面化・高機能化戦略と中小型・低価格志向の市場ニーズとのミスマッチによる海外市場でのシェアの急低下」だった。そしてそれらにつながる共通の要因として重要だったのが，大画面化・高機能化戦略の有効性——すなわち「競争優位性」をもたらす能力——の相対的低下であった。同戦略が有効性を維持するには「同戦略で他社に先行し続け，しかもそのリードをできるだけ持続すること」と「そもそもそれらの製品が消費者に受け入られること」が必要になるが，それが次第に怪しくなってきたのである。

前者（他社に対する技術的リードの縮小）をもたらしたのは，他社の急速な追撃であった。戦略におけるシャープのリードは当初は大きかったが，他社も次第に力をつけ，たとえば，大画面化では，サムスンとソニーの合弁会社 S-LCD が（供給能力で上回ったうえに）パネル・サイズで追いつき，また高機能化でも他社との差は急速に縮小して差別化の有効性は減り，優位性の度合いは次第に減少した。そしてその結果，シャープは次第にシェアを侵食され，また低価格競争に巻き込まれて利益が圧迫されるようになっていったのである。

また後者（消費者による受容の減少）をもたらしたのは，シャープの需要の

“読み間違え”であった。一般に大画面化は，それだけを考えれば望んでいる消費者は多かったが，高価格でも消費者がそれを購入するかは別問題だった。ところが，そこでシャープがとった戦略は，「技術的リードが縮小したからといって低価格競争に転換しても消耗戦に陥るだけだ」として，それまで追求してきた大画面化と高機能化のうち，とくに大画面化をより強力に推進する戦略だった。すなわち，「いずれ消費者はより大画面のTVを欲するようになるので，消費者をその方向に“誘導”し，そこで形成される大画面市場に先行することによってより高いシェアと利益を獲得する」という戦略であり，主たるターゲットは北米市場だった。しかし，期待に反して大型機への需要は拡大せず，この戦略は失敗に終わった。

こうしてシャープは国内外の環境変化に対して適切な戦略転換を行うべきだったが，なかなかそれを行わず，問題をより大きくしたのである。

### ■ 遅ればせの戦略転換

しかし，そのシャープも問題のいっそうの拡大ともに何らかの戦略転換をする必要に迫られ，ついにそれに踏み切った。それを示すのが，2009年3月期決算の発表に先立って開かれた4月初めの経営戦略説明会で片山社長が述べた「世界最大の第10世代基板で40型以上のTV向けパネルの量産を開始して“サムスンを上回るコスト競争力”を実現する」という言葉だった。これはパネルについて語ったものであるが，それが「TVの低価格戦略で（も）サムスンに負けない」との宣言であることは明らかであり，「大画面化」というそれまでの差別化戦略に低価格戦略を加えることを意図したものだった。

すなわち，それは基本的には従来からの「大画面化・高機能化戦略」を維持するが，（40型以上の）大型機分野については，同戦略と低価格戦略をミックスした戦略――「ミックス戦略」――に転換するという宣言であり，その実現に必要なビジネスモデルを第10世代パネルによって構築するというものであった。

シャープのそれまでの差別化戦略は「自社の生産コストは，規模の大きい他社の生産コストよりも高くなる」ことを前提としたうえで，「しかし，自社製品は付加価値が高いので，より高い価格で販売して他社よりも大きな利益を出す」というものであり，高価格を前提（ないし“やむをえない”）とした“単なる差別化戦略”だった。これに対して上のミックス戦略は，これを，「差別化と（低コスト化による）低価格の両立によって圧倒的な競争力を実現し，他社よりも大きなシェアと利益を得る」という［差別化＋低価格］戦略に転換したことを意味するものであった。

こうしてシャープは遅ればせに戦略転換――ミックス戦略への転換――に踏み切ったが，残念ながら，それは不適切であり，敗戦をもたらしたのだった。次にそのことを明らかにしよう（なお，上のミックス戦略について注意すべきは，ポーター理論では「差別化戦略と低価格戦略〔M. ポーターの“コスト・リーダーシップ戦略”〕は二律背反であり両者のミックス戦略などというものはありえない」とされているが，これは同理論がスタティックな理論だからであり，ダイナミック理論ではミックス戦略が考えられることである。この点については，河合（2012）を参照せよ）。

### 不適切な戦略転換

ミックス戦略が不適切だったのは，3つの理由からであった。第1の理由は，同戦略は，市場ニーズに“適応する”という“（環境）適応型”の戦略ではなく，市場ニーズを自社に好都合なように変化させる，いわゆる“プロアクティヴ型”の戦略であり，しかも，32〜37型という当時の市場のボリューム・ゾーンに合わせて選択された“ニーズ志向型”のそれではなく，「堺工場の得意とする40型以上の大型機に顧客を引き込む」という“シーズ志向型”のそれだったことである(1)。

もちろん，このような戦略はそれ自体が誤りというわけではなく，潜在していた消費者ニーズを掘り起こして“大当たり”となる可能性もある。しかし，それは外れる可能性も非常に大きく，それが先述のような巨額投資を必要とするものの場合には，外れた場合のリスクは非常に大きなものとなる。ミックス戦略への転換が不適切だった第1の理由はそれであった。

第2の理由は，シャープのミックス戦略は“過激”という言葉がふさわしいほどの「超積極的設備投資」を必要とするものであり，それだけでもリスキーだったことである。同戦略の実現のために打ち出されたのは第10世代パネルの堺工場の建設（2007年7月発表）だったが，これは総投資予定額が約1兆円であり，財務力の強くない同社にとってはあまりに巨額だった。

シャープは堺工場以前から大画面化戦略をとっており，同戦略で先行するためにパネル生産への大規模投資もしてきたが，それらは「身の丈」の範囲内で行われていた。ところが堺工場の場合には，工場建設コストが巨額だったため，損益分岐点が非常に高くなり，「フル稼働しなければ，赤字を出すことになるのは当然」(2)という状況になったのである。これは，何らかの理由で大きな需要減が生ずれば稼働率が低下して赤字となり，それが持続すれば事業の存続が危うくなるのはもちろん，運転資金の不足によって会社の存続自体が危機に陥る可能性があることを意味する。「堺工場への投資が身の丈を超えた」というのはこの意味においてである。そしてそのような懸念が社外はもちろん社内にもあったが，“身の丈投資ではサムスンに追い付けない”という思いから，結局“強行”されたのである。

第3の理由は，以上のように危険な投資であるにもかかわらず，それに見合ったリスク・ヘッジがなされなかったことであり，その象徴といえたのが，パネルの安定的供給先だったソニーからの追加出資の獲得の失敗であった。第5~6章で見たように，シャープはリスク・ヘッジのために，ソニーとの間で，同社が堺工場の運営会社 SDP に約 1,000 億円程度を段階的に出資してパネルを共同生産し，出資に応じてパネルを同社に供給することで合意した。ところが，ソニーは最初に 100 億円を出資しただけで，その後は出資を引き延ばした挙句，最終的には残りを追加出資しないことを決定したのである。その表向きの理由は，韓台メーカーの台頭により，より安いパネルを調達できるようになったということだった。

しかし，ソニーの本音は，シャープが自社製 TV へのパネルの供給を優先し，ソニーに対して十分供給しなかったことであった。2010 年春から夏にかけて前年の家電エコポイント制度（09 年 5 月~11 年 3 月）の導入によって TV 販売が急拡大してパネル需給が非常にタイトになった際に，シャープは自社製 TV への供給を優先し，ソニー（その他）への供給を制限したのである。これは目前の利益のために重要なリスク・ヘッジの手段をみすみす“リスクにさらす”ことを意味したが，それが現実化したのがソニーの追加出資の取りやめであった。そしてそれは，鴻海の傘下入りの 1 つの重要な原因となったのだった。

以上がシャープの「直接的敗因」である「戦略転換の失敗」の具体的内容である。同社は液晶 TV 市場への先行に成功したものの，その後，環境が変化したのに戦略を転換しなかったために，次第にシェアを落としていった。そして遅ればせにシーズ志向型のプロアクティヴな「ミックス戦略」に転換したが，市場ニーズと不適合だった。しかも，そこで世界経済不況に襲われ大型機需要が期待通りに拡大しなかったために同戦略は失敗に終わり，2008 年後半の円高の昂進もあって 09 年 3 月期にはついに TV 事業が営業赤字に転落した。そしてその後，家電エコポイント制度によって一時の安息を得たものの，同制度（と地上デジタル放送への移行）の終了とともに，需要急減による稼働率の急低下に見舞われ，“ひとたまりもなく”最終的敗戦へと追い込まれたのである(3)。

## 2　間接的敗因

以上がシャープの「直接的敗因」だが，次に，それらにつながったと見られる戦略関連の「間接的敗因」について見てみよう。それをいくつかのグループにまとめて（直接的敗因とともに）示したのが，図 7-1 の左側の「間接的敗因」の欄であり，「ダイナミック戦略能力の不足」と「基礎的戦略能力の不足」，および，「“能力”以外の戦略関連の敗因」である「自社技術の過信」と「成功体験」とからなっている（なお，同図は「直接的敗因」と「間接的敗因」との関係も示している。各セル間の矢印は，それが付された 2 つのセル内の〔1 つ以上の〕要因間に因果関係があることを示している。そして，直接的敗因の決定要因としてより重要な関係を示したのが太線の矢印，それ以外が細線の矢印である）。

### 1）　ダイナミック戦略能力の不足

まず「ダイナミック戦略能力の不足」について見てみよう。先に見たシャープの「直接的敗因」である「戦略転換の失敗」を見て気づくのは，同社には，いったん戦略を決めるとその後環境が変化してもそれを転換する能力が不足しており，「戦略転換の失敗」はその 1 つの表れにすぎないのではないか，したがって，それをもたらした原因──「間接的敗因」──は，戦略の転換能力の不足の中に見出されるのではないかということである。そして，この「戦略転換能力の不足」は，次のように，「ダイナミック戦略能力の不足」の 1 タイプと考えることができる。

図 7-1　戦略関連の敗因（シャープ）

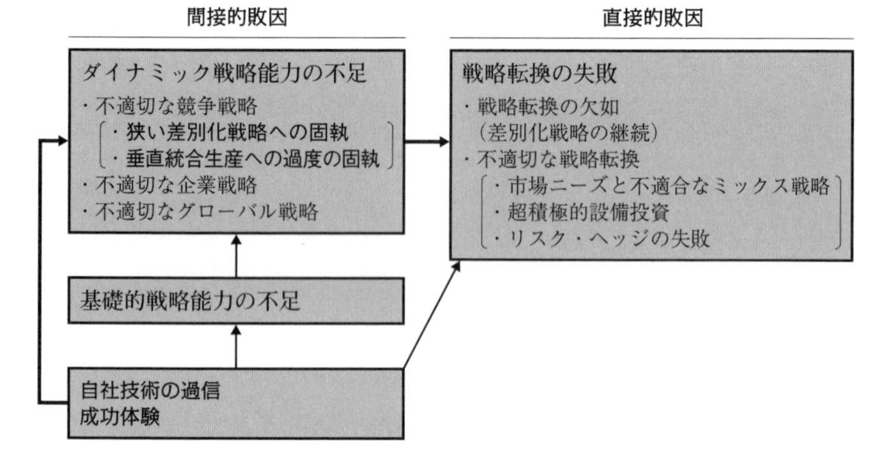


### ■ ダイナミック戦略能力

「ダイナミック」とは，一般に「時間の推移とともに変化する」ことを意味する形容詞であり，「ダイナミック戦略」とは「時間の推移とともに変化する戦略」を意味する。他方，「時間が推移しても変化しない」ことを意味するのが「スタティック」であり，そのような戦略が「スタティック戦略」である。その典型は，ポーターの競争戦略論で説かれる差別化戦略，コスト・リーダーシップ戦略などである。同理論では，「それら 2 つの戦略のうち自社が優位性を持つ方を選び，いったん選んだらそれを変えてはならない」としているからである（河合（2012）参照。なお，このようなスタティック戦略を説く理論が「スタティック戦略論」である）。

これに対して「ダイナミック戦略」とは，より詳しくいえば，「“時間の推移”とともに“何か”――典型的には“環境”――が変化してそれまでの戦略が不適切になったら，それ――新しい環境――と適合的な戦略に転換していく戦略」を意味する。図 7-2 を見てみよう。最上段の［$T_1$→$T_2$→$T_3$］は，最初に新製品を市場に投入した時点（$T_1$）から $T_2$，$T_3$ 時点への時間（ないし時期）の推移を示し，その下の段は，それに伴って環境が［$E_1$→$E_2$→$E_3$］と変化していくことを示している。そしてその下の段は，上の環境変化に合わせて企業が戦略を［$S_1$→$S_2$→$S_3$］のように順次転換していくことを示している。$S_1$ は最初に製品を市場に投入する際の戦略であり，それが時間の経過とともに生じる

図 7-2　ダイナミック戦略能力

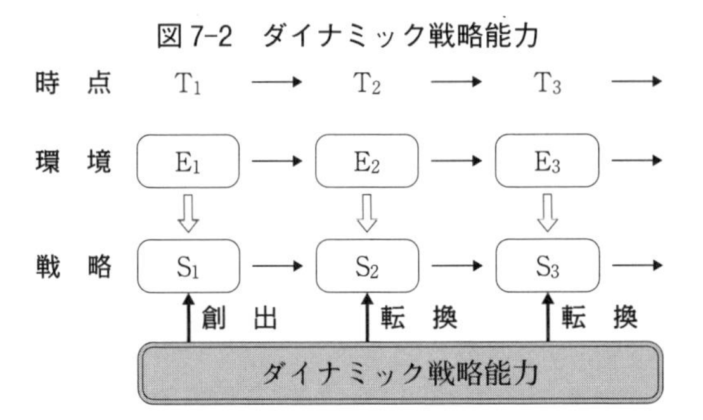


環境変化に対応して $S_2$，$S_3$ へと変化していくことを示している。

そしてこの図に即していえば，「ダイナミック戦略能力」とは，最初の戦略 $S_1$ を（$T_1$ 以前の時点で）創出する能力――「戦略創出能力」――と，それを環境の変化に合わせて $S_2$，$S_3$，……と転換していく能力――「戦略転換能力」――を合わせたものを意味する(4)。以下では，このうちの「戦略転換能力」について見ていくが，注意すべきは，これに即して考えると，先に見たシャープの参入戦略（$S_1$）の成功は，同社の「戦略創出能力」という「ダイナミック戦略能力」が優れたものだったことを示しているということである（なお，「戦略創出」とは具体的には既存企業が新規事業をスタートさせた場合の当初の戦略の形成，あるいはベンチャー・ビジネスが製品を市場化した際の当初の戦略の形成などを意味するが，それらを“ダイナミック”なプロセスに含めるのは，それらは戦略のなかった時点〔$T_0$〕から $T_1$ 時点への変化と見ることができるからである）。

そして，そのシャープがその後敗戦に追い込まれた直接的敗因は「戦略転換の失敗」だったが，それは，図 7-2 でいえば，$S_1$ から $S_2$ への転換に失敗したことであり，それをもたらしたのが，「ダイナミック戦略“転換”能力の不足」にほかならない。そこで次に，その内容を明らかにしよう。

### ■ 不適切な競争戦略

すでに見たように，シャープの直接的敗因である「戦略転換の欠如」と「不適切な戦略転換」はいずれもいわゆる「競争戦略」にかかわるものであり，これは，同社の競争戦略が不適切だったことを示している。これが図 7-1 の「ダイナミック戦略能力の不足」のところに「不適切な競争戦略」として示したものである。そして，それをもたらしたのは，「狭い差別化戦略への固執」と「垂直統合生産への過度の固執」であった（なお，それらを太字で記したのは，それらが，とくに重要な要因だったことを示している）。次に，それらについてより詳しく見てみよう。

### (1) 狭い差別化戦略への固執

シャープが「戦略転換の欠如」という事態を続けた挙句，「市場ニーズと不適合なミックス戦略」への転換という「不適切な戦略転換」に追い込まれたのは，「大画面化・高機能化」という“ハード”に関する差別化を金科玉条とする「狭い差別化戦略への固執」があったからであった(5)。

しかし，一般に差別化戦略にはそのようなハードに関するものだけでなく，デザインその他での差別化という“非ハード”面での差別化戦略もある。したがって，シャープの場合にも，（同じミックス型でも）ハード型にとらわれなければ，他の戦略への転換も可能だったであろう。

この点に関連して注目すべきが前章で見たサムスンのLED-TV（2009年3月発売）であり，低価格戦略を基本戦略とする同社が“環境にやさしい商品”として，非ハード型差別化戦略をとって大成功を収めたものである。また，06年4月の発売開始から08年までに累計1,000万台以上を売り上げた同社の大ヒット商品「Bordeaux（ボルドー）」も，同様の非ハード型差別化の商品であった。ワイングラスのシルエットを模した，既存TVにはなかった柔らかいデザインを採用し，それがワインを好むヨーロッパや北米の消費者にアピールしたのである。

シャープが早くからこのような非ハード型差別化戦略の有効性に気づいていれば，それと低価格戦略とを組み合わせた，たとえば，次のような「ミックス戦略」への転換もありえたであろう。①「規模拡大（による低コスト）は追わず，差別化戦略を追求する」というシャープの原点に立ち返り，差別化戦略――ただし今度はハード型ではなくニーズ志向的な“非ハード型”のそれ――に転換する，②しかし低価格化も最低限は必要なので，これについては垂直統合生産方式に固執せず柔軟に他社との提携も考える，というものである。

### (2) 垂直統合生産への過度の固執

「不適切な競争戦略」をもたらしたもう1つの要因は「垂直統合生産への過度の固執」であった。先述のように，一般に垂直統合生産のメリットには，

「部材等を外注する場合に発生する取引コストの削減」と，「部材等を内製することによる革新的新製品の開発力（したがって差別化能力）の向上と（技術の外部流出の防止による）同能力の維持」の2つがあるが，これらは常に発生するわけではない。自社よりも大規模な生産設備を持ち，より低コストで生産できる外部企業があれば，そこから購入する方がよい。また，外部に部品等について自社よりも高い技術力を持つ企業があれば，たとえばその企業と合弁会社を設立して共同開発した方が，より革新的な新製品を開発できる可能性がある。

したがって，一般に企業は垂直統合か外注かの選択に際してはこのような外部調達が不利になる可能性を考慮したうえで決定する必要があるが，シャープの場合に問題だったのは，垂直統合方式を“無条件に”良しとしたために，戦略の選択の幅を狭めてしまったことである。

垂直統合への固執が生じたのは，（後述のように）同社の初期の成功——「成功体験」——がその独自技術と垂直統合生産によるものだったために技術流出の防止が重視されるようになったからである。しかし，薄型TVの場合には，デジタルという同製品の性格と，パネルの製造装置メーカーを通じての技術流出の可能性とを考えれば，技術的リードが次第に縮小し，それにつれて自社技術のみに頼る差別化戦略の有効性が次第に低下することは予測できたはずである。そしてそうだとすれば，“単独での”垂直統合にこだわって規模の拡大による低価格戦略への転換に遅れるよりは，たとえばS-LCDのような合弁方式でのパネルの大量生産に転換し，より早く低価格戦略に転換するという選択肢もありえたはずである。しかし，垂直統合を金科玉条とするシャープにとってはそのような転換は困難だったのであろう。

それでも最後には「ソニーとの合弁方式で堺工場を作り，（部分的にせよ）低価格戦略を採用する」方針に転換したが，“遅ればせ”でしかも不手際だったため，逆に命取りとなったのである。単独での垂直統合へのこだわりを早く捨てて合弁での堺工場の建設をより早め，またより適切にリスク分散していれば，（敗戦はまぬかれなかったにせよ）傷をより浅く止めることは可能だったと思われる。

最後に2つ付け加えておこう。1つは，サムスンはシャープとは違って，単独での垂直統合，S-LCDのような合弁での垂直統合，および外注を巧みに使い分けたことである。もう1つは，以上に見てきた「狭い差別化戦略への固執」と「垂直統合生産への過度の固執」の基礎には，後述の「基礎的戦略能力の不足」「自社技術の過信」「成功体験」などがあったことである。

### ■ 不適切な企業戦略

以上が「ダイナミック戦略能力の不足」の中でもっとも重要だった「不適切な競争戦略」であるが，重要度は落ちるものの，直接的敗因への影響が窺われたのが「不適切な企業戦略」と「不適切なグローバル戦略」だった。

まず前者について見ると，同社には「企業戦略についての適切な考え方」が不足しており，それが“無謀な”ミックス戦略への転換という「不適切な戦略転換」を生み出す要因になった可能性がある。それを窺わせるのが，同社が堺工場を液晶パネルと太陽電池の統合的生産コンビナートとして建設したことである。

これは，両製品に共通の技術に着目して（1プラス1が2以上になるという）プラスのシナジー効果（相乗効果）を狙ったものであり，“技術的には”正しかったかもしれない。しかしそれは，堺工場の建設自体がリスキーだったのに太陽電池というもう1つのリスキーな新事業を“同時に”スタートさせて「万一の場合のリスク」を増大させたものであり，“戦略的には”望ましいものではなかった。太陽電池事業がリスキーだったのは，当時はまだ発展途上で政府の補助金政策にも依存しており，世界中で多くの企業が参入して激しい競争が始まったばかりだったからである。また「万一の場合のリスク」とは，たとえば，一方の事業（太陽電池）が赤字になれば，投資余力の減少によって他方の事業（液晶TV）への投資を減少させてその弱体化をもたらす，といったマイナスのシナジーが発生することである。

このように，シャープには「事業ミックスの決定」という「企業戦略」についての理解が不足していたことは明らかであろう。また理解したうえでなお実行したとすれば，それは“リスク回避”という経営戦略のもっとも基本的な原則（の1つ）の軽視という別の問題があったことを意味する(6)。

### ■ 不適切なグローバル戦略

次いで，「不適切なグローバル戦略」について見てみよう。シャープではグローバル戦略についても「適切な考え方」が不足しており，それが“無謀な”

ミックス戦略への転換という「不適切な戦略転換」を生み出す要因になったと考えられる。それを窺わせるのが，前章で見たように，2009 年夏に中国での大型 TV 向け液晶パネル工場の建設気運が高まった際に，シャープも（現地家電大手との合弁での）第 8 世代工場建設に踏み出したことである。

これはそれ自体としては必ずしも不適切ではないが，投資額がはるかに少なくて済む第 7.5 世代工場を建設したサムスンとは対照的だった。このような違いが生じたのは，サムスンが，「シャープのように不確実なアメリカの大型機市場を狙うよりは，確実な中国市場を狙うべきであり，それにはボリューム・ゾーンの 32 型 TV の生産に有利な第 7.5 世代の方が良い」と“合理的な”グローバル戦略を展開したためであった。同社の製品戦略，パネル戦略はグローバルな視野から，各市場の発展段階，成熟度，地域によるニーズの違いなどを踏まえて柔軟に展開されており，上の戦略はその 1 つの表れであった（先に見たサムスンの「Bordeaux」，LED-TV などもそのような戦略にもとづくものだった)。

他方，シャープにはそのようなグローバル戦略がなく，それが“北米の大型機市場への過度の思い込み”につながって“合理的な思考”を失わせ，ミックス戦略につながったと考えられる（なお，そのようなグローバル戦略の欠如は，「リスク・ヘッジの失敗」の 1 つとなった。中国での大型工場の建設への投資は，余裕資金の減少により，それでなくてもリスクが大きかった堺工場への投資のリスクをさらに増大させたからである)。

### 2） 基礎的戦略能力の不足

以上が「ダイナミック戦略能力の不足」という「間接的敗因」だが，図 7-1 に示したように，その原因となったと見られる「間接的敗因要因」も見出された。それは，「基礎的戦略能力の不足」と「自社技術の過信」および「成功体験」であった。

まず「基礎的戦略能力の不足」について見てみよう。ここで「基礎的戦略能力」とは，ダイナミック戦略能力の基礎として必要な戦略形成能力のことであり，これには 2 つのタイプが考えられる。1 つは，（ダイナミックな戦略形成ではもちろん）1 回限りの（スタティックな）戦略形成でも必要な経営戦略に関する基礎知識であり，「低価格戦略で成功するためには，大規模生産によって規模の経済を実現する必要がある」というのはその一例である。

もう1つは，スタティック，ダイナミックいずれの戦略形成プロセスでも必要な「戦略形成の遂行能力」の不足であり，「戦略目標の形成，環境の機会・脅威と自社の強み・弱みの分析，戦略代替案の作成，その中からの実行案の選択と実行」という一連のステップのいずれか（ないし，すべて）について実行能力の不足を意味する。

そして，以上のような視点からシャープについて見ると，同社には「基礎的戦略能力の不足」を窺わせるものがあったことがわかる。

1つは，会長を退任した町田氏が敗戦の弁として述べた，「多少の技術的な優位は，圧倒的な規模の前で意味を失う」(7)という言葉である。これは，「たとえ技術的優位性によって差別化しても，競争企業の生産規模があまりに巨大であれば，その“規模の経済”によって可能になる低コスト――したがって低価格――には勝てないこと」を意味するが，それは「スタティック戦略」の形成にも必要な基礎知識であり，当時でも，一般に知られていたことであった。この知識の欠落が「狭い差別化戦略への固執」につながり，またその差別化戦略のために必要だとして「垂直統合生産への過度の固執」をもたらし，それらが「戦略転換の失敗」につながったのである。

もう1つは，「主力商品の市況悪化にタイムリーに対応できなかった」(8)という片山氏の敗戦の弁である。これは，家電エコポイント制度への対応，その終了後の敗戦処理などの節目でのシャープの度重なる経営判断の失敗について述べたものだが，需要予測の失敗等，前述の「戦略形成のプロセスの実行能力」という「基礎的戦略能力の不足」を示すものであり，「ダイナミック戦略能力の不足」の基礎要因となったものだった。

### 3） 自社技術の過信と成功体験

以上が「ダイナミック戦略能力の不足」の原因としての「基礎的戦略能力の不足」であるが，前者のより重要な原因は「自社技術の過信」と「成功体験」だった。

まず「自社技術の過信」について見ると，それが「狭い差別化戦略への固執」と「垂直統合生産への過度の固執」を生み出したことは明らかであろう。差別化戦略には「大画面化・高機能化」のような“ハード型”と，デザインその他での差別化という“非ハード型”があるが，シャープがとったのはほとんど前者であり，その基礎にあったのは，ハードの技術に関する強い自信だったからである。

また，「自社技術の過信」が「垂直統合生産への過度の固執」をもたらしたのは，同社の初期の成功が垂直統合生産方式（と独自技術）によるものだったために技術流出の防止が重視されたからであり，その基礎にあったのは，やはりハードの技術に対する強い自信だった。

次に「成功体験」について見ると，それがやはり「狭い差別化戦略への固執」と「垂直統合生産への過度の固執」の原因になったことも明らかであった。そして注意すべきは，そこには第6世代亀山工場の成功体験がそれらの要因を通じて第10世代堺工場の建設につながったという個別戦略レベルでの関連もあるが，より重要なのは，液晶TVでの先行の成功とその後の成功の積み重ねによる「全体的」成功体験が「ダイナミック戦略能力の不足」につながったということである。

先述のように，シャープの成功は「プロアクティヴ戦略」によってもたらされたが，同戦略も他企業が追随してくれば転換すべきであった。ところが，以上のような非常に大きな成功体験が「ダイナミック戦略能力の不足」をもたらし，それがシャープの敗戦をもたらしたのである。

なお，最後に2つ重要な点を指摘しておこう。1つは，以上に見てきたように，シャープでは「自社技術の過信」や「成功体験」が直接的に，また「基礎的戦略能力の不足」をもたらすことにより間接的に，「ダイナミック戦略能力の不足」をもたらしたが，「基礎的戦略能力」が十分あれば，逆にそれが「ダイナミック戦略能力」を高め，「戦略転換の失敗」を回避できた可能性があることである。これは「経営戦略」の学習の重要性を示すものといってよいであろう。

もう1つは，「自社技術の過信」と「成功体験」は，「直接的敗因」に対して，以上に見た間接的影響とは別に直接的にも影響を与えたが，それは間接的影響よりは弱かったと見られることである。図7-1で，その関係を示す矢印を細線で示したのはそのためである。

## 3　戦略外の敗因

以上が戦略関連の敗因であるが，シャープには，「トップ・マネジメントの交替に関するコーポレート・ガバナンスの欠如」という「戦略外の敗因」も見出された。

シャープの敗戦は2012年3月の片山社長と町田会長の退任および鴻海との資本業務提携の発表によって確定し，通常であれば，その後は“敗戦処理”が粛々と進められるはずであった。ところが鴻海との提携交渉が難航し，結局，“敗戦の終了”は16年3月まで大幅に遅れ，それに伴って鴻海による買収という最悪の“最終的敗戦”を余儀なくされてしまったのである。その原因となったのは「コーポレート・ガバナンスの欠如」であり，12年3月の敗戦で退任した片山氏や町田氏などのトップが院政を敷き，しかも両氏が対立しながら鴻海との交渉や資本増強等のプロセスにかかわり続けたことであった。

町田氏は2007年4月に社長を片山氏に譲った際に，同社としては初めて“代表権のある会長”に就任し（社長就任は1998年6月），2012年4月に片山社長が退いて奥田氏が就任した際には相談役に就任した。さらに13年6月に奥田社長が退任して高橋興三社長が就任した際には無報酬の特別相談役に就任し，結局，15年6月に同相談役を退任するまで経営戦略はもとよりトップ人事に強く関与し続けた。薄型TVウォーズに登場する各社のトップの中でも，もっとも長期にわたって強力な院政を敷いたといってもよいであろう。

彼のパワーの源泉はシャープの液晶TV事業を育てたことであり，この業績はいかに高く評価してもしすぎることはない。そして，2008年前半ごろまでは——すなわち実質的敗戦に至るまでは——，後継の片山社長との間もほとんど問題はなく，院政の弊害は見られなかった。

しかし，その後業績が急低下し，ことに片山社長の退任後の鴻海との交渉の局面では交渉や社長人事に深く関与するなど強い影響力を振るい，事態を悪化させたのである。したがって，シャープの町田“院政”は「実質的敗戦」には（コーポレート・ガバナンスの欠如の意味では）かかわらなかったが，「最終的敗戦」の状態——負け方——をより悪いものにしたことには大きくかかわったといってよいであろう（なお，町田氏の社長時代の戦略が実質的敗戦をもたらし，その結果としては最終的敗戦にかかわったことはいうまでもない)。

次いで片山社長であるが，彼は2012年4月の社長退任後会長に就任し，13年6月の会長退任後も「フェロー」として残り，影響力を行使した。彼の場合にも町田社長を支えてシャープの成功を導いた功績がパワーの源泉であり，それが院政を可能にした要因だった（社長就任は07年4月)。そして町田氏の場合と同様に，彼の院政も最終的敗戦をより悪いものにすることに大きく“寄与”したのだった。

このように町田氏と片山氏の院政は最終的敗戦をより悪化させたが，ことに問題だったのは，2012年以降，トップ・マネジメントが“現役社長”と“引退したトップ（町田，片山氏)”からなっただけでなく，町田氏と片山氏が対立するようになったためにトップ・マネジメントが“分裂状態”となり，それが混乱に拍車をかけたことである。片山氏と町田氏がともに代表権のないまま（別々に）鴻海との提携交渉などに関与し，提携交渉の遅延や不利をもたらしたのがそれである（たとえば，鴻海との交渉をもっとスムーズに進めて早く折り合いをつけていれば，最悪の結果は免れられたかもしれない)(9)。

## 4 シャープの敗因モデル

以上，シャープの敗因を戦略上の敗因と戦略外の敗因に分けて見てきたが，それらをまとめたのが，図7-3の「シャープの敗因モデル」である。

このモデルから明らかなように，もっとも単純化すれば，シャープの敗因は次のように要約することができる。

第1に，「最終的敗戦」の直接的原因は「実質的敗戦」と「コーポレート・ガバナンスの欠如」であった。すなわち，町田，片山両社長の「戦略転換の失敗」によって「実質的敗戦」に追い込まれ，「最終的敗戦」に向かいつつあったが，両氏による院政がその「最終的敗戦」をさらに悪化させたのである。図7-3の「コーポレート・ガバナンスの欠如」から「最終的敗戦」への［町田・片山 → 奥田・高橋］と添え書きした矢印はそれを示している。

第2に，「実質的敗戦」の直接的原因は，町田，片山両社長による「戦略転換の失敗」であった。

第3に，「戦略転換の失敗」の主因は「ダイナミック戦略能力の不足」であ

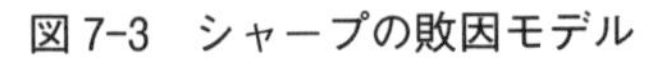
図 7-3　シャープの敗因モデル

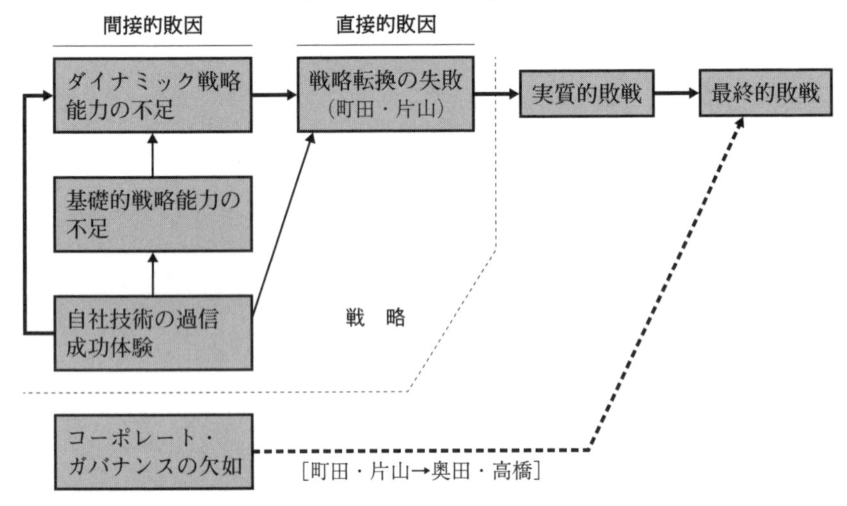


り，さらにその原因となったのは「基礎的戦略能力の不足」，および「自社技術の過信」と「成功体験」であった。

最後に，「基礎的戦略能力の不足」の原因は，「自社技術の過信」と「成功体験」であった。なお，「自社技術の過信」と「成功体験」は，「戦略転換の失敗」の直接的原因にもなったが，その影響は「ダイナミック戦略能力の不足」を経由する影響よりも弱かったと考えられる。

第8章

# パナソニックの敗因

**はじめに**

次に，パナソニックの敗因を明らかにしよう。同社はシャープとは異なり液晶 TV ウォーズでの先行に失敗したが，そのあとプラズマ TV での急速な巻き返しに成功してシャープとともに勝ち組となった。しかし，最終的にはシャープと同様に惨敗に終わった。同社の戦略上の「直接的敗因」と「間接的敗因」をそれぞれ第1節と第2節で明らかにし，さらに第3節で「戦略外の敗因」について検討する。そして，それらを踏まえて，第4節ですべての敗因をまとめた「パナソニックの敗因モデル」を明らかにする（なお，同社は液晶 TV にもかなり注力したが，以下では，主に，圧倒的な強さを誇ったプラズマ TV について分析する）。

## 1　直接的敗因

パナソニックの戦略上の「直接的敗因」は，シャープと同じく，「戦略転換の欠如」と「不適切な戦略転換」という「戦略転換の失敗」であった。ところで，同社について注目すべきは，プラズマ TV，液晶 TV のいずれにおいても先行には失敗したものの迅速に追撃を開始し，プラズマ TV では先行グループを逆転して大きな成功を収めたことである。まずプラズマ TV での同社の成功をもたらした要因を概観したうえで，「直接的敗因」を分析する。

### 1） 初期の成功要因

第2〜3章で見たように，パナソニックはシャープとは異なり，ブラウン管TV時代の御三家の1社だったことによる油断と，トップ・マネジメント間の確執の影響による戦略の混乱のために薄型TVウォーズに出遅れた。しかし，2000年に社長に就任した中村社長のリーダーシップのもとに先行集団を追撃してプラズマTVに関しては国内外市場でトップに立ち（表3-2：68ページ，表3-3：70ページ参照），フェイズ3（04〜05年）から08年前半まではシャープとともに勝ち組となった。

そのようなパナソニックの勝利をもたらしたのは，先行集団の追撃における「革新的で迅速なフォロワー戦略」，およびその後の「“破壊的”低価格戦略」（競争戦略）と，それらを支えたビジネスモデルだった。

#### ■ 革新的で迅速なフォロワー戦略①——プラズマ・パネル

はじめに「革新的で迅速なフォロワー戦略」について見てみよう。これは後述のように，「革新的ビジネスモデルで迅速に先行者（ファースト・ムーバー）を追い上げる戦略」である。

上述のように，パナソニックは薄型TVウォーズに出遅れたが，中村社長はプラズマTVについてきわめて積極的に戦略を展開していった。第1弾は2000年6月に発表されたプラズマ・ディスプレイの製造子会社「松下プラズマディスプレイ製造」の設立と工場（茨木第1工場）の新設であり，後者は，300億円を投じてパネルの製造からTVの組立までの一貫生産体制を構築するというものであった（稼働は01年7月）。

第2弾は同年9月に発表された東レとのJVの設立であり，上述の「松下プラズマディスプレイ製造」に東レが25%出資して設立された（これにより社名は「松下プラズマディスプレイ」に変更された）。これは，プラズマTVで競争優位性を確立するには一貫生産体制の確立が不可欠だと考え，足りない技術を獲得するための戦略であった。

第3弾は2002年5月に発表された，「松下プラズマディスプレイ」に600億円を投じての新工場（茨木第2工場）の建設であった（同工場は04年4月に稼働し，生産されたパネルは同年の五輪商戦に貢献した）。

以上が2002年までに集中的に打ち出された戦略だが，その後，04年5月にはさらに，尼崎市への世界最大のプラズマ・パネルの新工場（尼崎第1工場）の建設が発表された。「松下プラズマディスプレイ」が950億円を投じ，業界トップの生産能力の構築を目指したものだった。当時はサムスン，LG，パイオニアなども能力増強を考えていたことから過大な計画と見られたが，大坪専務（06年6月に社長に就任）は，「自社ブランドのプラズマテレビで3割強のシェアを確保し，外部販売も本格化する」(1)，「不安は全くない。屋外広告などに使う業務用需要も伸びる」(2)などと述べた（尼崎第1工場は05年9月に稼働し，同年の年末商戦に貢献した）。

### ■ 革新的で迅速なフォロワー戦略②——プラズマTV

以上のようなパネル戦略を基礎としてパナソニックはきわめて積極的にプラズマTVの製品戦略，販売戦略を展開し，2003年には国内の出荷台数シェアでトップの日立にわずか1.7ポイント差の第2位（29.1%）に躍進し，世界シェアも断トツのトップ（36.3%）となった（表3-2，表3-3参照）。

このような快進撃を可能にしたのは，①家庭用にフォーカスし，（強みを持つ）家電量販店ルートで拡販したこと，②パネルの大きな供給能力と垂直統合生産の強みを生かして多くの型（インチ）とその派生モデルを揃えるフルライン戦略をとり，しかも需要期にタイミングよくそれらを投入したこと，③個々の製品についての差別化戦略がかなり奏功したこと，および，④同社のユニークな「戦略的マーケティング」が成功したこと，などであった。

これらのうち，個々の製品の成功という点で特筆されるのは，2003年8月に発売され，のちに同社のプラズマTVの代名詞となった新ブランド「VIERA」であった。またそのヒットを可能にした主因の1つは，同機で初めて採用された同社の「戦略的マーケティング」だった(3)。

### ■ 破壊的低価格戦略

翌2004年，パナソニックは，同年8月開催のアテネ五輪商戦で過去最大規模の販売促進費を投じて大キャンペーンを展開し，6月1日に「VIERA」シリーズのプラズマTV 3機種（37，42，50型）（および液晶TV 10機種）を発売して業界に大きな衝撃を与えた。製品が高性能だったこともあるが，発売が前年より3カ月繰り上げられたこと，合計2万2,400台を3,200の販売店にいっせいに陳列し，店頭を“一夜にして”五輪ムードに変えて売り込んだ機動的な“物量作戦”の見事さがその理由だった。結果は，パナソニックの圧勝であった（この商戦で発売されたTVのパネルは，04年4月に予定通り稼働を開始した茨木第2工場製であった）。なお，同年の年末商戦では，春の商戦で出遅れたソニー等が低価格攻勢に出たが，それには同じ低価格化で対抗し，結局，プラズマTVの04年の国内シェアを13ポイント増の42.1%とし，3.8ポイント下げた日立（27.0%）に代わって首位に躍り出た。

翌2005年春，パナソニックはより積極的で攻撃的ともいえる販売戦略を展開した。前年よりさらに1カ月早めて開始したが，注目すべきは，“高機能”を前面に出した前年と違って“低価格戦略”を打ち出し，前年モデルより約3割引き下げた価格で発売したことである。その狙いは，プラズマTVでの勝利に加えて，着々と大画面化を進める液晶TVに対抗して大型（37型以上）での優位性を守ることであった。

以上のようなパナソニックの先行に対して他社もそれなりに応戦したが，結局はパナソニックの一人勝ちとなった。しかし，同社はその後の年末商戦でもさらに戦闘的な低価格戦略を展開してやはり圧勝した。その結果，同社のプラズマTVの国内シェアは対前年23.1%増の65.2%と，第2位の日立（24.9%）の2倍以上となり，圧倒的な地位を築くことに成功した。

しかもパナソニックは2005年には，以上のような過激な低価格戦略を北米市場でも展開した。春にハイビジョン対応の新製品でも約30%下げるといった“破壊的”低価格戦略を仕掛けたうえに，9月には再度15～20%の値下げを行ったのである。この結果，安売りブランドの多くが撤退に追い込まれ，液晶TVメーカーを含む多くの大手メーカーも苦境に追い込まれた。他方，前年まで10%前後だった同社の北米市場のシェアは5月の同時発売後に40%台に跳ね上がり，その後も高水準を続けた（以上のような05年の年末商戦に貢献したのが，同年9月に前倒しで稼働した前述の尼崎第1工場製パネルだった）。

以上に見てきたのが，パナソニックに勝利をもたらした先行集団の追撃における「革新的で迅速なフォロワー戦略」の（2002年ごろまでの）成功と，その後の市場競争での「VIERA」を中核的武器とする「“破壊的”低価格戦略」の成功であるが，それらの戦略を支えて勝利に貢献したのが優れたビジネスモデルであった(4)。

図 8-1　パナソニックのビジネスモデル

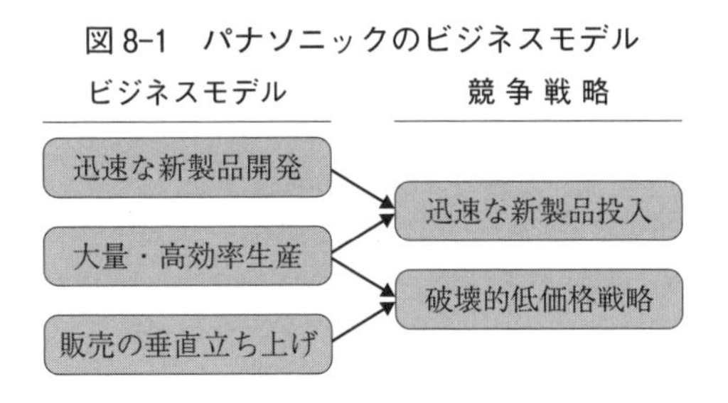


## ■ 革新的ビジネスモデル

パナソニックのビジネスモデルの基本的な特徴はシャープと同様に，TV の部品・部材をできるだけ社内で生産する垂直統合生産方式をとったことである。より具体的には，図 8-1 に示したように，「迅速な新製品開発」「大量・高効率生産」，および「販売の垂直立ち上げ」という 3 つの「機能別戦略」からなるものだった。

前述のように，パナソニックの競争戦略の中心は「破壊的低価格戦略」だったが，「迅速な新製品の投入」も含まれていたので，それもあわせて考えると，それらの競争戦略の実現を可能にしたのは，上述のビジネスモデルの 3 つの「機能別戦略」だった。すなわち，「迅速な新製品投入」を可能にしたのは「迅速な新製品開発」と「大量・高効率生産」，また「破壊的低価格戦略」を可能にしたのは，「大量・高効率生産」と「販売の垂直立ち上げ」であった。

そして重要なのは，それらの 3 つの機能別戦略はいずれも革新的なものであり，他社が容易に模倣できるものではなかったことである。中でも重要だったのが「大量・高効率生産」だが，それを可能にしたのは，パネル生産設備への積極投資という，まさに模倣困難な戦略だった（なお，一般に，低価格戦略にとって「販売の垂直立ち上げ」は必ずしも必要ないが，ここで挙げたのは，パナソニックの場合にはそれが同社の「破壊的低価格戦略」に“貢献”したからである。すなわち，「破壊的低価格戦略」にとっては製品の大量生産によるコスト低下が不可欠だが，大量生産のためには大量に売れる見込みが必要であり，垂直立ち上げはその見込みを高めたからである）。

以上によりパナソニックの初期の成功の理由が明らかになったと思われるが，それでは，そのパナソニックがなぜ最終的には敗戦に追い込まれたのだろうか。

次にその原因を明らかにしよう(5)。

## 2) 直接的敗因

パナソニックの戦略関連の「直接的敗因」は「戦略転換の欠如」と「不適切な戦略転換」の意味での「戦略転換の失敗」であり，具体的には，前者は「破壊的低価格戦略への固執」と「リスク・ヘッジを欠いた超積極的設備投資」の2つ，そして後者は「二正面作戦への転換」だった。

### ■ 戦略転換の欠如①──「破壊的低価格戦略」への固執

先述のように，プラズマTV市場への参入の成功と，その延長線上でのフェイズ2（2004〜05年）から08年前半までの勝利をパナソニックにもたらしたのは，「破壊的低価格戦略」と，それを支えたビジネスモデルの構築──とくにそのコアとなる「大量生産」のための「パネル生産工場への“超積極的”設備投資」──だった。しかし，これらの戦略は常に成功をもたらすわけではなく，破壊的低価格戦略はプラズマTVの利幅の低下によって直接的に，またプラズマTV陣営の弱体化を通じて間接的に自社の事業自体の弱体化をもたらす可能性のあるものだった。また超積極的設備投資も，何らかの理由によって需要が減少した場合には稼働率の低下によって損失を発生させ，その度合いによっては事業（ひいては企業自体）の存続を危うくする事態を生み出しかねないものだった。

そしてこれらの懸念のうち最初に現実化したのが前者であり，2009年3月期のTV事業の赤字化をもたらしたが，これは，環境変化によってそれまで有効だった破壊的低価格戦略の有効性が失われたことを意味するものであった。すなわち，同戦略は自社製品が高いコスト競争力を持ち，競合する代替製品もない環境ではきわめて有効であり，パナソニックが“わが世の春”を謳歌したフェイズ2はまさにそのような状況だった。しかし，海外ではサムスン，LGという同業のライバルが，また国内では競合製品の液晶TVにシャープという強力なライバルが登場してそれらの条件が失われると，価格競争が常態化し，その引き金を引いたパナソニック自体が「販売数量は伸びているのに利益が出ない」という状況に陥ったのである。また，フルハイ化等の差別化戦略でシャープの後塵を拝したことによるプラズマTV陣営の弱体化の影響も甚大であった。

したがって，パナソニックは上の環境変化に合わせて対応策をとるべきだったのであり，①低価格戦略を（差別化戦略に）転換する，②生産設備・人員削減等のリストラによって生産コストを引き下げる，③生産効率化，原材料費削減等によってコストを引き下げる，等の選択肢がありえた。しかし，実行されたのはもっともレベルの低い③だけであった。同社は後述の“一人勝ち”の実現のために低価格戦略の転換は念頭になく，また，同戦略にとっては生産規模の拡大が不可欠で（しかも販売量は増え続けていたために），生産設備等のリストラは念頭になかったからである。

こうして，（他社との生産コストの差の縮小とともに“破壊度”が低下したにもかかわらず）パナソニックは「低価格戦略」に固執し，これが2008年度以降の赤字の連続という“実質的敗戦”の原因となったのだった。それを端的に示しているのが，第6章で紹介した大坪社長の「数をつくれば絶対にいけるという信念でやってきたが，外部環境が許さなかった」(6)という言葉である。また，彼の後任の津賀氏が社長就任以前のパナソニックの問題点について述べた「数を追い求めて収益性が傷んだ」(7)という言葉もそれを裏づけている。

### ■ 戦略転換の欠如②――リスク・ヘッジを欠いた“超積極的”設備投資

以上が「破壊的低価格戦略」についての懸念が現実化し，それへの固執が敗因になった理由であるが，もう1つの「超積極的設備投資」についての懸念も現実化した。超積極的設備投資とは，プラズマ・パネルの尼崎第2工場（総投資予定額1,800億円，2007年稼働）と尼崎第3工場（同2,800億円，10年稼働），および液晶パネルの姫路工場（同3,000億円，10年稼働）への投資を指すが，それへの懸念が現実化した直接のきっかけは，エコポイント制度（と地上デジタル放送への移行）の終了後の11年後半からの需要の急落だった。

これによって潜在化していた過剰能力が一気に表面化して大規模なリストラを余儀なくされ，先の実質的敗戦状態を“より悪化させて”2012年3月の最終的敗戦に追い込まれたのである。なお，このように上の懸念の現実化が遅れたのは，需要の増大が続き，しかもそれが家電エコポイント制度によって加速したために“油断”が生じたからであった。

これに対しては，「過剰能力が一気に表面化したのは突発的な外的現象の発生によるものなので不可抗力だった」，逆にいえば「それまでエコポイント制度によって需要が拡大し続けていたのでパネル工場への巨額投資は的外れではなかった」という考え方もあるかもしれないが，これは適切ではない。というのは，需要は伸びていたが営業赤字が続いていたのも事実であり，ことに，エコポイント制度による需要の急拡大が始まってからは，その後の大きな反動減，したがって同制度終了後の過剰能力の発生は十分予測できたはずだからである。

そしてそれらを考えれば，古い設備のリストラ等，よりレベルの高い対応策をできるだけ早く開始すべきだった。もっともパナソニックも何もしなかったわけではなく，2011年度には，前年度の約2割増の2,500万台という強気の販売計画を立てる一方，3年連続営業赤字の薄型TV事業に関しては，液晶およびプラズマ・パネル工場への投資を4,450億円から4,000億円へと削減している。

しかし，これではきわめて不十分であり，しかも，上述のような需要の急減時に対する備え——リスク分散——といえるものはほとんどなされていなかった。かくてパナソニックはほとんど“無防備”なままに巨大な需要減に襲われ，なすすべもなくその波に飲み込まれたのである。ことに問題だったのは，シャープおよびS-LCDがすでに大きな生産能力を有している段階での建設となった液晶パネルの姫路工場であり，同工場は2010年の稼働開始後，一度も黒字になることなく毎年赤字を続け，16年に生産停止に追い込まれた。

こうして，「破壊的低価格戦略」とともに当初は優れた戦略だった「リスク・ヘッジを欠いた超積極的設備投資」も，環境変化に合わせて転換されなかったために，前者とともにパナソニックの「直接的敗因」となったのである。

### ■ 不適切な戦略転換——二正面作戦への転換

ところで，先に，パナソニックの最後の超積極的設備投資として液晶パネルの姫路工場への投資を挙げたが，注意すべきは，これは同社の「二正面作戦」への“回帰”を意味するものだったことである。すなわち，先に見たように，パナソニックの初期の勝因の1つは，2001年ごろに，主に資金不足のためにそれまでの二正面作戦からプラズマTV重視に転換したことだったが，それを元の戦略に戻したのである。

そしてこれは，ある程度は理解できるものだった。まさに当初の二正面作戦からプラズマ重視路線への転換の成功によって資金的余裕が生ずる一方，プラズマTVの液晶TVに対する劣勢が明白になりつつあったからである。

しかし，当時の，液晶とプラズマ入り乱れての大規模パネル工場の建設競争とそれによる供給能力過剰の発生の可能性の高まりを考えれば，姫路工場への投資は，あまりにリスキーだった。リスク・ヘッジもなく実施されたうえでの戦略転換は“無謀”で不適切だったとみなされてもやむをえないであろう。

## 2 間接的敗因

以上がパナソニックの「直接的敗因」だが，シャープと同様に，それらにつながったと考えられる「間接的敗因」が見出された。図8-2の左側の「ダイナミック戦略能力の不足」「基礎的戦略能力の不足」，および「成功体験」の3つである。以下，それらについて順次見ていこう。

### 1） ダイナミック戦略能力の不足

最初に「ダイナミック戦略能力の不足」について見ると，それは具体的には，「不適切な競争戦略」と「グループ戦略の欠如」からなるものだった。

#### ■ 不適切な競争戦略

シャープの場合と同様に，パナソニックの直接的敗因である「戦略転換の欠如」と「不適切な戦略転換」はいずれも「競争戦略」にかかわるものであり，これは，同社の競争戦略が不適切なものだったことを示している。そして，それをもたらした原因は「垂直統合生産への過度の固執」と「一人勝ちへの固執」だった。

##### (1) 垂直統合生産への過度の固執

まず「垂直統合生産への過度の固執」について見てみよう。これはシャープに見られたものと同じであり，これが同社の「戦略転換の失敗」——ことにその「リスク・ヘッジを欠いた超積極的設備投資」——につながったのだった。

ただし，同じ“固執”でも，その動機には両社間で違いがあったことに注意しよう。シャープの場合には，低コスト生産に加えて同社に初期の成功をもたらした“独自技術の流出の防止”という動機があり，どちらかというと後者の

図 8-2　戦略関連の敗因（パナソニック）

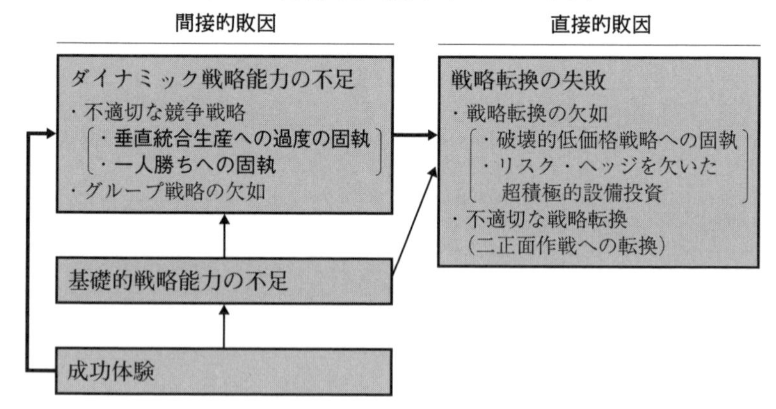


方が強かったのに対し，パナソニックの場合には，液晶技術では出遅れていたこともあり，もっぱら低コストの実現が目的だった。そしてそれは，（シャープと同様に）初期の成功がその背景にあったことから，理解できないわけではない。

しかし，この要因が，設備過剰の懸念が強い中での尼崎第 3 工場（プラズマパネル）と姫路工場（液晶パネル）の建設という「直接的敗因」につながったことは疑いない。ことに後者についていえば，プラズマ TV が劣勢になったために液晶 TV も重視する路線に転換したことはともかく，垂直統合生産への固執がなければ，少なくとも敗戦の“重症度”をもう少し下げることができたであろう。

(2) 一人勝ちへの固執

次いで「一人勝ちへの固執」である。これは，それ自体として直接的に，また先の「垂直統合生産への過度の固執」を強めることによって間接的にも，「戦略転換の欠如」と「不適切な戦略転換」へとパナソニックを導いた要因だった。この要因が存在したことは，戦略を主導した中村社長の次の言葉から明らかである。

「寡占化が絶対条件。言い換えれば，寡占化に持ち込み，圧倒的なトップにならないと儲からない。……何でもそうでしょ。売り上げを伸ばしてシェアをどんどん奪ったほうが儲かる。シェアを落とした会社は必ず利益も減る」(8)。

もちろん，この過激な目標も，（実現すれば独占禁止法に抵触するといった問題はあるが）一般にそれを目標にすること自体には何ら問題はない。しかし，それが望ましくない状況もあり，その1つが，自社製品に対して強力な競合製品があり，いずれが“標準製品”になるかを競い合っている状況である。そのような状況下での，自社と同じ製品を販売している企業群――グループ（陣営）――の中での一人勝ちはグループの弱体化をもたらし，長期的には自社にマイナスになる可能性が強いからである。松下が直面したのはまさにそのような状況だった。液晶TVという強力な競合製品がある状況でのプラズマTVでの一人勝ちは，プラズマTV陣営の企業の減少のために技術革新，原材料の調達コスト等において液晶TVよりも不利になり，最終的に自社のプラズマTVの競争力低下につながる可能性があったのである。

そしてまさに，それが生じたのだった。液晶TVの攻勢によってプラズマTVの牙城だった37型以上の大型機分野でのシェアが70%を割り込んで劣勢ムードが漂い出した2005年初め，パナソニックは日立との包括提携を発表したが，これは同社の救済策だった。自社の過激な低価格攻勢に敗れて疲弊した日立が撤退しそうになったため，自社が孤立して陣営が弱体化することを恐れたパナソニックがとった措置だったのである。そしてその後も“救済”の手を差し伸べたが，それも空しく，結局，日立も撤退して孤立へと追い込まれ，最終的敗戦への一要因となったのだった。競争状況に応じた柔軟かつダイナミックな戦略展開を考えていれば，そのような事態は回避できたであろう。

#### ■ グループ戦略の欠如

次いで「グループ戦略の欠如」について見ると，これは，上の「一人勝ちへの固執」を目指す以上，当然のことともいえるが，プラズマTVでの覇権確立までのパナソニックの優れた戦略の中で，唯一，評価できない点であった。先に述べたように，そもそも「一人勝ちへの固執」が長期戦略としては望ましいものではなかったからである。

もっとも，パナソニックも何もしなかったわけではなく，先述のように，プラズマTV陣営の強化へと動き出したが，あまりに遅く，手遅れになったのである。そして，その原因は，結局，トップが上述のような“一人勝ちの危険”を理解していなかったこと，その意味での「ダイナミック戦略能力の不足」に求められるであろう。それを端的に示しているのが，質問者の「松下はライバルたちを完膚なきまでに叩こうとしているように見えるが，プラズマTV 陣営からライバルがみんな脱落したら，松下 1 社で液晶 TV 陣営と戦うのはむしろマイナスではないか」という問いへの，「1 社で戦う？　面白いじゃないですか」(9)という中村社長の答えであった(10)。

### 2） 基礎的戦略能力の不足

以上，「ダイナミック戦略能力の不足」について見てきたが，図 8-2 が示しているように，それをもたらしたのは「基礎的戦略能力の不足」と「成功体験」だった。まず前者について見ると，それを示すのは，次の 3 つの事例である。

第 1 の事例は，同社の販売予測や環境認識等が甘かったことである。その典型例は，2011 年度の薄型 TV の販売目標を前年度実績の約 2 割増の 2,500 万台とし，それからわずか半年後に 1,900 万台へと修正したことである。家電エコポイント制度が終了する 11 年度の販売目標を同制度によって急増した前年度並みとするのは（利益が出ていないことからすれば，なおさら）考えがたく，半年後にそれを大幅に引き下げたのは，見通しの甘さを示すものにほかならない。このような甘い見通しが「垂直統合生産への過度の固執」「一人勝ちへの固執」などにつながったと考えられる。

第 2 の事例は，大坪社長が「数をつくれば絶対にいけるという信念でやってきた」と述べたことである。このような“数を追い求める経営”は「一人勝ちへの固執」につながる可能性が強く，また「環境変化の正確な認識」を弱めることを通じて，「垂直統合生産への過度の固執」や「一人勝ちへの固執」などにつながったと思われる。そして，後者の場合にことに需要なのは，数量だけを追求する思考は，低価格化のみに思考を集中させ，消費者ニーズの質的変化の認識を鈍らせて，垂直統合生産や一人勝ちへの固執につながる可能性が強いことである。

第 3 の事例は，大坪社長が退任時に，「巨額の赤字は大変申し訳ない。ただ，将来の成長の布石を打ち，社長の責任は果たせた」，「リーマン・ショックや欧州の不況，震災，洪水，円高など外部の大きな混乱要因があった」[11]と述べたことである。これは，大坪氏が環境変化への対応を経営者の責任外と考えたことを示しており，それが（リスクを考慮しない）「垂直統合生産への過度に固執」の一因になった可能性を示している。

以上よりパナソニックが「環境変化の認識」という戦略形成のもっとも基本的な部分で不十分だったことは明らかだが，最後に2つ注意しておこう。1つは，以上のような「基礎的戦略能力の不足」は「ダイナミック戦略能力の不足」への影響を通じて「直接的敗因」に間接的に影響を与えたが，それは（間接的影響よりは弱いものの）直接的にも影響を与えたと考えられることである。第2に，上述のように大坪氏は“環境の混乱要因への対応”は経営者の責任外のことと考えていたが，その多くが経営者の責任であることは基礎的な戦略の知識であり，これは彼の知識の不十分さを示すものといってよいであろう。

### 3) 成功体験

以上が「ダイナミック戦略能力の不足」の原因としての「基礎的戦略能力の不足」であるが，前者の原因としてより重要なのは，「参入戦略の成功」と，その後の「破壊的低価格戦略」の成功という「成功体験」であり，それらによって自社の戦略に過度な自信を持ったことであった。ことに重要だったのは，パネル生産能力の拡大での先行の成功が「垂直統合生産への固執」を強め，これがより巨大な工場の建設につながったことである。これは，先の「数をつくれば絶対いけるという信念でやってきた」という大坪社長の言葉からも窺える。

ところで，「成功体験」は「基礎的戦略能力の不足」の原因にもなったと見られるが，これに関連して注意すべきは，十分な「基礎的戦略能力」があれば，それは「成功体験」によるマイナスの影響を打ち消して余る影響を「ダイナミック戦略能力」に及ぼし，同能力の不足という事態の発生を防ぐ効果があっただろうということである。そしてこれは，経営戦略学習の重要性を示すものといってよいであろう。

## 3 戦略外の敗因

以上がパナソニックの戦略関連の敗因だが，シャープの場合と同様に，「戦略外の敗因」として「コーポレート・ガバナンスの欠如」があったので，それを見てみよう。

一般に経営者は自分が敷いた路線の継承者ないしその方向にコントロールできる部下を継承者に据えたがるが，それは望ましくない結果をもたらすことが多い。そうして選ばれた後継者には，先任社長の失敗した戦略の修正はむずかしいからである。

この危険は，先任社長の業績が大きければ大きいほど高まる。彼がより強い“天皇”──さらには“上皇”──になる可能性が強くなるからである。そして注意すべきは，そうなる可能性が日本企業ではとくに大きいことである。トップがリーダーシップを振るって業績を上げるということが少ないために，稀にそういう経営者が出ると，その業績がそれほど大きくなくても力を持つようになりがちであり，業績が大きい場合には，非常に大きな権限を持つようになることがあるからである。

中村社長はまさに後者の典型だった。IT 不況時の業績悪化からの V 字回復を実現し，薄型 TV ウォーズでも同社を勝ち組に導いた功績で絶大な力を持つに至り，社長退任後も大きな影響力を持ち続けたのである。そしてそれが，後継者による戦略転換の可能性を減らし，より厳しい敗戦への道を敷くことになったのだった（中村氏は 2000 年 6 月社長，06 年 6 月会長，12 年 6 月相談役にそれぞれ就任）。

中村氏が後継者としたのは，彼の戦略を初期から支えた大坪氏だった。そのため大坪氏の戦略のほとんどは中村社長の戦略の延長線上にあって彼独自の戦略と見られるものは少なく，また中村戦略を疑問視してその修正に動いた形跡もない。むしろそれをさらに先鋭化して突き進み，2 つの巨大パネル工場を建設し，すでに「実質的敗戦」状態に入りつつあった同社の「最終的負け方をより悪くした」のである。なお，大坪氏は中村社長の戦略を初期から支えており，「実質的敗戦」に対しても責任があったといえる（この他，TV 事業以外で彼が主導した太陽電池やリチウムイオン電池事業の不振で巨額のリストラ費用の計上を余儀なくされたことも，パナソニックを破綻の危機に追いやる要因になったのだった。大坪氏は 2006 年 6 月社長，12 年 6 月会長にそれぞれ就任）。

## 4　パナソニックの敗因モデル

最後に，シャープの場合と同様に，パナソニックのすべての敗因をまとめて見てみよう。それを示したのが図8-3の「パナソニックの敗因モデル」である。このモデルから明らかなように，もっとも単純化すれば，パナソニックの敗因は次のように要約することができる。

第1に，「最終的敗戦」の原因は，「実質的敗戦」と「コーポレート・ガバナンスの欠如」であった。後者は，大坪社長が実質的敗戦に陥った後も強気の戦略を継続したことへの中村前社長への影響を示している。

第2に，「実質的敗戦」の原因は，中村，大坪両社長の「戦略転換の失敗」と「コーポレート・ガバナンスの欠如」であった。後者は，大坪社長が中村前社長の戦略を無批判に継承したことに対応するものである。

第3に，「戦略転換の失敗」の主因は「ダイナミック戦略能力の不足」であり，さらにその原因となったのは，「基礎的戦略能力の不足」と「成功体験」であった。なお，「基礎的戦略能力の不足」は，「戦略転換の失敗」に，上述の「ダイナミック戦略能力の不足」を経由した間接的影響よりは弱いものの，直接的影響も及ぼしたと考えられる。

図8-3　パナソニックの敗因モデル

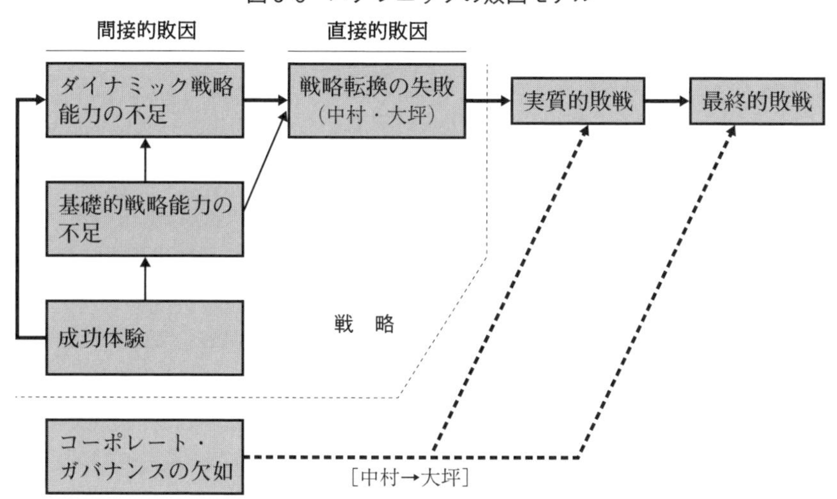

以上のようなパナソニックの敗因モデルを先に見たシャープの敗因モデルと比べると，次の2点で異なることがわかる。

第1に，パナソニックには，「自社技術の過信」がなかったことである。これは，同社が薄型TVで出遅れたので，当然のことであった。

第2に，シャープでは，町田社長から片山社長への移行についてはコーポレート・ガバナンス上の問題点はなく，その後に問題が生じて最終的敗戦を悪化させたのに対し，パナソニックでは中村社長から大坪社長への移行に関して問題があり，それが実質的敗戦にもつながったことである。

しかし，それにもかかわらず，注目すべきは，両モデルの類似性である。これは両社が基本的には敗因の多くを共有していたことを示している。

# 第9章

# ソニーの敗因

**はじめに**

ソニーの薄型TV事業は最終的に敗戦に追い込まれた点ではシャープ，パナソニックと同じだが，シャープのように「先行して勝ち組になった」ということも，またパナソニックのように「先行には失敗したものの，その後急速に巻き返しに転じて勝ち組になった」ということもなかった。先行に失敗して追撃したが，10期連続の赤字を記録して“成功体験なしに”敗北したのである。以下，第1節で戦略関連の「直接的敗因」を，第2節でそれらにつながったと見られる「間接的敗因」を，さらに第3節で「戦略外の敗因」を明らかにする。また，第4節で「ソニーの敗因モデル」を提示する。

## 1　直接的敗因

ソニーの「直接的敗因」として指摘できるのは，「参入戦略の失敗」と，その後の「戦略転換の失敗とリストラの遅れ」である。以下，1）で「参入戦略の失敗」について，2）で「戦略転換の失敗とリストラの遅れ」について見る。また，3）で「戦略転換の失敗」に含まれる「パネル戦略の失敗」をとくに取り上げて詳しく見ることにする。

### 1) 参入戦略の失敗

#### ■ ファースト・ムーバー戦略の失敗

ソニーは将来の薄型TVディスプレイの候補として液晶，プラズマのいずれにも早くから注目して研究を進めたが，結局，そのどちらにおいても「ファースト・ムーバー」になるのに失敗した。パネルについては，プラズマは開発を中止し，液晶についての取り組みも消極的であった。

またTV戦略は迷走と呼ぶべきものとなった。1995年にはシャープが同年に出した10.4型液晶TVにパナソニックとともに追随して同型のTVを発売したが，販売不振で翌年8月に撤退した。また，その発売の半年前には，アメリカの「テクトロニクス社」が開発した「PALC」（プラズマアドレス液晶）という新方式の25型TV「プラズマトロン」の，翌96年秋の発売を発表した。そしてその秋には，同TVの開発についてシャープとの提携を発表し，さらにその翌年にはそれにフィリップスが加わることを発表したが，結局，失敗に終わった。他方，96年には，PALC方式で対抗するはずだったプラズマTVについて，パネルを富士通からOEM調達して国内で発売するという発表がなされた。この他，有機EL-TVとFED-TV（第2章参照）の開発も目指したが，これらも失敗に終わった。

このようにソニーが迷走して先行に失敗した原因は，次の，当時の社長の出井氏自身の言葉が示すように，トップの戦略の失敗であった。

> 「液晶やプラズマディスプレーのような薄型パネルに出遅れたのは，私自身に時間軸の読み違いがあった。ブラウン管の後継技術は自発光する有機EL（エレクトロ・ルミネッセンス）かFED（電界放出型）だと信じ，この2つに賭けていたんです。FEDや有機ELは現時点でも越えなければならない山が2つ3つあって，液晶やプラズマは予想を超えて進歩した。技術のスピードを見誤ったのは確かでしょう」(1)。

#### ■「革新的で迅速なフォロワー戦略」にも失敗

こうしてファースト・ムーバーになり損ねたソニーはそれでもかなり“迅速に”製品を市場に投入し，その点では同じくファースト・ムーバーになり損ねたパナソニックと同じだった。しかし，パナソニックが“革新的ビジネスモデル”で参入して「革新的で迅速なフォロワー」として成功したのに対し，ソニーは「迅速だが非革新的フォロワー」にとどまった。その原因は革新的ビジネスモデルを構築できなかったことであり，具体的には次の2つだった。

1つは，ブラウン管TV時代の戦略をひきずり，製品の革新性を打ち出せなかったことである。シャープの「AQUOS」と日立の「Wooo」のヒットに触発され，2002年に，平面ブラウン管TVで展開していた「WEGAシリーズ」に初めて液晶TV 2機種（15型，17型）を追加して同TVへの参入を本格化した。しかし，市場投入の立ち遅れに加え，ことにブランド名にブラウン管TVと同じ「WEGA」を採用したために古いイメージを引きずったこともあり，結果は芳しくなかったのである。

もう1つは，パネルを外部調達に依存したため，製品発売のタイミング等を，パナソニックのように機動的に展開できなかったことである。液晶パネルはLG，シャープ，日立などからの，またプラズマ・パネルはFHPとNECからの購入に依存したために，内部調達より割高になったのに加え，需要の急拡大時に各社が自社を優先し，思うように調達できなかったのである。なお，このようなパネルの外部依存が先の製品の革新性の欠如をもたらす要因となったことにも注意すべきである。

### 2) 戦略転換の失敗とリストラの遅れ

このようにソニーのスタートは厳しく，その後，一時，小康状態を得たが，2004年度にTV事業が赤字となり，以後，14年度まで赤字が続き，敗戦に至ったのだった。この主因は「戦略転換の（欠如の意味での）失敗とリストラの遅れ」だった。

#### ■ 戦略転換の失敗とリストラの遅れ①——出井（会長）時代

ソニーの失敗の主因の1つは，成功したブラウン管TV御三家時代の（競争）戦略を引きずり，“現実”に即した戦略に転換できなかったことであった。

その実績から見て，ソニーが市場参入後に御三家時代と同様に「シェア・トップ」の座の獲得を目指したのは無理からぬことだった。そして実際に，外部調達パネルを使いながら，2003年の液晶TVの世界シェアでシャープに次ぐ第2位，またプラズマTVでも松下，日立に次ぐ第3位となり，その可能性を示した。

しかし，国内市場では，2002年から03年にかけて液晶TV，プラズマTVともシェアは増えたもののトップとは大差にとどまり，またより問題だったのは，利益面で苦戦し，03年にはTV事業の営業利益がわずか119億円の黒字にまで減少したことだった。そしてその原因についてのソニーの認識は，パネルを外部に依存しているからだということであり，それへの対策が急がれることになった。

その具体策が，2003年10月発表のリストラ策に含まれていたサムスンとの合弁の液晶パネルの生産会社S-LCDの設立であった。合弁会社の株式の持ち分利比率は「ソニーが50%マイナス1株，サムスンが50%プラス1株」で，しかもCEOはサムスンが派遣するという「不平等条約」だったが，両社合計で2,000億円を投じて世界初の第7世代パネル工場を設立するというものであった。

ところが，上述のリストラ策は結果を出せず，TV事業は2004年度に初の営業赤字となり，それを受けて05年6月に出井会長と安藤社長が退陣し，ストリンガー・中鉢体制に移行した。TVを含むエレクトロニクス事業の所管は中鉢副社長だったので，これはTVに関しては中鉢体制への移行といえるものであった（なお，リストラが不十分だったことについては，第4章で紹介したように，「場当たり的で抜本的改革を先延ばしにしたものであり，それは出井氏を筆頭とする旧経営陣の方針を擁護するためだった」とする厳しい見方がなされていたことに注意しておこう）。

### 戦略転換の失敗とリストラの遅れ②——中鉢時代

その中鉢体制は，2005年9月，「中期経営方針（05～07年度）」を発表した。「エレクトロニクスの復活無くしてソニーの復活なし」(2)とする中鉢社長の宣言にもとづいて全世界で1万人の従業員の削減ほかのリストラ対策が打ち出され，TV事業についても対策が打ち出された。しかし，中鉢社長が就任以来，TV事業でシェア拡大と黒字化の双方を達成することを最大の経営課題としてきたにもかかわらず，それは，ブラウン管事業拠点の集約と，既存の液晶TVとリアプロジェクションTVを強化するとの“決意表明”にとどまり，内容の乏しいものだった。

それでも，同年の年末商戦では，TV事業「復活」の切り札として，4月に稼働した上述のS-LCD製パネルを用いた新ブランド「BRAVIA」が発売された。これは，当時の大根田CFOが「欧米でのテレビの価格下落が想定以上にひどいが，2006年後半には黒字体質にしたい。当社がコスト競争力を失ったのは，外部から液晶パネルを購入していたからだが，S-LCDの稼働でコスト改善が進む」と期待を表明していたものであり，それに応えるように「BRAVIA」は年末商戦でみごとにヒットし，その後も好調を続けた。

そのため，TV事業は2005〜07年度も赤字だったものの，“自信”を持った中鉢社長は08年6月に新たな「中期経営方針（08〜10年度)」を打ち出し，営業赤字が前年度の3倍以上の730億円に急拡大した液晶TVについても「販売シェア15〜20%で世界首位を目指す」という目標を掲げた。そして後日，彼は記者の質問に答えて，TV事業の黒字化について「世界販売台数を07年度1,060万台から，08年度は一気に1,700万台に増やし，量産効果を狙う。シャーシの削減など，あらゆるコストを削減し，新興国向けの基本モデルは社外への生産委託も検討する。これらの効果で黒字化できる」(3)と述べた。ここで注意すべきは，この戦略はそれまでの戦略を踏襲したうえで，さらに“シェア世界一”などと目標を先鋭化させたものだったことである。

しかし，この中鉢社長の思惑が実現することはなかった。金融危機や世界経済の減速，ウォン安に乗じたサムスンの低価格攻勢などによる競争激化のために業績が急激に悪化したのである。2009年3月期のTV事業は1,270億円と過去最大の（しかも5期連続の）赤字となって「実質的敗戦」状態に陥り，エレクトロニクス事業，ソニー本体の営業，最終損益も赤字となった。そしてこれによって中鉢氏は退任に追い込まれ，ストリンガー会長が社長を兼任する体制，すなわちストリンガー単独体制へと移行することとなった(4)。

#### ▒ 戦略転換の失敗とリストラの遅れ③——ストリンガー時代

ストリンガー単独政権は，まず2008年12月に全世界の数カ所の生産拠点の閉鎖や1万6,000人の削減を含むリストラ案の骨子を示し，TV事業についても翌年1月に「愛知県内の2工場を1工場に集約して非正規社員約1,000人を削減する」等の具体策を示した。これは，中鉢社長のリストラ策は消極的だとして批判的だったストリンガー会長が業績悪化を見て業を煮やし，みずから先頭に立って工場，社員のリストラに乗り出したものだった（そして実際に，08年初めに13あった工場は11年末には4工場へと急ピッチで削減された）。

そして注目すべきは，翌2009年11月発表の新「経営方針」では，家電エコポイント制度の導入（09年5月）もあって販売好調だったために，「10年度に黒字化し，12年度に販売台数4,000万台，世界シェア20%（台数）を獲得する」という強気の目標が掲げられたことである（08年の台数シェアは13.9%だった）。その実現のための主な施策とされたのは開発や組立の“外部委託”だった。

しかし，2009～10年度にはTVの黒字化は実現しなかった。10年度は家電エコポイント制度によって国内市場は空前の活況を呈したのに価格低下と為替の悪影響等のために赤字となり，11年度も，国内市場は同制度の終了（11年3月）と欧米市場の景気悪化のためにやはり赤字だった。そしてこれによって業績が急降下し，翌年3月期のTV事業の赤字が過去最大の見込み（1,750億円）となったため，11年11月，戦略の大きな転換とコスト削減策が発表された。

これはそれまでの拡大路線を大きく修正するものであり，先の中期経営方針の「12年度の販売台数4,000万台，世界シェア20%（台数）」という目標は取り下げられ，販売目標は2,000万台（対前年11%減）へと“半減”された。そして，パネルの（S-LCD以外への）調達先の拡大，TV製品（モデル）数の削減，先進国の販売会社の経費削減や研究・開発費の効率化等のコスト削減策が盛り込まれたが，削減の最大のターゲットはパネル調達コストであり，その具体策として，ソニーは12年1月にS-LCD株をすべてサムスンに売却して同社との合弁を解消した。

2012年3月期の最終損益は4,567億円という過去最大の赤字（4期連続）となったが，主因はTV事業の2,075億円の営業赤字（8期連続）だった。このため，ストリンガー社長が退任して平井副社長が社長に昇格し，4月の就任直後に，グループ全体での1万人の従業員の削減を発表した。1999年3月（1万7,000人），2003年10月（2万人），05年9月（1万人），08年12月（1万6,000人）に続く5回目となるものだった。これは，そのころには生産設備のリストラはかなり進み，S-LCDからの撤退でパネル・コスト削減にもメドがついたのに対し，上のような数次にわたる人員削減にもかかわらず「人件費」の削減が遅れていたためになされたものだった。そしてこの結果，15年3月期についに黒字化に漕ぎつけたのだった。

以上，3つの時期に分けて見てきたが，それが示しているのは，結局，「(売上高とシェアの増大というCRT-TV時代以来の目標を引きずった) 戦略の転換の遅れ」と「リストラの遅れ」が (「参入戦略の失敗」とともに)「直接的敗因」になったということである。たとえば，「高付加価値TVに特化し，将来を見据えて有機EL-TVの開発に注力する」といった戦略に転換していれば，少なくとも敗戦のダメージをはるかに小さくすることができたであろう (また，それとともに，リストラを進め，さらにロボットなど当時撤退した有望事業を継続していれば，ソニーの再生はより容易になったであろう)(5)。

### ■ リストラの遅れの原因

では，なぜ，リストラが遅れたのだろうか。ここでその原因を明らかにしておこう。ソニーの赤字の主因は，中鉢氏自身が退任直前に述べたように，「人件費を含めた固定費が大きく，S-LCDからのパネル調達価格が高い」ことであり，「(工場設備，人件費などの) 固定費の負担が重いために損益分岐点が高く，売上高が減ると利益が急速に落ち込む収益構造」を転換できなかったことだった。逆にいえば，中鉢社長が実施した「(工場設備，人員等の本格的リストラはせず) シャーシ (設計基盤) を共通化する」といった程度のリストラや大根田CFOが述べた「歩留まりの改善や材料費の削減」といった“小手先”の対策では不足だったということである。

ブラウン管TV時代のソニーは「世界四極体制」と呼ぶ分権的な体制で成功したが，これは，全世界にTVの開発拠点や生産工場を展開することを意味した。したがってそれはまた生産設備等への大きな投資を必要とし，それぞれの拠点で多くの人材を必要とする“固定費負担の重い構造”を生み出していた。

ところが液晶TV時代になると，それは“稲沢一極体制”へと変化した。それは，「S-LCDで生産したパネルを日本の稲沢工場に運び，それに各国モデルに共通の画像処理等のための制御基盤を組み込んで半製品とし，それに世界各地の生産拠点で地域ごとに異なるチューナー等を組み込んで完成品にする」という体制だった。そしてその結果，世界各地の拠点のかなりの部分が過剰な設備・人員を抱えることになり，それらの集約や撤退などの効率化による固定費削減の必要性が高まったのである。

ところが，それにもかかわらずそれらの本格的なリストラは先延ばしにされ，赤字，さらには敗戦の主因の１つとなったのだが，それは次の理由によるものだった。

第１に，2005 年 6 月に発足したストリンガー・中鉢体制——ことにエレクトロニクス事業を主管する中鉢社長——にとっては（営業）利益の増大が至上命題だったため，短期的にせよそれを犠牲にするリストラは，できれば回避したかったからである。

第２に，また，幸運にも“実力外の要因”による利益の“かさ上げ”があって営業利益が絶対額としてはまずまずとなったため，リストラの手が緩んだと見られることである。株式相場の上昇による評価益，“円安”差益，本社跡地や半導体設備の売却益などがその主なものであった。

そして第３に，以上の“緩み”の結果，TV 事業は赤字続きにもかかわらず，本格的リストラはなされず，逆に，「売上を伸ばしてトップ・シェアをとれば黒字化する」というシェア拡大戦略に“安易に”流れてしまったことである。これは，次のように考えたためであろう。「生産を急拡大すれば，シェア拡大に貢献するとともに，量産効果によってコスト低下に貢献する。なお，生産拡大の必要があるので既存の生産設備や人員のリストラはしないが，生産拠点ごとに違っているシャーシ——電源基板や制御基盤を組み付けるケース——の共通化等によってコストを削減すれば，先の量産効果によるコスト低下とあわせて TV を黒字化できる」。

そして重要なのは，この結果，「リストラの遅れ」が「(事業目標の転換を含む競争）戦略転換の遅れ」をより大きくし，後者が前者をより大きくするという“悪循環”が生じたと見られることである。

以上は主に中鉢時代の“先延ばし”の理由であるが，ストリンガー時代もほぼ同様であった。家電エコポイント制度の導入などの影響もあってシェア拡大路線を継続したためにやはりリストラが甘くなり，その分黒字化にさらに時間を要し，「負け方」をより悪いものにしたのである(6)。

### 3）パネル戦略の失敗

以上のように「戦略転換の失敗」と「リストラの遅れ」がソニーの直接的敗

因だったが，次に，前者の一部分である「パネル戦略の失敗」についてより詳しく見てみよう。

### ■ S-LCD 依存からの脱却の遅れ

S-LCD 設立のそもそもの動機は「TV の赤字の原因は自前のパネルを持たず高い外販パネルを購入しなければならないことなので，それを是正する必要がある」ということであり，同社製パネルを使った「BRAVIA」の健闘は「来年後半には黒字体質にしたい」という 2005 年夏に大根田 CFO が述べた願望が実現するかのように見えた。

しかし，それは実現しなかったばかりか，彼はその後毎年のように「来期には黒字化する」と言い続けたが，実現したのは実に 10 年後の 2014 年度だった。しかも皮肉にも，その原動力となったのは S-LCD の“稼働”ではなく，S-LCD からの“撤退”だった。それと調達先の拡大によってコストの大幅削減が可能になったのである。

これは，先の大根田 CFO の見込みとはまったく逆の事態が生じたことを意味している。その理由を理解するために，S-LCD に関して実際に生じた問題を見てみよう。

1 つはリーマン・ショックの影響が表面化する 2008 年後半以前の“需要の急拡大期”に生じたものであり，S-LCD が TV 事業拡大への制約と認識されるようになったことである。この期には急増する需要を摑むべくパネルの“コスト”よりも“量の確保と調達のタイミング”が重要な課題になった。ところが S-LCD からの調達量を自社でコントロールできないために思うように調達できず，不足分については S-LCD 製より割高な外部調達に頼らざるをえなかったからである（不足分はサムスン本体から調達していた）。

これは販売を大幅に引き上げたいソニーにとっては大問題であり，シャープの堺工場への出資を決定したのも「調達先を複数化して調達をより確実にするとともに，調達先を競わせて調達価格を引き下げる」ため，すなわち「所有株が“2 株！”少ないために生産量の決定権をサムスンに握られてしまった S-LCD への依存を減らす」ことだった。これが需要の急拡大期に起きた“反 S-LCD”現象であり，その核心は“供給不足”であった。

これに対してリーマン・ショックの影響によって需要が急減した“2008 年

後半以降”に生じたもう1つの“S-LCD問題”の核心は，“割高な価格”と“供給過剰”であった（それがことに深刻化したのが，先述の，11年4月以降の，家電エコポイント制度の終了とヨーロッパの景気悪化による国内需要の急減後である）。そして後者が生じたのは次の理由からだった。

1つは，ソニーにはS-LCDの年間生産量の半分を引き取る義務があったが（同社の生産量が，ソニーより販売量がはるかに多いサムスン主導で決められたために），販売量が引き取り量に達しないことも生じ，その場合には在庫を抱え込み在庫コストを膨らませたことである。

またもう1つは，当時は台湾メーカーなどが最新鋭のパネル工場を稼働させたためにパネルが世界的に供給過剰になり，S-LCD製よりも低コストのパネルの調達の可能性が生じていたが，S-LCDからの引き取り義務のためにそれらを購入できず，割高になったS-LCD製パネルを購入せざるをえなかったことである。

こうして，ソニーにとっては期待の星だったはずのS-LCDが結果的に慢性的赤字の元凶の1つになってしまったのである。垂直統合生産が常にバラ色の結果をもたらすわけではないことについては第7章でシャープを分析した際に明らかにしたが，次に，ソニーのそれについてもう少し詳しく考えてみよう(7)。

### ■ ソニーの垂直統合化の問題点

第7章で述べたように（垂直統合生産の効果を取引コストの削減による製品の低コスト化に限れば），垂直統合生産が有効な条件は，外部に自社よりも低コストで（パネルを）生産できる供給業者が存在しないこととされる。

しかし，これはスタティックな議論であり，よりダイナミックに考えれば，競争の激しい業界では“現在は”その条件を満たしていてもいずれ他社が追随してくることは必至である。そこでそれを考慮すれば，「垂直統合への投資で先行し，しかもより低コストの外部の供給業者が登場する前にその投資を回収できそうなこと」をもう1つの条件と考えるべきである。

そしてこれらの条件に照らしてソニーの戦略をたどると，そのいずれも充たしていなかったことがわかる。巨大なパネル専業メーカーが登場してより低コストのパネルを供給するようになりつつあり，また，垂直統合への投資（S-

LCDの設立）もサムスン，シャープよりはるかに遅く，設備の償却が遅れたからである。したがって，ソニーの垂直統合化はそもそも不適切だったといってよいであろう。

しかも，同社の場合には，さらに問題があった。それは，上の議論では，垂直統合したパネル生産子会社の生産量，生産のタイミングを自社でコントロールできることが当然の前提となっている。ところがソニーの場合には，自社よりも強い相手と"不平等条約"を結んだために，その前提が充たされず，需要の縮小期には販売量よりも引取量の方が多くなることがあり，引き取り義務のある分，単独の垂直統合の場合よりもマイナスの効果が強くなったのである(8)。

## 2　間接的敗因

以上がソニーの「直接的敗因」だが，シャープ，パナソニックと同様に，それらにつながった「間接的敗因」として，図9-1の左欄に3グループに分けて示した要因が見出された。最大の要因は「ダイナミック戦略能力の不足」であり，それに次いだのが「基礎的戦略能力の不足」と，「成功体験」および「自社技術の過信」だった。

### 1）　ダイナミック戦略能力の不足

はじめに「ダイナミック戦略能力の不足」について見てみよう。これはより具体的には，「不適切な組織戦略」「不適切な垂直統合（生産）戦略」，および「不十分なグローバル・競争・マーケティング戦略」からなるものだった。

#### ■ 不適切な組織戦略

まず「不適切な組織戦略」について見ると，これは「組織・人員の維持への固執」によって特徴づけられるものであった。それは，組織と人員——ことに人員——の維持は終身雇用の色彩の強かった日本企業には広く見られたものであり，高度成長期までは有効だった。しかし，その後の大きな環境変化によって不可避になった事業構造の転換にとっては，それはむしろ障害へと転化し，日本企業の衰退の大きな原因となった。ソニーも例外ではなく，その1つの表

図 9-1　戦略関連の敗因（ソニー）

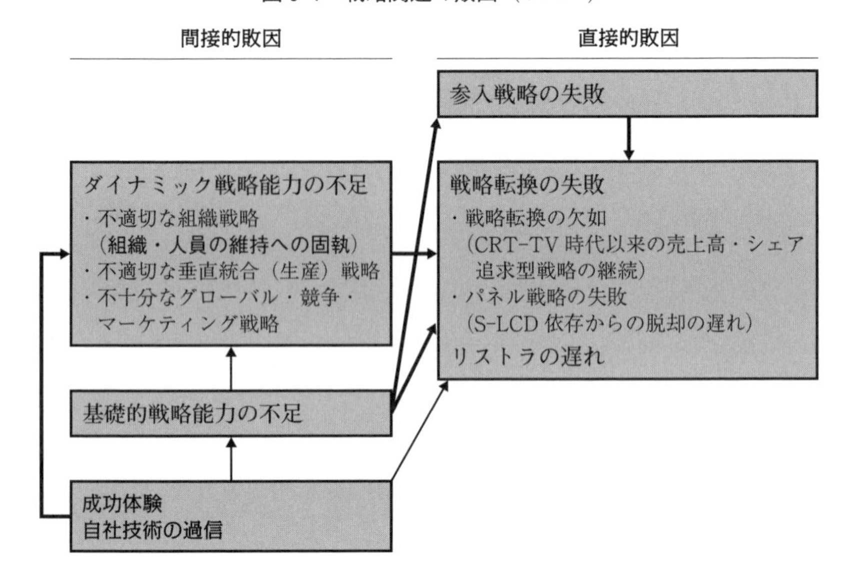


れが，中鉢社長によるリストラへの消極姿勢であり，リストラを急ごうとするストリンガー氏への抵抗勢力となって「戦略転換の欠如」と「リストラの遅れ」につながったのである。

もっとも，優秀な技術者が流出してしまうという，彼のリストラ反対の論拠にも一理あった。そして実際，ソニーの場合にも，TV 事業がいつまでも黒字化しないために，結局はリストラを行い，多くの優秀な技術者が同社を去ったといわれている。

しかし注意すべきは，そのリストラが遅ればせで小規模だったために業績が改善せず，さらなるリストラが必要になったが，それも遅ればせで小規模だったためにやはり改善せず，さらにリストラが必要になり，……という悪循環で，結局，早期に大規模なリストラを行った場合よりもはるかに大きなリストラを行うことになり，技術者の流出もはるかに大きくなった可能性があることである。

### ■ 不適切な垂直統合（生産）戦略

次いで「不適切な垂直統合（生産）戦略」であるが，これは「S-LCD への依存からの脱却の遅れ」の原因になったと考えられる。ソニーとしては，前述のような「垂直統合を有利にする条件」を踏まえ，パネル専門企業が台頭した場合の対応策なども想定したうえでS-LCDの設立に踏み出すべきだった。そうしておけば，S-LCDからのより早い脱却が可能だったはずである。

ところが，それがなされず，垂直統合のマイナスが表面化してからの“事後的”対応となったために，脱却が遅れたのである。そしてその原因は，「環境（条件）によって垂直統合と外部調達を使い分ける」という“ダイナミックな”垂直統合戦略についての知識とその運用能力がなかったからだと見てよいであろう。

### ■ 不十分なグローバル・競争・マーケティング戦略

ソニーのグローバル戦略，（差別化戦略等の）競争戦略，およびマーケティング戦略は日本企業の中では良い方だったが，シャープと同様に，最大の競争相手であるサムスンの“より適切な戦略と比べれば”不適切であり，それが「戦略転換の欠如」につながったと考えられる。（その詳細については割愛するが）サムスンは現地市場の顧客ニーズや発展段階に合わせて“ニーズ志向的に”，またそれぞれの市場の経時的変化に合わせて“ダイナミックに”，さらに地域間での資源配分の優先順位を考えて“柔軟に”それらの戦略を展開した。しかし，ソニーにはそのような戦略を展開する能力が十分でなかったために「売上高とシェアの増大」というCRT-TV時代以来の目標を引きずった戦略を続け，それが「戦略転換の欠如」の主因の1つになったのである。

そしてそれを象徴したのが，次の2つだった。1つは，ソニーは，サムスンの「Bordeaux」やLED-TVのような差別化商品を生み出せなかったことである。サムスンが“非ハード型差別化”で成功したのに対し，ソニーはシャープ，パナソニックと同様に“ハード型差別化”がほとんどであり，これが「売上高・シェア追求型戦略」からの転換を妨げたのである（もっとも，ソニーは，フルハイ化，倍速化などの“ハード型差別化”でも後れをとり，これも「戦略転換の失敗」の一因になった可能性がある）。

もう1つは，ソニーは，そのハード型差別に関しても，その最強の武器をみずから放棄してしまったことである。その武器とはDRCのことであり，2008年以降，「BRAVIA」へのそれの搭載を停止したのである。もっとも，これは，この技術の放棄がシェア追求型戦略の転換の妨げになったというよりも，後者の追求が前者をもたらしたというのが基本であるが，同技術の放棄がその後の売上高・シェア追求型戦略の転換の妨げになったことも否定できない（なお，上の「BRAVIA」への搭載の停止により，その開発者の近藤氏〔当時，業務執行役員〕は主導していた先端的研究を行う研究所の所長を解任され，その研究所もリストラの一環として，年間数十億円の予算の削減のために，解体された）(9)。

### 2） 基礎的戦略能力の不足

以上が「ダイナミック戦略能力の不足」であるが，図 9-1 が示すように，その原因となったのは「基礎的戦略能力の不足」と「成功体験」および「自社技術の過信」だった。まず前者について見ると，その存在を窺わせたのは 4 つの事例だった。

第 1 の事例は，2005 年 3 月期に TV で初の営業赤字になって以降，毎年，決算のたびに「来期（ごろ）には黒字になる」と繰り返したが，結局，赤字から 10 年間脱却できなかったことである（05 年 7 月に「来年〔06 年〕後半には黒字体質にしたい」と述べた大根田 CFO は，10 年 3 月には「オオカミ少年といわれている」(10)と自嘲するほどだった）。そして予測が外れたときの説明――弁解――のほとんどは「“想定以上の価格下落”があった」というものだった。

しかし，2，3 回までであればともかく，その弁解をいつまでも続けたことは理解しがたい。年率 20～30% の価格低下がほとんど“法則化”していたにもかかわらず，それを“想定外”として（環境に！）責任転嫁し続けたことは，価格下落の原因やその深刻さの理解力が欠落していたことを示しており，戦略形成の基礎的能力の不足をいわれても仕方がないであろう。販売や価格変化の予測は戦略形成には不可欠であり，それが適切にできることは基本中の基本だからである。

そしてとくに重要なのは，そのような予測ミスの連続が（投資家等のステークホルダーに対して無責任であるだけでなく），直接的，間接的に「戦略転換の失敗」と「リストラの遅れ」の原因となったことである。すなわち，以上のような楽観的見通しは「売上高・シェア追求型戦略」を正当化し，「戦略転換の欠如」に直接的に“寄与”した。それはまた，“固定費負担の重い構造”の重大性の認識を遅らせて「組織・人員の維持への固執」を持続させ，「リストラの遅れ」に間接的に寄与したのである。

第２の事例は，それと関連するが，ソニーが「低価格戦略でトップ・シェアを獲得する戦略」でサムスンに勝てると判断し，それを企業目標としたことである。しかし，サムスンの資金力，パネル供給能力等を冷静に考えれば，それは合理的には考えがたいものだった。それは，トップの期待を忖度した財務部門の楽観的見通しにもとづいてなされたと思われるが，非常に疑問であり，「基礎的戦略能力の不足」を示すものといえる。また，困難なことがわかっているのにその目標を掲げ続けたとすれば，無責任の謗りを免れない。この要因は，「売上高・シェア追求型戦略」を正当化し，「戦略転換の欠如」に直接貢献したと見てよいであろう。

第３の事例は，中鉢社長が「（今は）ビジョン――夢――などは語らずに，当面の課題を着実にこなして利益を上げなくてはならない」（要旨）[11]として，ビジョンを否定（封印）したことである。しかし，それは不適切であり，２つの理由で，直接的敗因に寄与したと考えられる[12]。

１つは，それは，当時の喫緊の課題である「リストラによる“固定費負担の重い構造”の改革」から目をそらさせ，「リストラの遅れ」に寄与した可能性があることである。当時トップに必要だったのは，「改革のためのリストラの必要性を納得してもらうためにリストラ後の会社の姿についての説得的なビジョンを示すこと」だったが，それとは逆のことを行ったのである。

もう１つは，“ビジョンの封印”は実際には「ビジョンを語るよりはメークマネー」（要旨）[13]の“現実主義”となって利益の過度の重視，短期的利益を見込めぬ研究開発への投資の縮小，短期的な利益を見込めぬ新規事業への挑戦の軽視，等をもたらし，本格的リストラにはむしろマイナスに作用した可能性が強いことである。実際，それらはソニーのかつての自由闊達な風土――創発的インフラ――の否定を意味し，今日に至るまでの大ヒット商品の不在の淵源となったのである[14]。

このように「ビジョンの否定」は不適切であり，「ビジョン設定の能力」は経営者の「基礎的戦略能力」であって，その不足が直接的敗因につながったのである。

第４の事例は，薄型 TV 候補の技術進歩に関する出井社長の“読み違い”――予測の失敗――である。これがソニーの「参入の遅れ」（という「参入戦略の失敗」）とそれによる外販パネルへの依存によるTV事業の不振をもたらし，また，そこから生じた焦りがサムスンとの不利な提携につながり，それが赤字からの脱却を遅らせたのである。

出井氏は「ブラウン管の後継技術は有機ELかFEDだと“信じ”，この2つに懸けていた」と述べているが，当時，「液晶ないしプラズマ」と「有機ELないしFED」のいずれが次世代TVとして有望かについては“客観的に見て”前者が有望とのコンセンサスができつつあり，ほとんどの企業が液晶かプラズマ（ないし双方）に注力し始めていたことを考えれば，出井氏が有機ELの先行を“信じた”のは疑問とせざるをえず，これは「基礎的戦略能力の不足」を示すものと見てよい。

### 3） 成功体験と自社技術の過信

以上が「ダイナミック戦略能力の不足」の原因の1つとなった「基礎的戦略能力の不足」であるが，「成功体験」と「自社技術の過信」もその原因だった。まず前者について見ると，それが原因になったのはシャープ，パナソニックと同じだが，その内容は両社とはまったく違っていた。両社の場合にはあくまでも薄型TVでの成功体験だったが，ソニーの場合にはブラウン管TV時代の成功体験と，薄型TVウォーズ以前におけるソニーの業績向上についての出井社長の成功体験だったからである。これらが「油断」を生んで「ダイナミック戦略能力の不足」や「基礎的戦略能力の不足」をもたらし，それらが「参入戦略の失敗」とその後の「戦略転換の失敗」につながったのである。

これを窺わせるのが，参入の遅れに対してソニーの担当部門が述べた，「フラットパネル化（＝薄型TV化）の直接的な影響を受けていない」，「従来型のCRT（ブラウン管を利用した映像表示装置）は一番綺麗な画像が出るデバイスである。コストメリットや動画特性など，CRTにはまだまだ優位性がある」(15)等の言葉である。

次いで「自社技術」の過信について見ると，上のソニーの担当部門の言葉から窺えるように，ことにDRC等の映像技術に対するソニーの自信は強く，赤字になっても，「パネルさえ獲得できれば，巻き返せる」と考え，これが「基礎的戦略能力の不足」と「ダイナミック戦略能力の不足」を通じて間接的に，またある程度は直接的に「戦略転換の失敗」に影響を与えたと考えられる。

## 3　戦略外の敗因

以上が戦略関連の敗因であるが，シャープ，パナソニックと同様に「戦略外の敗因」として見出されたのが「コーポレート・ガバナンスの欠如」であった。

### ■ ストリンガー・中鉢体制への移行

ソニーの「直接的敗因」の1つはストリンガー・中鉢体制下での「戦略転換の失敗」だったが，この体制を生み出したのは出井氏だった。ソニー・ショック（2003年）後の業績回復がはかばかしくなく，05年に彼が退任を迫られたとき，大方が予想（ないし期待）した後継者は久夛良木副社長だったが，選ばれたのは下馬評になかった彼らだった。選任したのは取締役会（の指名委員会）だが，候補者の推薦という形で実質的に決定したのは出井氏であった（なお，出井氏は当初，自身とストリンガー氏との「共同グループCEO」案を打診したが，業績低迷に危機感を持った社外取締役から「責任の所在が不明確」として拒否されたという）。

出井氏が彼らを選んだのは，久夛良木氏とは折り合いが悪く，他方，ストリンガー氏とはかつて彼をソニーのアメリカ事業の統括子会社「SCA（ソニー・コーポレーション・オブ・アメリカ）」にリクルートしたときから良好な関係にあり，また中鉢氏はもともと“色が付いていなかった”ためだった。出井氏と久夛良木氏の折り合いが悪くなったのは，ソニーのゲーム子会社「SCE（ソニー・コンピュータエンタテインメント）」でのPSとPS2の大成功で評価の高かった久夛良木氏が「ソニー・ショックの原因は，出井氏等がエレクトロニクス分野への投資に熱心でなかったためだ」と批判したことだった。

そのため，ストリンガー，中鉢両氏のいずれにとっても選ばれたことが“自他ともに”想定外だったのはともかく，問題は，それが薄型TVウォーズに大きな影響を及ぼしたことである。というのは，中鉢氏は主に録音テープや光ディスクなどの記録メディアの事業部門で電子部品の生産・開発にかかわり，戦略，ビジョンなどへの関心は強くなかったため，ビジョン型の久夛良木氏を排した出井氏の考えを受け入れて，ビジョンや戦略を軽視する姿勢を強めたと見られるからである。また，“候補外だった”ことから“業績を上げて見返したい”と考えたことも，短期的利益を重視して（リストラを含む）戦略やビジョンを軽視する姿勢を強める方向に作用したと考えられる。他方，ストリンガー氏は技術に疎かったことが問題だった。

したがって，「企業に必要とされる能力を持ったトップを選任する」というコーポレート・ガバナンスの課題からすると，このトップ・マネジメントの交替には疑問の余地があったことは明らかであろう。一般に，以上のような経緯で選ばれた後継者は直接的働きかけがなくても前任社長の意向を“忖度”する傾向が強く，その戦略を転換するのは容易ではないからである。また，出井氏が2005年6月の会長兼CEO退任後，ソニーの最高顧問・アドバイザリーボード議長に就任し，最高顧問は07年6月まで，またアドバイザリーボード議長は12年6月まで務めたことを考えれば，その可能性は高いと思われる（出井氏は95年4月社長，2000年6月会長兼CEOに就任。中鉢氏は05年6月社長兼グループCEO，09年4月副会長にそれぞれ就任。ストリンガー氏は05年6月会長兼CEO，09年4月会長兼社長兼CEOにそれぞれ就任。12年4月会長兼社長兼CEOを退任。12年6月取締役会議長就任。なお，2000年6月から05年6月までの社長は安藤氏）(16)。

### ■ ストリンガー・中鉢体制内のコンフリクト

また，上述のようなプロセスで生まれたストリンガー・中鉢体制においては両者の関係が良好でなく，これもTVでの敗北に影響を与えた可能性がある。そしてこの点で注目すべきは，先述のように中鉢氏が「ものづくり」の人だったのに対して，ストリンガー氏は「技術」には関心がなかったといわれることである。彼はジャーナリスト，TVプロデューサー出身であり，1995年まで当時のアメリカ4大ネットワークの1つであるCBCに在籍していたが，97年に出井氏によってSCAのトップにスカウトされ，アメリカ事業を同社の稼ぎ頭の1つに育てたことで評価された人だった。

そして（以前の勤務先でリストラによって実績を上げたこともあって），彼はCEOに就任後，エレクトロニクス事業の生産工場・人員のリストラを積極化しようとした。しかし，同事業を管轄する中鉢社長が「これ以上減らすと優秀な技術者までいなくなる」と“抵抗”したため，“部門間の調整に奔走する社長に配慮して”リストラを封印し，2009年に自身の単独体制になってからそれを急いだのである。

このようにトップ・マネジメント間に戦略をめぐって食い違いが生じたのはやむをえないが，問題は，その対立が激しく，ストリンガー氏が中鉢氏の反対でリストラが進まないことについてイギリスの『フィナンシャル・タイムズ』とのインタビューの中で「(ソニーには) 不採算事業を整理する熱意がない」(17)と不満を述べるといった事態も生じたことである。これは行き過ぎであり，トップ・マネジメント間の不統一や不和を社外にさらして企業への評価を傷つけたばかりか，社員のモラールにも悪影響を与えたと見られ，コーポレート・ガバナンス上，憂慮すべき事態だった。そしてもっとも問題だったのは，以上のようなストリンガー氏の行動によって中鉢氏が硬化し，それが「固定費の重い構造」の解体をさらに遅らせた可能性があることである。

このように見てくると，出井社長がストリンガー・中鉢体制をつくったことの責任は非常に重いといわざるをえない。そしてそうした理由として考えられるのは，彼の戦略がソニーの伝統的なエレクトロニクスの軽視につながるものだったことである。最後に，この点を見ておくことにしよう(18)。

### ■ 出井戦略

出井氏は1995年4月に12年半社長の座にあった大賀氏の後を継いで社長に就任し，映画子会社「SPE (ソニー・ピクチャーズエンタテインメント)」の立て直し，DVDの規格統一問題の処理，パソコンへの再参入などの実績を上げ，また (円安効果もあったが) 97年，98年3月期と2期連続で売上高，純利益とも過去最高を更新し，経営者としての評価を大いに高めた。

しかし，その後は順調ではなかった。彼の戦略は“Sony Dream Worldの実現”などの華やかなビジョンのもとにデジタル時代を先取りすることにあり，その焦点は (単体の) ハードとしてのデジタル機器ではなく，インターネットによって音楽や映画 (その他のサービス) を配信するビジネスに置かれた (そして，それが先述の久夛良木氏の批判の原因だった)。しかし，それはうまくいかず，エレクトロニクス事業は危機に陥り，等閑視したTV事業でも，参入戦略に失敗して“最初の”敗因を生み出してしまったのである。

また，CEO退任後の業績も芳しくなかった。その1つはすでに述べた“院政”の弊害の可能性だが，もう1つは，かつてのソニーの強みであった「創発的インフラ」を破壊した可能性である。先に，「中鉢社長は“研究開発の効率”を強調し，分野の絞り込みなどによって創発的インフラの弱体化を促進した」と述べたが，それが始まったのは出井時代だった。

創発的インフラとは「自由闊達な組織風土」を意味するが，かつてのソニーではそこからウォークマン，PS等のヒット商品が生まれた。ところが，株価の上昇を重視して出井氏が導入したEVA（経済付加価値）という株主資本へのリターンを指標とした経営手法が，自由な研究開発の弱体化をもたらしたのである。それは，キャッシュフローを重視する手法であり，不確実で成果が出るまでに時間のかかる研究・開発投資を圧縮する方向に作用したからである（出井氏が同手法を導入したのは，初期の好業績による株価の上昇が高評価をもたらしたために利益と株価重視の戦略をとるようになり，株価との連動性が高いとされたのがEVAだったからである）。

なお，創発的インフラを弱体化させたもう1つの要因として重要なのが長期間にわたって“五月雨的に”繰り返されたリストラだが，これが始まったのも出井時代だった。これがソニーの組織と社員を大きく疲弊させ，創発的インフラの解体を促進したと考えられる(19)。

## 4 ソニーの敗因モデル

以上がソニーの「戦略外の敗因」としての「コーポレート・ガバナンスの欠如」であり，それを含む，すべての敗因をまとめたのが図9-2の「ソニーの敗因モデル」である。これからわかるソニーの敗因は次のようなものであった。

第1に，「最終的敗戦」の主因は「実質的敗戦」と「コーポレート・ガバナンスの欠如」であった。後者は，図の「コーポレート・ガバナンスの欠如」からの［出井 → ストリンガー・中鉢］の点線の矢印に対応するものであり，出井氏のストリンガー・中鉢体制の形成が，赤字ですでに「実質的敗戦」状態にあったTV事業の赤字からの脱却を遠のかせ，最終的敗戦に至ったことを示している。

第2に，「実質的敗戦」の直接的原因は，出井社長による「参入戦略の失敗」，出井・ストリンガー・中鉢両社長による「戦略転換の失敗」と「リストラの遅れ」，および「コーポレート・ガバナンスの欠如」であった。後者は，「コーポ

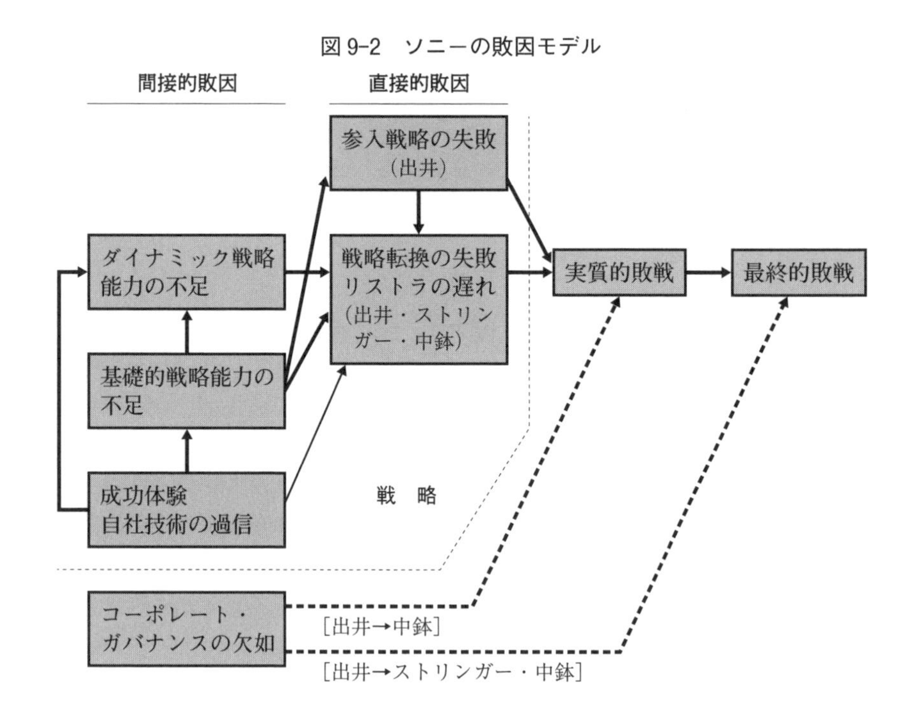


図 9-2　ソニーの敗因モデル

レート・ガバナンスの欠如」からの［出井 → 中鉢］の点線の矢印に対応するものであり，中鉢氏が無批判に出井戦略を継承したことに関するものである。

第 3 に，「戦略転換の失敗」の主因は「参入戦略の失敗」と「ダイナミック戦略能力の不足」であり，「基礎的戦略能力の不足」，および「成功体験」と「自社技術の過信」も原因の一部だった。

第 4 に，「ダイナミック戦略能力の不足」をもたらしたのは，「成功体験」および「自社技術の過信」と「基礎的戦略能力の不足」であり，最初の二要因は「基礎的戦略能力の不足」を経由しても「ダイナミック戦略能力の不足」に影響を及ぼしたと見られる。

第 5 に，「参入戦略の失敗」の原因は出井氏の判断ミスをもたらした「基礎的戦略能力の不足」であり，その不足の理由は明確ではないが，彼の成功体験がもたらした“緩み”が役割を果たしたと推定される。

最後に，「リストラの遅れ」の主因となったのは「ダイナミック戦略能力の不足」，ことにその中の「組織・人員の維持への固執」であった。

以上のようなソニーのモデルを先に見たシャープおよびパナソニックのモデルと比べると，次のような違いがあることがわかる。

第1に，それら2社とは異なり，「参入戦略の失敗」の影響が大きかったことである。それは，パネルの外部調達を余儀なくし，その高価格，不自由な調達等によって赤字の主因となり，また，「戦略転換の失敗」によって敗戦の主因となったのである。

第2に，シャープとパナソニックでは「戦略転換の失敗」が直接的敗因だったが，ソニーの場合には，それに「参入戦略の失敗」と「リストラの遅れ」が加わったことである。これらは，ブラウン管TV時代の成功の後遺症といえるものであった。

第3に，その「リストラの遅れ」に関しては，「ビジョンの欠如」がマイナスに作用したと見られることである。トップがリストラ後のソニーの姿を描けないために，自信をもってリストラを推進できなかったのである。

第4に，シャープ，パナソニックと比べると，ソニーの場合は「基礎的戦略能力の不足」の「直接的敗因」への直接的および間接的影響が大きかったことである。

以上がソニーのモデルと先に見た2つの企業のモデルとの違いであり，「参入戦略の失敗」をはじめ，かなりの違いがあることが見て取れる。

しかし，注目すべきはやはり両社との類似性である。ことに，（「参入戦略の失敗」以外の）敗戦の主因が，「戦略転換の失敗」と「コーポレート・ガバナンスの不足」であり，まったく同じだったことに注目すべきである。

第10章

# 日立の敗因

## はじめに

日立は薄型TVで出遅れたが，プラズマTVでは先行する富士通，パイオニアを迅速に追撃して一時的な成功を収めた。しかしその後が続かず，ことに2004～05年のパナソニックの過激な低価格戦略に敗れて急速に力を失い，敗戦に追い込まれた。以下，第1節で同社の「直接的敗因」を，第2節で「間接的敗因」を，第3節で「戦略外の敗因」を明らかにし，最後の第4節ですべての敗因を取りまとめた「日立の敗因モデル」を提示する。

## 1 直接的敗因

上述のように，日立はプラズマTVでは初期に一定の成功を収めた。そこで，以下では，1) で成功要因について述べ，2) でプラズマTVの直接的敗因，また3) で液晶TVの直接的敗因を明らかにする。

### 1) プラズマTVの初期の成功要因

日立は液晶，プラズマいずれのパネルの開発にも積極的だったが，プラズマ・パネルの事業化は困難だと判断して1993年にその開発を中断した。しかし，富士通による技術的ブレークスルーに刺激されて95年初めに開発を再開し，当初はDC型の開発を進めたが，その旗色が悪くなったために富士通と同じAC型に転換した。その同社がプラズマTVウォーズの初期に成功を収めたのは,「革新的で迅速なフォロワー戦略」の成功によるものだった。

### ▒ 革新的で迅速なフォロワー戦略

日立は,1999年に富士通からパネルを調達して最初のプラズマTV(42型)を発売して市場に参入したが,同社に成功をもたらしたのは,2001年4月に発売した32型のハイビジョンTV「Wooo」の大ヒットだった。先行していたパイオニアを抜いてプラズマTVの国内シェアでトップとなり,02,03年とトップを守ったのである(そして,同じく大ヒットしたシャープの20型液晶TV「AQUOS」とともに薄型TVの普及に大きな弾みをつけたのだった)。

このような日立の成功の1つの要因は,先行には失敗したものの,プラズマTV市場が生まれた初期の段階で「迅速なフォロワー戦略」で参入したことだった。しかし,それだけで成功できるわけではなく,そのためには"革新的"ということが加わる必要があるが,日立はまさにそれを実現し,「革新的で迅速なフォロワー戦略」で成功したのであった。

それを可能にしたのが,日立の適切な競争戦略と革新的ビジネスモデルであった。「Wooo」がヒットしたのは,プラズマTVといえば大型で高価格(当時,42型で約100万円)が常識で,しかもハイビジョンは50型以上しかなかった当時に,約50万円という低価格でしかも32型という予想外のコンパクトなサイズなうえにハイビジョン(という高機能化)を実現したこと,すなわち,「小型,低価格で,しかも高機能なTVの発売」という"競争戦略"が適切だったことと,その実現に必要な「革新的ビジネスモデル」の構築に成功したことであった。

このうち,32型という「小型」の選択は,第3章で見たように,一般にプラズマTVといえば大型という当時の常識を疑い,日本の家屋を考えればもっと小型の方が売れると判断した菊地伸也企画担当部長の慧眼だった。他方,ハイビジョンという「高機能」は提携によって獲得した富士通の技術によって,また「低価格」は,次のようなパネル生産への積極投資によって実現したものだった。

当時の日立には単独投資の余裕がなかったため,1999年に富士通と世界初のプラズマ・ディスプレイの開発・製造・販売のための合弁会社「FHP」を設立したのである。自社にはない富士通の高い技術を取り込むとともに同社の宮崎事業所という生産拠点を確保するためだった。そして，そのFHPが450億円を投じて宮崎事業所にプラズマ工場（第2工場）を建設した結果，2003年には同社のプラズマ・パネルの世界シェアは第1位（24.8%）となったのである。

「Wooo」で使われたのは，まさにその第2工場製のパネルであった。同工場は当時としては最先端の大規模工場だったために他社よりも低コストのパネルの生産が可能になり，それが低価格化を可能にしたのである。

このように，日立の参入戦略はパナソニックのそれとともに「革新的で迅速なフォロワー戦略」の典型と見ることができる。“先行”には失敗したものの，パネルへの積極投資，提携による技術の獲得，明敏な市場調査などによって価格，サイズ，機能などで業界の常識を破る新製品の生産を可能にする「革新的ビジネスモデル」を実現して成功したからである。しかし，この日立の成功は長くは続かず，それから間もなく敗北への道を歩み始めた(1)。

### 2） プラズマTVの直接的敗因

プラズマTVでの日立の「直接的敗因」は，「パネル生産能力の増強の遅れ」と，「パネル戦略転換の欠如」という「戦略転換の失敗」だった。

#### ■ プラズマ・パネル生産能力の増強の遅れ

まず「パネル生産能力の増強の遅れ」について見ると，2002～03年度には，それ以前に建設されていた2工場の生産能力の増強のための投資がなされた程度であり，3番目の工場（第3工場）が建設されたのは06年10月だった。これは850億円を投じたものだが，他社に比べればあまりに遅く，しかも規模が小さかった。そのため，日立のプラズマ・パネルの世界シェアは03年のトップから04年にはサムスン，LG，松下に抜かれて第4位（18.0%）に転落し，さらに翌年には第5位（9.9%）にまで落ち込んだ。

そこで，翌年には2つの大きな施策が打ち出された。1つは2月に発表された，富士通が保有するFHPの株式の大半を取得して連結子会社にすることであり，富士通のプラズマ（と液晶）事業からの撤退の動きに乗じたものだった。

もう1つは松下との包括提携である。FHPの子会社化だけではプラズマ事業の立て直しがむずかしく，また“資金不足”のために単独での工場建設も困難なため，“破壊的低価格戦略”で自社を苦境に追い込んだ松下との提携に活路を求めたものである。しかし，その“真相”は，プラズマTV陣営からの日立の脱落を恐れる松下による救済劇だった。

その後，2006年10月に先述の第3工場が稼働し，同社のAV事業担当の江幡常務は，この第3工場の稼働で「パネルの大型化が求められるプラズマ市場で勝負できる体制が整った」(2)と述べ，もう1つ新工場を建設する計画があることを明らかにしたが，それは実現されずに終わった。

このようなパネル生産能力の増強の遅れは，日立の参入戦略の成功要因だった「低価格パネルの生産」という同社のビジネスモデルの強みの喪失を意味するものであり，TV市場での敗戦につながるものであった(3)。

### ■ パネル戦略転換の欠如

次いで「パネル戦略転換の欠如」について見てみよう。上述のように「低価格パネルの生産」という強みを失った以上，何らかの戦略転換を図るべきだったが，それができなかったのである。

日立の競争力の喪失を露わにしたのは2004〜05年にパナソニックの“破壊的低価格戦略”に敗れたことだった。04年の五輪商戦では，日立は「モデル・チェンジは年1回」という“業界常識”に従って新製品を発売せず，また同年の年末商戦では新コンセプトの販売方式を採用したが，不発だった。また05年の春商戦では過去最大規模の販売促進を展開したが，これも不調に終わった。この結果，国内シェアは（松下に抜かれながらも第2位を維持したが），24.9%となり，65.2%へと急拡大した松下に大差をつけられた。また，世界シェア（7.9%）も第5位へと後退した。

この敗北の原因を問われた日立の江幡氏は「プラズマテレビは我々が業界に先駆けてきただけに，大変なショックを受けた。……高精細の『ALISパネル』を使った商品には自信があるが，ブランドが弱く，商品計画で負けた」，「昨年前半はアテネ五輪の特需があったため，今年前半は需要が大きくは伸びないとみて，新製品を投入しなかったが，需要が伸びる一方，市場価格の下落のスピードが急で，……原価を割り込んだ」（要旨）(4)と述べている。

これらの言葉からも窺えるように，日立の敗因は，低コスト・パネルの生産，マーケティング（商品戦略）などの点で日立より優れたビジネスモデルで追撃してきたパナソニックに対抗できなかったことであった。「小型」の点では並ばれ，「商品計画」「パネル生産」「マーケティング（販売）」等では抜かれたのである。中でも重要だったのは，先述の「パネル生産能力の増強の遅れ」のためにコスト競争力を失ったことであった。

したがって，これへの対応策としてまず考えられるのは，「パネル生産能力の増強によるコスト競争力の回復」だった。しかし，日立が建設したのは2006年10月稼動の第3工場（850億円）だけであり，第8章で見たような松下の相次ぐ巨大工場の建設には抗すべくもなかった。日立のプラズマ・パネルの世界シェアは07年には7.7％となり，首位・松下（36.1％）の4分の1以下にまで落ち込み，プラズマ・パネル，したがってプラズマTVでの敗北を実質的に決定づけたのである。そして，これは，当時の日立の業績が悪く，投資余力がないことからすれば，むしろやむをえないともいえた。

しかし，だとすれば，「低価格戦略」以外の競争戦略に転換するか，あるいは同戦略にこだわるならパネルの外部調達等の他の戦略への転換を図るべきだったが，それはなされなかったのである。

その後，サブプライム・ローン問題，原油高などの影響でことに北米市場での大画面TVへの買い控えが広がって業績が急激に悪化したため，2008年2月にTVの再建策が発表された。10年度のプラズマTVの販売台数は400万台から160万台に下方修正され，パネルの中国メーカー等への外販の拡大とリストラ策が打ち出され，江幡常務によれば，「商品力のある“超薄型”を他社に先行して投入し，粗利益率を改善すれば，売り上げが減っても戦える」[(5)]ということであった。

しかし，その後，事態はさらに悪化し，2008年3月期決算で薄型TV（主にプラズマTV）は約1,000億円のリストラ費用を計上したが，古川社長は経営方針説明会で「成長が見込め，技術力が生かせるプラズマパネルの生産からの撤退は考えていない」[(6)]ことを強調した。そして，「まさに日立が唱えてきた“選択と集中”戦略に従って同事業から撤退すべきだ」という大方の見方に対しては，「コングロマリット（総合）プレミアムを発揮したい」[(7)]として，総合電機メーカーの業態にこだわる姿勢を示した。

しかし事態は急転し，それから約4カ月後の9月中旬，日立は松下とのTV事業での提携を発表し，パネル生産からの撤退への一歩を踏み出した。40〜50

型 TV 向けパネルを松下から年間 10 万台超調達し，駆動回路などを組みつけて最終製品を組み立てるというものであった。

こうして古川社長はプラズマ・パネルからの撤退へと舵を切ったが，事態はさらに急展開し，2009 年 3 月 16 日，日立は突如，古川社長と庄山会長の退任と，グループ会社に転じていた元副社長の川村氏の 4 月 1 日付での社長就任を発表した。

以上がプラズマ TV における「パネル戦略転換の欠如」であり，先述の「パネル生産能力増強の遅れ」——より正確には，「“遅すぎかつ小規模すぎた”パネル生産能力の増強」——とともに，同 TV の「直接的敗因」の 1 つとなったものであった(8)。

### 3) 液晶 TV の直接的敗因

次に液晶 TV について見てみよう。日立は，同 TV でも先行に失敗したが，2002 年には高画質液晶パネルを搭載した 20 型 TV「Wooo」を発表し，その後も次第にラインアップを拡大していった。しかし，04〜05 年のパナソニックの販売攻勢に対してはもとより，薄型 TV ウォーズの全期間を通して苦戦した。そしてその「直接的敗因」は，先述の「参入戦略の失敗」に加えて，「パネル生産能力の増強の遅れ」と「パネル戦略転換の失敗」だった。

#### ■ 液晶パネル生産能力の増強の遅れ

日立は液晶パネルについては 1993 年暮れの同市場への本格参入の発表以降，積極的に投資を進め，2000 年ごろにはトップ・レベルの生産能力を持つに至った。また 01 年 7 月には同社の 100% 子会社「日立ディスプレイズ」の茂原工場で第 4 世代ガラス基板の新ラインが稼働を開始し，32 型 TV 用パネルの（当時としては最先端の）生産体制を整えた。そして TV 用パネルへの需要の増大を受けて，02 年から 03 年にかけて 270 億円を投じて能力の増強が図られた。

しかし，その後各社がいっせいに第 5 世代以上の（ガラス基板を使う）生産ライン（工場）の建設に走り出したのに対し，それに対抗して日立がすぐに第 5 世代生産ライン建設の方針を打ち出すことはなかった。数年来のディスプレイ事業の業績悪化と日立本体の業績停滞のために投資余力が不十分なところに，各事業部門がそれぞれ自部門への重点投資を主張して調整がつかず，決断を先送りしたためであった(9)。

### ■ パネル戦略転換の失敗

しかし，それでも，日立は直接生産を旨としてきた液晶パネル戦略を転換し，台湾企業からのOEM調達と，松下，東芝との液晶の共同生産に踏み出した。後者のために2005年1月に設立されのが合弁会社「IPSアルファ」である。これを主導したのが「(薄型TVブームの追い風が吹く）今が生き残りの最後のチャンスとみて大きな賭けに出た」(10)庄山社長であり，前年の設立発表時に，「今年（04年）600万台の液晶TV市場は08年には3,000万台に拡大するので，26型と32型に製品を絞り込み同分野で20％強の世界シェアを狙う」(要旨)(11)と述べている。

しかし，このIPSアルファが約1,100億円で建設予定の第6世代の新工場の稼働予定（2006年）は，当時すでに稼働していたシャープの第6世代工場からは2年遅れとなり，またサムスンとソニーの合弁子会社S-LCDが05年夏に稼働させる予定の“第7世代”工場（約2,000億円）からも1年近い遅れとなるため，批判が強かったが，庄山社長は次のように述べている。

> 「勝負を決めるのは基板の大きさではない。経済性と性能の勝負だ。我々は（40インチ以上のパネルも生産するサムスンやシャープと異なり）生産サイズを絞って効率を高める。強力なテレビメーカーでもある日立，松下，東芝がパネルの一定量を引き取ることで，安定した稼働率を維持するビジネスモデルを作る。……遅すぎるということはない。2007年度に単年度黒字，09年度に累損一掃を目指す」，「実は昨年，単独での液晶投資を検討したが思いとどまった。……他社のように2千億円もかかる大型工場を作ると，利益が出るか率直にいって疑問。今後は高性能の液晶をいかに安く作るかという技術の勝負になる」(12)。

しかし，庄山社長の黒字化目標が実現することはなかった。IPSアルファの新工場（茂原工場）は2006年8月に稼働を開始し，日立と松下への中型TV用液晶パネルの供給を開始したが，10年6月になって日立は同社株のほとんどをパナソニックに譲渡し，同パネルの生産から撤退したのである。同社製パネルを用いた液晶 TV は競争の熾烈化による価格低下に対応できず，市場で苦戦したためであった。

以上が液晶 TV での「パネル戦略転換の失敗」であり，先述の「参入戦略の失敗」および「パネル生産能力の増強の遅れ」とともに，同 TV での直接的敗因になったのだった。デジタル製品市場の特性を理解していれば考えがたい失敗であり，もっと早くパネル外注その他の戦略への転換を図るべきであった(13)。

## 2　間接的敗因

以上が日立の「直接的敗因」だが，先に見た各社と同様に，それらの原因になったと見られる「間接的敗因」として，図 10-1 の左欄の「ダイナミック戦略能力の不足」ほかの要因が見出された。

### 1）ダイナミック戦略能力の不足

はじめに「ダイナミック戦略能力の不足」について見ると，これは，「不適切な企業戦略」と「不適切な競争戦略」からなるものだった。

#### ■ 不適切な企業戦略

「不適切な企業戦略」とは，具体的には「不適切な二正面作戦」のことである。そして，それをもたらしたのが「不適切な選択・集中戦略」だった。

##### ⑴　不適切な二正面作戦

まず「不適切な二正面作戦」である。これは，そもそも液晶 TV とプラズマ TV の双方に“同時に”，しかもパネルから組立までの“垂直統合生産方式”で参入するという日立の戦略に無理があったということであり，直接的敗因である「パネル生産能力の増強の遅れ」をもたらした要因であった。液晶，プラズマいずれのパネルも最初に大規模生産設備への巨額投資を必要とし，しかも競争を勝ち抜くためには，その後も巨額の投資を続けなくてはならないが，当時の日立にはそのような体力はなかったからである。

一般に薄型 TV のようなデジタル製品では，上述のようにプロダクト・ライフサイクルが短くしかも需要のピークがすぐに来てその後は急速に減少する

図 10-1　戦略関連の敗因（日立）

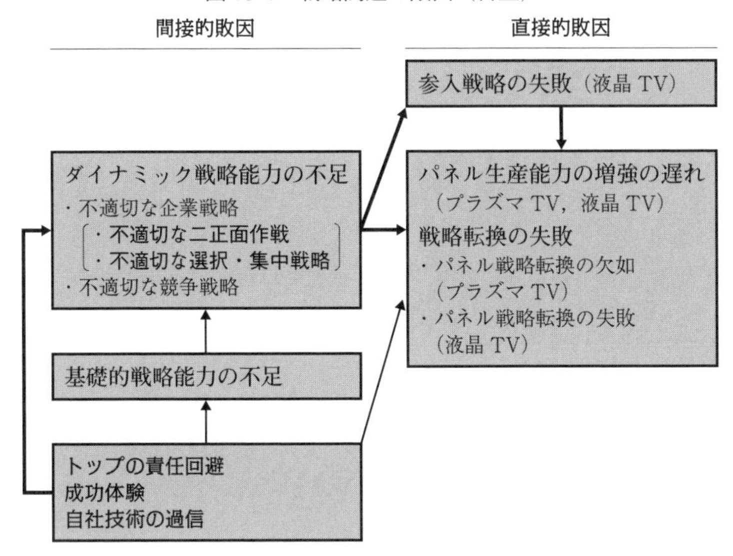


ので，生産設備への（巨額の）投資で先行することが不可欠である。したがって，プラズマ TV と液晶 TV のように代替的関係にある 2 事業について事業化の段階で二正面作戦をとることは，よほど資金的余裕がない限り避けなくてはならない（なお，研究開発段階ではリスク分散のために双方を手掛けるのはむしろ必要であり，事業化段階になって"本命"が明確になったところで，それに集中するといった"ダイナミックな"戦略が望ましい）。

二正面作戦で成功した典型がサムスンだが，それを実行できたのは，同社には資金的余裕が（薄型 TV 以降は）あったからである。他方，多くの日本企業は"二正面作戦"をとらなかったが，それは，1990 年代の家電不況時と 2001 年の IT 不況時（ことに前者）のリストラが不十分で多くの不採算事業が残ったために業績が低迷し，投資余力がなかったからだった。もっとも，その例外がパナソニックであり，いち早い大規模リストラと TV 以外のヒット商品の創出によって V 字回復を実現したが，その同社にしても同作戦の継続は荷が重く，02 年には液晶パネルの単独生産からは撤退してプラズマ・パネルに集中する戦略に転換したのである。

したがって，大胆なリストラをしたわけでも大ヒット商品を生み出したわけでもなく，投資余力のない日立が二正面作戦をとったのは，明らかに疑問だった。そして実際に，建設されたいずれのパネル工場も規模が小さく，しかも稼働が他社よりはるかに遅かったため，パネルのコスト競争力は非常に弱いものとなったのである。

以上のように日立の二正面作戦は「パネル生産能力の増強の遅れ」という直接的敗因につながったが，そのような作戦をとったのは，同社がそれを「ダイナミック戦略」として理解していなかったため――すなわち「ダイナミック戦略能力の不足」のため――と考えてよいであろう。そして注意すべきは，その基礎には，次に述べる不適切な選択・集中戦略があったことである。

**(2) 不適切な選択・集中戦略**

それは，庄山社長が実行しつつあった選択・集中戦略である。先の二正面戦略が2つの事業に関するものであるのに対し，同戦略は，より一般的な，企業のすべての事業の組み替えについてのいわゆる「ポートフォリオ戦略」の1タイプである。

そして日立の同戦略が不適切だったというのは，それが“総花的”戦略であって選択・集中戦略の名にふさわしくなく，しかも，先述の「生産設備への投資での先行」を不可欠とするデジタル製品に適用できるものではなかったからである。

庄山社長はIT不況からの脱出のために，2003年1月発表の中期計画（3年間）で「事業の“選択と集中”を加速し，連結売上高の約2割（1兆6000億円）の既存事業からの撤退を断行し，新事業の創出によって高収益化を追求する」という選択・集中戦略を打ち出した（その柱として打ち出したのが，FHPの子会社化，HDD事業の買収，薄型TV事業などだった）。

しかし注意すべきは，同計画では，“売上高で2割”の事業から撤退するとしながら，他方では「注力事業や新規事業の成長を通じて，売上規模はほぼ現状を維持する」として注力事業を既存の各主要“事業分野”から選択していたことである。すなわち，庄山社長の選択・集中戦略は，“事業分野”数は減らさず伝統的な「総合経営＝総花経営」を維持したうえでのもの，という“緩い”戦略だったのである。

先述の二正面作戦がこの“緩い”選択・集中戦略と親和的なことは明らかであり，後者を採用した庄山社長にとっては，二正面作戦はむしろ自然な選択だったのであろう。そしてそれは，彼が“アナログ型”事業である重電事業やアナログ家電製品などが中心だった時代にキャリアを形成したからだと思われる。アナログ製品では，プロダクト・ライフサイクルは概して長く，需要は徐々に増大してピークを迎えるのが普通なので，技術やマーケティングに自信のある企業はゆっくり参入し，また市場の拡大に合わせて徐々に生産設備への投資を拡大しても間に合うことが多かったのである。またそのために，事業化段階になっても，投資額の小さい初期段階では二正面作戦も許されたからである。

なお，庄山社長の選択・集中戦略について注意すべきは，彼は，“自分が手掛けた事業”に関してはそれを実行しなかったことである。その典型が薄型TVとHDDであり，後者は2002年にIBMから2,500億円で買収したが，5期連続赤字で08年3月期までの5年間で合計約1,200億円の赤字を計上したにもかかわらず，撤退を“拒否”したのである(14)。

### ■ 不適切な競争戦略

「ダイナミック戦略能力の不足」のもう1つ具体的内容は「不適切な競争戦略」だった。日立の競争戦略の基本が「差別化戦略」だったことは，江幡常務が2005年の五輪商戦でパナソニックに敗れたときに述べた「……高精細の『ALISパネネル』を使った商品には自信がある……」(15)という言葉からも明らかであり，ALISパネルがその武器だった。そして，巨額投資で大型工場をつくってコストで勝負することはできない以上，同戦略に一定の合理性があったことはたしかである。

しかし，いかなる競争戦略も普遍的に正しいということはなく，環境が変われば，それに対応して変化させていく必要がある。ところが日立の場合には，差別化戦略を転換しなかったために，いつまでも「パネル生産能力の“遅すぎかつ小規模すぎる”増強戦略」を転換できず，これが「直接的敗因」の1つとなったのである。

これをよく示しているのが，2008年2月の再建策でプラズマTVの販売目標が400万台から160万台に下方修正された際に，江幡氏が「商品力のある“超薄型”を他社に先行して投入し，粗利益率を改善すれば，売り上げが減っても戦える」(16)と述べたことである。

これが不適切だったのは，（超薄型のような）技術力で差別化した製品による高価格戦略は，2008 年時点では完全に“環境不適合”になりつつあったからである。日立と同じようにパナソニック，シャープなどの大手の低価格攻勢で追い込まれたパイオニアが，すでに同様の差別化戦略をとって失敗に終わっていたのである。同戦略を継続した日立がパイオニアに続いて縮小に追い込まれたのは，当然であった[17]。

### 2） 基礎的戦略能力の不足

以上が「ダイナミック戦略能力の不足」だが，その原因となったのは，図 10-1 に示したように，「基礎的戦略能力の不足」と，「トップの責任回避」「成功体験」「自社技術の過信」などであった。まず「基礎的戦略能力の不足」について見てみよう。それを窺わせたのは 2 つの事例だった。

第 1 の事例は，庄山氏が選択・集中戦略を“アナログ型”から“デジタル型”に転換できなかったことに関連するものである。先に見たように，庄山氏は IPS アルファの設立時に，「（液晶 TV で）勝負を決めるのは基板の大きさではなく，経済性と性能の勝負だ。他社は 2 千億円以上もかかる大型工場を作るというが，価格変動が大きいので，利益が出るかは疑問だ」[18]と述べ，それに従って IPS アルファは 1,100 億円（実際額）で“第 6 世代工場”を建設した。

しかし，この戦略は非常に疑問だった。“基板の大きさ（世代）が勝負を決める”ことは当時すでに常識化しており，この“常識”に即してシャープ，S-LCD 等は激しい投資競争を繰り広げていたからである。庄山社長は“単独で 2,000 億円の第 8 世代”よりも“3 社で 1,100 億円の第 6 世代”の方が安全と考えたのであろうが，両世代のコスト競争力の差を考えれば後者も前者に劣らず危険だったと見てよい。むしろ日立はパネルの直接生産を断念して他の戦略——たとえば，パネルの外部調達——に転換すべきだったが，“常識の欠如”（という「基礎的戦略能力の不足」）が，“世代の古いパネルでも差別化すれば競争できる”として「不適切な競争戦略（差別化戦略）」を継続させ，それが，“遅すぎかつ小規模すぎる”増強戦略によって「パネル生産能力の増強の遅れ」という敗因をもたらしたのである。

第 2 の事例は，先に「不適切な競争戦略」の項で「差別化戦略が有効ではなくなったのに日立がそれを継続したのは不適切だった」と述べ，その理由としてパイオニアが同様の戦略をとって失敗したことを挙げたことに関連しており，江幡氏はそのような“事実”を十分認識していなかったのではないかということである。そしてもしそうだとすれば，それは日立の「基礎的戦略能力の不足」を示すものといえる。環境変化の認識は，ダイナミック戦略能力はもちろん，スタティックな戦略能力にとっても基本中の基本だからである。そしてそれが，「不適切な競争戦略」の一因となったのである。

### 3） 責任回避・成功体験・自社技術の過信

以上が「ダイナミック戦略能力の不足」の原因の1つとなった「基礎的戦略能力の不足」だが，それ以外で原因になったと見られるのが，「トップの責任回避」「成功体験」，および「自社技術の過信」であった。

#### ■ トップの責任回避

まず「トップの責任回避」について見ると，それは，庄山社長に「自分がスタートさせた事業の失敗を認めたくない」という責任回避の思いが強く，それが「ダイナミック戦略能力の不足」をもたらし，最終的に，直接的敗因である「戦略転換の失敗」につながったと見られることである。

それを示すのが，2007年末に日立が液晶事業からの“事実上の撤退”となる，松下，キヤノンとのパネル事業での提携を発表した際，それが実際には松下による日立の“救済劇”だということを隠すために，（日立が持ち分を松下に直接売却すれば済むはずの）提携の手順をきわめてわかりにくいものにしたことである。「（庄山会長が主導した）日立の液晶事業と有機EL事業が失敗だったという印象を与えて庄山会長に“傷がつく”ことを避けるためだ」という見方がもっぱらであり，提携の話が持ち込まれてから決着まで1年近くかかったのは，「庄山会長の納得が得られる案」にするためであった（なお，08年初めごろ，撤退の瀬戸際に追い込まれて進めていたHDD事業の売却交渉が暗礁に乗り上げたが，その原因は庄山会長が「ここまで我慢したんだから」(19)と過半数の株式の所有にこだわったためだったとされている）。

このような責任回避の姿勢は現実直視を妨げ，「ダイナミック戦略能力の不足」をもたらして間接的に「戦略転換の失敗」の一因になったうえ，直接的にも後者にある程度の影響を及ぼしたと考えられる。

■ 成功体験

次いで「成功体験」について見ると，これも，「ダイナミック戦略能力の不足」を経由して「戦略転換の失敗」につながったと考えられる。ところで，成功体験は薄型TVについてのものとそれ以外のものに区別できるが，同社の薄型TVについての成功体験が「ダイナミック戦略能力の不足」をもたらした程度は，パナソニックやシャープの場合よりは低かったと思われる。成功したといってもすぐにパナソニックに追い越され，戦略を正当化するほどのものではなかったからである。

他方，同社の薄型TV以前の成功体験は別である。ソニーの出井社長の場合と同様に，業績向上についての庄山社長の成功体験が「油断」を生み，それが先の「トップの責任回避」と同様に，直接，間接に，「戦略転換の失敗」の一因になったと考えられる。

■ 自社技術の過信

最後に「自社技術の過信」について見ると，これが存在したことについては，2005年の春商戦での敗戦後に江幡氏が述べた「高精細の『ALISパネル』を使った商品には自信がある……」という言葉や，庄山氏がIPSアルファの設立時に述べた「(液晶TVで) 勝負を決めるのは基板の大きさではなく，経済性と性能の勝負だ」といった言葉から明らかである（ただし，ALISパネルはもともとは富士通が開発した技術だった)。

そして問題は，この「自社技術の過信」が“ダイナミック戦略への無関心”，さらには「ダイナミック戦略能力の不足」を生み，それがまた「自社技術の過信」をもたらす，という相互強化の関係を生じたことである。これは「技術志向，ものづくり志向」が支配的だった高度成長期の日本企業に広く見られたパターンであり，“ものづくり力”を強くして日本企業の成長に貢献した。しかしその後は，まさにその副作用として“(ダイナミック) 戦略”への無関心をもたらし，デジタル時代に不可欠な“デジタル型”選択・集中戦略その他のダイナミック戦略の必要性への“気づき”をブロックしてその衰退に貢献したのである。典型的な日本企業である日立はまさにその点でも典型的だったといってよいであろう。

## 3　戦略外の敗因

以上，日立の戦略上の敗因を明らかにしたが，先の各社と同様に，同社にも「戦略外の敗因」が見出された。1つは，これまでに見た各社と同じ「コーポレート・ガバナンスの欠如」であり，もう1つは，日立でとくに強かった，分権的経営システムの遺産である「セクショナリズム」という組織に関する問題だった。

### 1）　コーポレート・ガバナンスの欠如

まず，「コーポレート・ガバナンスの欠如」について見てみよう。2009年3月に庄山会長と古川社長が退任し，グループ会社社長に転じていた川村氏が社長に就任したが，これは“庄山・古川時代”，というよりは“庄山時代”の終焉を意味するものだった。実質的トップは庄山氏だったと見てよい——それほどに彼の影響力が大きかった——からである（庄山氏は1999年4月社長，2006年4月会長，09年6月相談役にそれぞれ就任）。

しかし，この間の庄山氏の業績は芳しくなかった。日立は2009年3月期に過去最大の最終赤字（7,387億円）を計上したが，その主因は庄山氏が主導したHDDと薄型TV事業のリストラの遅れで業績が低迷していたところで，世界不況に襲われたことだった。また，彼が社長・会長だった10年間の最終損益の合計は1兆円を超える赤字であり，自己資本比率も10年前の30％近くから08年12月末には17.4％に下がり，かつて強さを誇った財務基盤も大きく弱体化した。

ところが，それにもかかわらず古川社長は（庄山氏も含めて）責任をとる構えを見せず，「（新体制への移行は）まったく考えていなかった」が，「社内から経営責任を追及する声が高まった」（日立関係者）ために辞任したのだった[20]。トップ・マネジメントの交替に関するコーポレート・ガバナンスが十分に機能していなかったことは明らかであろう（古川氏は2006年4月社長，09年4月副会長，09年6月に特別顧問にそれぞれ就任）。

## ■ 庄山院政の起源

そのような状況が生じた基本的理由は，庄山氏が一定の業績を上げたことであった。日立は高度成長期に事業領域を重電から家電まで拡大して成長を遂げた後，1980 年代のコンピュータ・ダウンサイジングの進展，90 年代後半の家電不況等により「事業ポートフォリオの再構築」を迫られたが，その実行ペースは遅く，99 年 3 月期にはリストラ費用の計上もあって初の最終赤字（3,388 億円）となった。そのため，4 月に社長に就任した庄山社長には日立の再建が託され，彼も意欲的にリストラ戦略をスタートさせた。そして初期にはDRAM 事業をライバルだった NEC の DRAM 事業と統合するなど基幹事業の半導体，コンピュータ，重電等で“自前主義”の伝統に風穴を開け，また2000 年 3 月期には最終損益を黒字化して“V 字回復”を実現するという成果を上げて評価を高めた。そしてこれが，庄山院政の起源となったのである。

2005 年 12 月の退任発表の記者会見で退任のタイミングについて問われた庄山社長は「赤字事業の改善の見通しが立ったためで，業績が理由ではない。私は会長としてグループ全体のマネジメントを担う。営業利益 4,000 億円の目標までやり抜きたい」(21)と述べたが，これは，（他の日本企業でもしばしば見られたが）堂々の“院政宣言”であった。またこれに対して，古川新社長は「選択と集中を徹底する一方，M&A（企業の合併・買収）でも聖域をつくらず可能性を追求したい」と述べ，さらに「『総合電機』は踏襲するのか」という問いに対して，「この 10 年は（総合メーカーが株式市場で評価されない）『コングロマリットディスカウント』という情けない状況だった。（さまざまな産業分野で）技術や情報の共通化が進み，いよいよ『コングロマリットプレミアム』の時代がきたと思う」(22)と述べたが，これは庄山路線の継承と先の院政宣言の裏書きを意味するものだった。

しかし，ここで生じる疑問は，上の V 字回復はたしかに評価できるが，その後の業績は芳しくないのに，なぜ院政が可能になったのかということである。2002 年 3 月期に IT 不況対策としてリストラ費用を計上して再び巨額の赤字に追い込まれたのち，彼が退任する 06 年 3 月期までの 4 年間は最終損益，営業利益とも黒字だったが，それらの売上高利益率は非常に低かった（そしてその後の 4 年間の最終損益は赤字となった）。また，IT 不況対策として 02 年発表の中期計画で宣言した“連結売上高の 2 割入れ替え”は退任時まで実現せず，成長戦略の目玉の（02年にIBMから買収した）HDDは赤字を続け，薄型TVも不振だったのである[23]。

しかし，上の疑問に直接答えてくれる情報はない。そこで推測を交えていえば，“衝撃的だった初の最終赤字”からのV字回復のインパクトが強く，社員がその後の低業績に対して寛容になったことが，庄山氏に院政への道を開くチャンスを与えたと見てよいであろう。

### ▒ 弱体な後継者

ところで，以上のようにして院政が形成されたとしても，後継者次第でその弊害の（少なくとも）削減は可能なはずであり，その意味で後継者の力量が問われる。しかし，古川氏は期待された戦略転換には消極的であり，戦略は庄山路線とほとんど同じだった。先述のように，そもそも彼は就任時に「“総合経営＝総花経営”を維持したうえで選択と集中を目指す」と述べて，庄山氏路線の継承を明確にしており，彼の戦略は基本的にそれに沿って展開されたのである。

それをよく示しているのが，2008年3月期にTV事業で1,000億円の赤字を出した直後の5月に，同事業について「成長が見込め，技術力が生かせるプラズマパネルの生産からの撤退は考えていない。……コングロマリット（総合）プレミアムを発揮したい」[24]と述べたことである（なお，コングロマリット・プレミアムの例として，古川氏は「社会インフラ事業と連携させれば薄型TVの新興国市場の開拓が可能」と述べたが，両事業間のシナジー効果はあるとしても非常に小さく，それを狙って戦略を立てることは“戦略論的には”考えがたい。これも「基礎的戦略能力の不足」の一例である）。

以上より，古川氏が庄山路線を踏襲していたことは明らかと思われる。もっとも，“戦略論の常識”との乖離の大きさから見て古川氏が本当に以上の戦略の妥当性を信じて実行したのかは疑わしい――逆にいえば庄山氏の意を“忖度して”実行したと推測させる――面もあるが，やはり基本的には彼は庄山氏からの影響（ないし圧力）によって庄山路線に一体化し，これが日立の戦略転換を遅らせたと考えられる[25]。

### 2) 日立の分権的経営システム

次に，日立の敗戦にかかわったもっとも基礎的要因（の1つ）ともいえる，同社の分権的経営システムの遺産である「セクショナリズム」について見てみよう。

#### ■ セクショナリズム——分権的経営システムのディメリット

分権的経営システムとは日本企業に広く採用されたものであり，産業構造が比較的安定的だった高度成長期には，各事業部門や子会社の事業の拡大，成長に貢献した。同システムでは自律性，主体性の高い事業部や子会社によるスピーディな意思決定が可能なために，当時のように技術革新やそれによる企業環境の変化が“ある程度速く”進展する環境下では，集権的システムよりも有効だったからである。

しかし，技術革新や企業環境の変化が“急速”になり，しかも革新性がより高まったその後（本書が対象とした時期）になると，分権的システムはむしろ成長の阻害要因に転化した。同システムのディメリットがメリットを上回るようになったのである。

分権的システムのディメリットとは，規模の拡大とともに次第に“セクショナリズム”が生まれて各部門が自部門の利益を第1とするようになり，企業の存続や全社的利益のためにトップが打ち出す“事業の組み替え”や“選択と集中”などのリストラ策に抵抗する仕組みに変質することである。そして“急速に変化する”環境では，不振事業からの撤退と有望な新規事業の育成が不可欠で，それらへの資金の重点配分が必要になるが，セクショナリズムはそれへの強い抵抗を生み出すのである。日立で生じたのは，まさにそれであった。

抵抗の1つは撤退，縮小等の対象となった不振事業からのものであり，自律的な組織はさまざまの手段で抵抗を試みることが可能だった。そしてこれは，本社のトップ・マネジメントが天下った子会社などではより強いものとなったのである。

もう1つは，不振事業からの撤退費用の計上のために自部門への資源配分が減らされることに対する強い事業部門からの抵抗だった。今は強いとしても，生き残りのためには継続的資源投入を必要としたためである。また，組織再編による不振部門の組織，人員の引き取り要請なども，やはり抵抗の理由となったのだった。

こうして日立では，トップが事業再構築を推進しようとしても強い抵抗が生じた。そして多くの場合，それが容易に予想できるために，そもそもトップの事業再構築意欲自体が削がれ，“現状維持”路線に傾きがちになったのである。

なお，注意すべきは，日立では，さらに2つの要因が同社のセクショナリズムをより強めたことである。1つは，同社の事業が重電から家電までの多くの事業を含み，社員のキャリア形成がほとんど特定部門内でなされたために，互いに他事業についての理解が不十分になり，関心も薄くなったことである。またもう1つは，日立グループの各子会社は高度成長期に資金調達のために，設立後，早い時期に上場されたために“自立”意欲がとくに強かったことである(同社が“野武士”にたとえられたのは，そのためだった)。

### ■ 敗戦へのセクショナリズムの影響

以上のような敗戦へのセクショナリズムの影響は主に戦略を通して現れたが，コーポレート・ガバナンスを通しての影響も窺われた。

まず前者について見ると，もっとも重要なのは，庄山氏が打ち出して古川氏に引き継がれた「不適切な選択・集中戦略」の基礎になったことである。先述のように，同戦略は事業組み替え速度の速い“デジタル型”選択・集中戦略ではなく速度の遅い“アナログ型”だったが，セクショナリズムが強く自己の組織の存続を重視する事業部にとっては，その方が好都合だったからである。

そして，それが“デジタル型”の事業の組み替えを妨げ，また組み替えができても，多くの場合，(“巨大”で動きが鈍い象からの連想でいわれた) 日立の“ゾウの時間軸”——“日立時間”——によるものとなったために遅きに失し，敗戦に寄与したのである（なお，日立が多くの事業を持つ重電系の企業でTV事業のウェイトが小さく発言力が弱かったことも，セクショナリズムを抑えて同事業に資源を集中するのを困難にした要因だった)。それでも，強力なリーダーシップがあればセクショナリズムを打破できたはずだが，庄山，古川両社長には，それはなかった。

次に，コーポレート・ガバナンスを通じての分権システムの影響について見ると，強いセクショナリズムは社員の“会社全体の業績”に対する関心を低下させ，先述の要因によって高まった庄山氏の“権威”を（その後の彼の低業績にもかかわらず）持続させるのに貢献したと推定される。そのため庄山氏は次第に力を強めて，2005年の社長退任とともに院政を開始できたのである。そしてそれは09年以降も続きそうだったが，あまりの業績悪化のために，遅ればせに（コーポレート・ガバナンスの本質である）自浄作用が働いて回避されたのである(26)。

## 4 日立の敗因モデル

最後に，日立のすべての敗因を取りまとめた「敗因モデル」を明らかにしよう。図10-2がそれであり，日立の敗因は次のようなものであった。

第1に，「最終的敗戦」の原因は「実質的敗戦」と「コーポレート・ガバナンスの欠如」であった。後者は，図の「コーポレート・ガバナンスの欠如」から「最終的敗戦」への点線の矢印で示したものであり，庄山氏の古川氏に対する院政が，赤字ですでに「実質的敗戦」状態にあったTV事業の赤字からの脱却を遠のかせて最終的敗戦に至ったことを示している。

第2に，「実質的敗戦」の直接的原因は，庄山社長による「参入戦略の失敗（液晶TV）」と庄山，古川両社長による「戦略転換の失敗」，および「コーポレート・ガバナンスの欠如」であった。後者は，「コーポレート・ガバナンスの欠如」から「実質的敗戦」への点線の矢印で示したものであり，「最終的敗戦」の場合と同様に，庄山氏の古川氏に対する院政が「実質的敗戦」の原因となったことを示している。

第3に，「戦略転換の失敗」の主因は，「参入戦略の失敗（液晶TV）」と「ダイナミック戦略能力の不足」だった。

第4に，「ダイナミック戦略能力の不足」の原因となったのは，「基礎的戦略能力の不足」と，「トップの責任回避」「成功体験」，および「自社技術の過信」であった。なお，「トップの責任回避」は，そのルートによって「戦略転換の失敗」に間接的に影響を及ぼしたのに加え，（程度は低いが）それに直接的にも影響を及ぼしたと考えられる。

以上のような日立のモデルを各社のモデルと比べると，次のような異同があることがわかる。

第1に，シャープ，パナソニックとは異なり，そしてソニーと同様に，敗戦

図 10-2　日立の敗因モデル

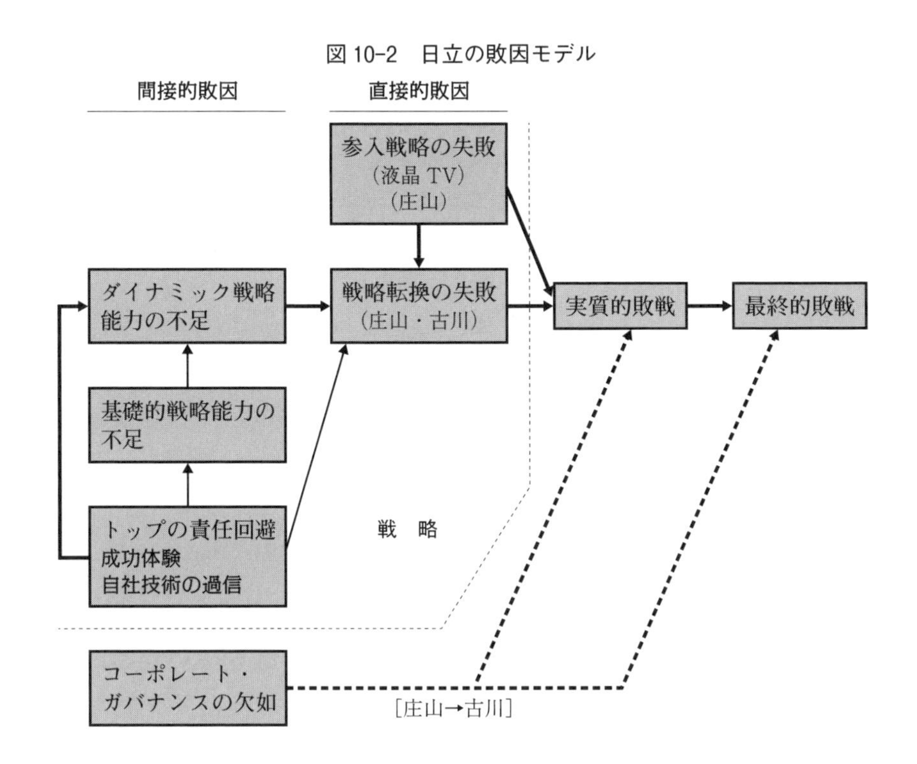


に対して「参入戦略の失敗」の影響があったことである（液晶 TV）。

第 2 に，上の理由から日立の「敗因モデル」は全体的にソニーと似ていたが（図 10-1 で見たように），「リストラの遅れ」がなかった点では違っていたことである。

第 3 に，「コーポレート・ガバナンスの欠如」については，パナソニックと似ていたことである。両社とも前任社長が後継社長に強い影響力を及ぼし，後者に独自の戦略が見られなかった点，また「実質的敗戦」と「最終的敗戦」の双方につながった点である。

以上より，日立の敗因とこれまで見た他社のそれとの間にはかなりの違いがあることがわかるが，注目すべきはむしろ類似性である。敗戦の主因が「戦略転換の失敗」と「コーポレート・ガバナンスの欠如」にあり，前者の原因が「ダイナミック戦略能力の不足」にあった点で完全に一致していることが注目される。

第11章

# 全体分析：日本企業の敗因と敗戦責任

### はじめに

本章では，第7～10章での企業別の敗因分析（と「補論」に要約した東芝とパイオニアの分析結果）を踏まえて，薄型TVウォーズにおける日本企業の敗因──より詳しくは序章で述べた「主要な敗因」──と敗戦責任を明らかにする。その準備としてまず第1節で日本企業の敗退の歴史を要約し，第2節で日本企業の敗因を要約する。また，第3節ではサムスンの勝因に言及し，それを踏まえて，第4節で日本企業の「敗戦責任」の所在を論じる。さらに，最後の第5節では，敗因についての既存の諸説を検討し，上の“仮置き”された敗因が“真の”「主要な敗因」であることを明らかにする。

## 1　敗退の歴史

薄型TVウォーズにおける日本企業の戦線の縮小，撤退の歴史は，大きくは，3つの波からなるものとして捉えられる。

### ■ 第1波──開発先行企業の撤退

第1の波は，2004～05年ごろに生じたものであり，その典型は富士通とNECという“通信・コンピュータ系”の2社の敗退であった。両社はコンピュータ・ディスプレイとのかかわりからともに液晶，プラズマ双方のパネルやTVの研究開発に注力してそれらの発展に大きく貢献し，市場化の局面でも子会社を通じて先行ないし準先行した薄型TVの先駆者だった。

しかし，2001〜02年にブラウン管TV御三家をはじめとするTVメーカーが本格的に参入したのちはTV（生産）技術の欠如からともに苦戦し，TVが中核ビジネスではなかったこと，しかも中核ビジネスの不振で企業業績が悪化して資金的余裕がなかったことなどから白旗を掲げ，戦線を離脱した。富士通は05年に液晶，プラズマ両パネル事業から撤退し，NECも04年にプラズマ・パネルから，また液晶パネルについても大型TV用からは撤退した。またその後，両社はともに子会社を通じたTVの販売からも撤退した。

### ■ 第2波——弱体大手と中下位メーカーの撤退

縮小・撤退の第2波は，フェイズ3（2004〜05年）で松下が戦端を開いた低価格競争の常態化の影響で07〜11年に生じたものであり，各社が次第に“体力”を消耗し，弱い企業から順に脱落していったものだった。最初に戦線から離脱したのは，一部の大手メーカーと中下位メーカーだった。前者の典型が日立であり，07年末に液晶パネルの生産からの事実上の撤退を表明し，09年1月にはプラズマ・パネルの生産を停止してパナソニックからの外部調達に切り替え，第一線からは完全に脱落した。そして，12年9月には薄型TVの国内生産からも全面的に撤退した。

また後者の典型はパイオニアと日本ビクターである。パイオニアは2008年3月にプラズマ・パネルの生産から撤退して松下から調達することを発表し，翌年2月には液晶，プラズマ両TVからの全面撤退を発表した（実際の撤退は10年）。また日本ビクターは08年4月，薄型TV（液晶TV）の国内生産・販売からの同年夏までの撤退を発表し，翌月には音響メーカーのケンウッドとの統合を発表した。そして11年春には海外も含めて自社生産から完全に撤退した(1)。

### ■ 第3波——日本企業の“全面的敗北”

以上のように縮小・撤退の“第2波”まででかなりの企業が戦線から脱落したが，それを免れたのが「勝ち組」のシャープ，パナソニックと，ブラウン管TV時代の遺産で何とか持ちこたえて戦線に踏みとどまったソニーと東芝だった。しかし，2008年から始まった環境の激変はそれらの企業をも襲い，薄型

TV 事業を赤字へと追い込んでいった。

2008 年度にはシャープ，パナソニックの TV 事業がともに初の営業赤字になり，その 2 社とすでに 4 期連続赤字だったソニーを加えた 3 社がそろって営業赤字となってその後の連続赤字のスタートの年となった。パナソニックはそれ以降 14 年度まで 7 期連続の赤字，ソニーは 13 年度まで実に 10 期連続の赤字となり，シャープも（家電エコポイント制度のおかげで）10 年度は黒字になったものの 11 年度から 15 年度はまた赤字となったのだった。

したがって，以上のことと“第 2 波”で多くのメーカーが撤退ないし大幅縮小したこととをあわせて考えれば，日本メーカーはフェイズ 4（2006～08 年）には“実質的敗戦”状態になっていたと見てよいであろう。そしてその後，「家電エコポイント制度」によって各社は一息ついたが，結局，次のように“最終的敗戦”に追い込まれたのである。

シャープは巨費を投じた最新鋭の堺工場を本体から切り離し，「鴻海」（台湾）との共同出資の運営会社に移管して立て直しを図ったが成功せず，結局，2016 年 4 月にシャープ本体の鴻海への売却契約に調印して経営権を譲り渡し，薄型 TV ウォーズでの戦いを完全な敗北で閉じた。

パナソニックは 2013 年度末にプラズマ TV から撤退し，自動車関連や住宅などに経営資源を集中する事業構造の大転換を実行して企業としては復活した。そして，この間に液晶 TV 事業は大幅に縮小されていたが，16 年 5 月になって TV 用液晶パネルの生産から国内外を含めて完全に撤退することを明らかにした。液晶 TV の生産と販売は韓国メーカーからパネルを調達して継続するとされたが，やはりシャープと同様に，完全な敗北に終わったことは明らかだった。

ソニーは，2004 年度以降，TV 事業の営業赤字が続き，13 年度まで 10 期連続の赤字となったため，14 年 2 月に同事業の分社化を発表した。同年度までの累積赤字額は 7,900 億円であり，やはり同社も完敗に終わったことは明らかだった。

以上の垂直統合型の各社とは異なり，パネル生産に出遅れて主に外部調達パネルでの TV 生産を余儀なくされた東芝は，パネル生産設備への投資が非常に小さかった分，需要減少の影響は小さく，“細く長く”戦線に踏みとどまった。しかし，TV 事業は 2011 年度以降は営業赤字となり，15 年 12 月には，国内では高付加価値品に絞ってごく小規模に開発・販売を続けるが，海外事業は自社開発・販売を終了して，東芝ブランドを他社に供与するビジネスに移行することを発表し，やはり完敗に終わった(2)。

## 2 日本企業の敗因

このように，日本企業は薄型 TV ウォーズですべて敗戦に追い込まれたが，次に，これまで各社ごとに行ってきた敗因分析にもとづいて，日本企業の全体的敗因を明らかにしよう。

### 1） 敗因の全体像

図 11-1 は第 7〜10 章で明らかにした 4 社と巻末の補論で示す 2 社の敗因モデルから共通する部分を取り出し，典型的パターンとして作成したものである。「参入戦略の失敗」が 4 社に，また「自社技術の過信」が 3 社に共通のほかは，すべて 6 社に共通である。

この敗因モデルからまずわかるのは，日本企業の敗因は，大きくは「戦略関連の敗因」と「戦略外の敗因」――具体的には「(経営者の選任・継承についての）コーポレート・ガバナンスの欠如」――とに分けられることである。図の細い破線で囲って「戦略」として示した範囲内の要因が前者であり，その外の要因が後者である。

そして，この 2 タイプの敗因の中で，直接的でより重要なのが「戦略関連の敗因」であり，敗戦の主因であった。これに対して「コーポレート・ガバナンス関連の敗因」の敗戦へのつながりはより間接的であり，具体的には「戦略転換の失敗」などを経由して敗戦につながったものである（図で「コーポレート・ガバナンスの欠如」から「実質的敗戦」と「最終的敗戦」への線を“ミシン線”で示したのはそのためである)。以下，「戦略関連の敗因」「戦略外の敗因」の順でより詳しく見ていこう。

### 2） 戦略関連の敗因

「実質的敗戦」の原因となった「戦略関連の敗因」は，「直接的敗因」とそれらにつながった「間接的敗因」に分けられる。前者は「参入戦略の失敗」と

図 11-1　日本企業の敗因モデル

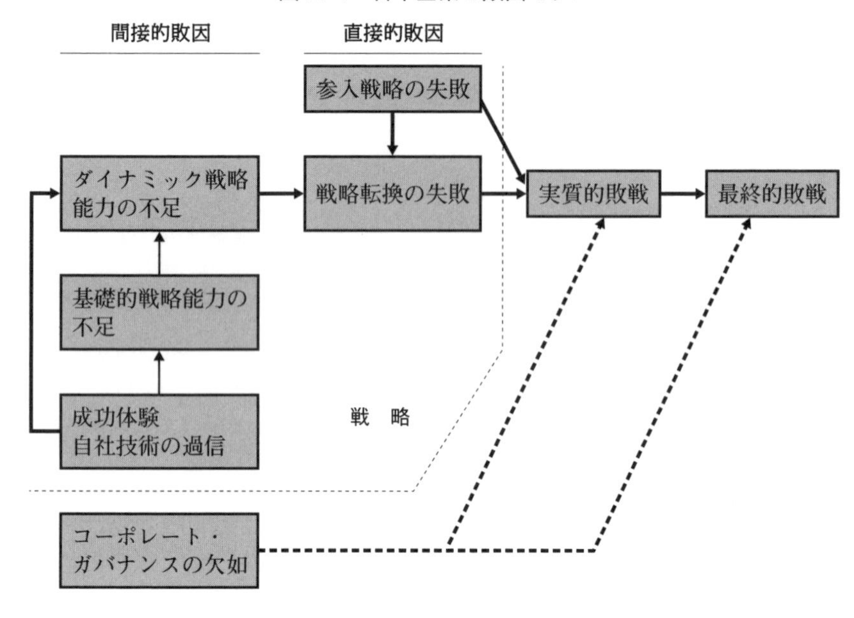


「戦略転換の失敗」であり，後者は，「ダイナミック戦略能力の不足」「基礎的戦略能力の不足」，および「成功体験」「自社技術の過信」などであった。

### (1)　直接的敗因

まず，「参入戦略の失敗」と「戦略転換の失敗」とからなる「直接的敗因」について見てみよう（なお，以上の2タイプ以外の直接的敗因はソニーの「リストラの遅れ」だけだった）。

#### ■ 参入戦略の失敗

「参入戦略の失敗」が敗戦の大きな原因になったことは明らかだった。これは，一般にもいえることだが，ことに薄型TVのようなデジタル製品の場合には，市場の立ち上がりからすぐに需要のピークが来るために，参入戦略の失敗は容易にはリカバリーできないからである。6社の中では，ソニー，日立，東芝，パイオニアなどは，いずれもそれであった。

しかし，逆に，「参入戦略の成功」が勝利を保証してくれるわけではなく，シャープとパナソニックは参入戦略では成功しながら，最終的に失敗している。その後の「戦略転換の失敗」のためだった。なお，同じく参入戦略の成功でも，シャープは「先行戦略」での成功で，文字通りの「参入戦略の成功」だったのに対し，パナソニックは「先行」には失敗したが，「革新的で迅速なフォロワー戦略」で先行企業を追い越したという意味での「参入戦略の成功」だったことに注意しておこう。

### ■ 戦略転換の失敗

次に，「戦略転換の失敗」について見ると，これは，6社——さらには6社に代表される日本企業——の最大の敗因だったといってよいであろう。参入戦略で成功したシャープとパナソニックはその後の「戦略転換の失敗」がなければ，勝てた可能性があり，また負けたにしても，その負け方の度合いを実際よりもはるかに軽く抑える可能性があったからである。また，参入戦略で失敗した4社も（戦略転換しても勝者になる可能性は非常に低かったであろうが），やはり，負け方をより軽くできたかもしれないからである。

ところで，「戦略転換の失敗」には「戦略転換の欠如」と「不適切な戦略転換」の2タイプがあったが，注目すべきは，前者は6社すべてに見出されたこと，また後者は3社に見出されたが，そこでの戦略転換は，「戦略転換の欠如」が続いた末，ようやくなされたものだったことである。

したがって，先に「戦略転換の失敗」が日本企業の最大の敗因だと述べたが，より詳しくは，「戦略転換すべきなのにしなかった（できなかった）こと，また，中にはいっそうの業績悪化のためにやむなく転換した企業もあったが，それが不適切なものだったこと」が最大の敗因だったといってよいであろう。前者の典型が，初期の成功をもたらした「破壊的低価格戦略」を転換せずに突き進んで敗れたパナソニックである。また，後者の典型が，同じく初期の成功因となった「大画面化・高機能化戦略」を転換しなかったために実質的敗戦状態に陥り，その後の不適切な戦略転換で最終的敗戦を決定的なものにしたシャープである。

それでは，「戦略転換の失敗」をもたらしたのは何であろうか。次に見る「間接的敗因」がそれである。

### (2) 間接的敗因

「戦略転換の失敗」の主因は,「ダイナミック戦略」――すなわち「環境の変化に対応して変化していく戦略」――を形成する「ダイナミック戦略能力」の不足であり,さらに,それをもたらしたのは,「基礎的戦略能力の不足」と,「成功体験」や「自社技術の過信」などの戦略関連の要因だった。

#### ■ ダイナミック戦略能力の不足

まず「ダイナミック戦略能力の不足」について見ると,その具体的形態として多かったのは,「不適切な垂直統合(生産)戦略」「不適切な選択・集中戦略」,および「不適切な競争戦略」などであった。

「不適切な垂直統合(生産)戦略」の中でもっとも顕著だったのは「垂直統合生産への過度の固執」であり,パナソニックとシャープに見られたものである。垂直統合生産を絶対視したために「事業環境に適合していればそれを採用するが,不適合になれば“外部調達”等の他の戦略に転換する」というダイナミック戦略の展開能力が不十分になり,当初の成功をもたらした垂直統合生産を基礎とする戦略を転換できず,その挙句に「超積極的設備投資」へと突き進んで敗戦に至ったのである。

「不適切な選択・集中戦略」は,日立,東芝という多角化度の高い企業に見られたものである。両社は,それ自体はダイナミック戦略である「選択・集中戦略」を採用したが,ともにその用法が不適切であった。「トップが開始した事業については赤字が続いても撤退しない」(日立,東芝),「液晶,プラズマTVという,いずれも巨額の継続的投資を必要とし,1つだけでも容易でない両TVに垂直統合生産方式で同時に参入する(二正面作戦)」(日立)という具合だったからである。そして,これが両社の「戦略転換の失敗」につながったのである。

「不適切な競争戦略」は,シャープ,日立,パイオニアなどに見られたものであり,いずれも差別化戦略を絶対視した結果,「事業環境が変わってそれが不適切になったら何らかの転換を図る」というダイナミックな展開能力を欠いていたものであった。これは,各社とも当初の差別化戦略が成功をもたらしたこと(また同戦略に不可欠な技術に自信があったこと)から,やむをえなかった側面もあるが,それが「戦略転換の失敗」につながったのである。

以上が「ダイナミック戦略能力の不足」の主要なものだが，第7〜11章での各社ごとの「戦略関連の敗因」の分析で明らかになったように，その他にも，企業戦略，マーケティング戦略，グローバル戦略などについてのダイナミックな展開能力の不足があったことに留意しておこう(3)。また，以上のような個々の「欠如」の基礎には，それらに共通のより基礎的な要因として，「環境変化が生じたらそれに合わせて戦略を転換する必要がある」とする「ダイナミック戦略思考」の欠如があったことにも注意しておこう。

### ■ 基礎的戦略能力の不足

以上に見た「ダイナミック戦略能力の不足」をもたらしたのは，「基礎的戦略能力の不足」という戦略そのものに関する要因と，「成功体験」「自社技術の過信」など，戦略そのものではないが，それに関連する要因だった。

まず「基礎的戦略能力の不足」であるが，これは「ダイナミック戦略能力」の基礎となる戦略能力のことであり，具体的には2つのタイプが見出された。1つは「1時点での戦略――いわゆる“スタティック戦略”――の形成能力の不足」であり，これは，「この能力もないのに，より複雑な，“複数時点間での戦略（の変化）”にかかわる“ダイナミック戦略能力”を持つことは考えにくい」という意味で，基礎となるものだった。「規模の経済」についての不正確な理解（シャープ，日立，パイオニア），「アナログ製品とデジタル製品の需要特性の違い」についての理解の欠如（日立），などがその典型であった。

もう1つのタイプは，スタティック戦略，ダイナミック戦略のいずれにもその形成プロセスとして不可欠な基本的ステップ――すなわち，戦略目標の形成，環境の機会・脅威と自社の強み・弱みの分析，戦略代替案の作成，その中からの実行案の選択と実行，という一連のステップ――の中のいずれかについての能力の欠如であった。「家電エコポイント制度の終了後の需要予測の甘さ」（パナソニック，東芝），「黒字転換予想の外れの繰り返し」（ソニー），「ビジョンの否定」（ソニー），「環境変化の認識・対応の遅れ」（シャープ，日立，パイオニア），などがその典型であった。

### ■ 成功体験と自社技術の過信

次に，戦略そのものではないが，それに関連する要因である「成功体験」と

「自社技術の過信」について見ると，「成功体験」は全社に，また「自社技術の過信」はシャープ，日立，パナソニックに見出された。なお，「成功体験」には，薄型 TV ウォーズでのそれと，それ以外の（たとえば企業業績の立て直し等の）業績でのものの２タイプがあったが，前者はシャープとパナソニックのみであり，他の４社は後者だった。

これらの要因は，直接的に，また「基礎的戦略能力」への影響を通じて間接的に，「ダイナミック戦略能力の不足」の原因となったものである。「成功体験」が薄型 TV ウォーズについてのものである場合には，“成功した戦略を続ければよい”という形で「ダイナミック戦略能力の不足」への直接的影響が強かったといえる。他方，「自社技術の過信」の場合には，「強い技術を生かした製品を作れば売れるので，戦略など必要ない」として，そもそも戦略自体を否定する姿勢が生まれ，「基礎的戦略能力の不足」を経由した間接的影響をより強めたと思われる。いずれにせよ，二要因による“慢心”が「ダイナミック戦略能力の不足」をもたらしたのは同じだった。

以上が「成功体験」と「自社技術の過信」についての議論だが，そこから１つの教訓を汲み取ることができる。経営戦略の学習の重要性である。それによって「ダイナミック戦略能力」を備えていれば，「成功体験」や「自社技術についての自信」があったとしてもそれらのマイナスの影響を排除できた可能性があり，また，少なくとも「基礎的戦略能力」を持てば，それを削減できたと思われるからである。

### 3） 戦略外の敗因

以上，日本企業の２大敗因のうちの１つである「戦略関連の敗因」について見てきたが，次に，もう１つの「戦略関連外の敗因」，具体的には「（経営者の選任・継承についての）コーポレート・ガバナンス関連の敗因」について見てみよう。

#### ■ コーポレート・ガバナンスの欠如

分析対象６社のいずれにおいても，薄型 TV ウォーズにおける戦いを主導した先任社長が後継社長を選任し，“院政”を敷いて後継社長にさまざまの程度に影響力を及ぼしたことは明らかだった。そしてその結果，後継社長の戦略のほとんどが先任社長の戦略の延長線上のものになったのだった。

後継社長が先任社長の影響を受け入れる“姿勢”には2つのタイプがあった。1つは「積極的受け入れ」であり，先任社長の戦略をより積極的に――しばしばそれに一体化して――受け入れ，その延長線上でより積極化していったタイプ（シャープ，パナソニック，パイオニア）である。もう1つは「消極的受け入れ」であり，とにかく自身を後任に選んでくれた先任社長の戦略なので受け入れるという消極的なタイプ（日立，東芝）だった（なお，ソニーは両タイプの折衷型だった）。

しかし，このような影響の受け入れ方の違いにもかかわらず，後継社長の“敗戦”へのかかわりはほとんど同じであり，（「実質的敗戦」はすでに先任社長の時代に生じていたために）「最終的敗戦の状態をより悪くした」ことだった。そしてそれは，「積極的受け入れ」の場合にはより積極的な戦略に突き進んで先任社長の失敗を“増幅”することによって，また「消極的受け入れ」の場合には特段の戦略を打ち出さずに先任社長の失敗を放置することによってであった。

したがって，日本企業には「経営者の選任・継承についてのコーポレート・ガバナンス」が欠如しており，それが各社の「戦略外の敗因」の1つになったと見てよいであろう。コーポレート・ガバナンスに期待されるのは，先任社長の戦略上の誤りを是正できる後継社長の選任であるが，それがまったくなされていなかったからである。

### コーポレート・ガバナンスの欠如の原因

それでは，なぜ，そのような「コーポレート・ガバナンスの欠如」が生じたのだろうか。本書では紙幅の関係でこの問題に深く立ち入らないが，次のように考えられる。

第1に，後継者の選任における業績主義が存在しないかあっても弱かったため，もともと先任トップは後継者を“能力”よりは自分への“忠誠度”で選任できるパワー（ないし“裁量権”）をある程度持っていたことである。

第2に，落ち込んだ企業業績をV字回復させたり，薄型TVウォーズの緒戦で勝利を収めたりしたトップの場合には，そのような「後継者選任パワー」はより強くなったことである。

そして第3に，そのようなトップは（自身は実績でトップになったとしても，もともとトップについての評価が業績主義的でなかったために），その後は業績を低下させても，最初の成功で確立した“威光”でそのパワーを保持し続けることが可能だったことである。

### ■ コーポレート・ガバナンスの欠如と戦略知識／能力の欠如

このようにトップについての業績主義評価の欠如がコーポレート・ガバナンスの欠如の原因となったと考えられるが，注目すべきは，業績主義の欠如に大きくかかわった要因の1つは，社員の「戦略知識や能力の不足」だったことである。そのために業績が悪化してもそれがトップの戦略ミスによるものかどうかの判断ができず，それが責任追及の動きを弱めてトップに責任回避の余地を与えたのである。

そしてこのことに関連して興味深いのは，TV がアナログ型からデジタル型に転換したためにその戦略に関する知識に大きな変化が生じ，それがトップの戦略ミスの評価をより困難にしたこと，そして，それが先任トップによる「不適切な後任社長」の選任をより容易にすることによって最終的敗戦をさらに悪いものにするのに寄与したことである。そのプロセスは，次のようなものであった。

ブラウン管 TV 時代に経営者として育って薄型 TV ウォーズを主導した先任社長は，緒戦では主に同時代の知識や成功経験にもとづいた「戦略」で勝利した。しかし，その後環境が変化して古い知識や経験にもとづく戦略が不適切になってもそのことを認識できず，業績を低下させた。また，その段階で後継社長にバトンタッチしたが，緒戦の勝利で得た名声を守るため，成功した「当初の戦略」を継承してくれる部下を選任することがほとんどだった。そしてそれを受けた後継社長も，自分を選任してくれた恩義から，あるいは自己の意思で（ないしその双方で），その「当初の戦略」を継承した。ところが，彼も先任社長と同様に古い知識や経験しか持ち合わせなかったため，「当初の戦略」と環境との不適合がさらに大きくなって表面化してもその認識が遅れ，同戦略を先鋭化させた不適切な戦略を採用するか，あるいはそれを放置して，最終的敗戦をより悪いものにしたのである。

これはことに，パナソニックとシャープで典型的に生じた事態である。これからわかるのは，アナログ技術からデジタル技術への転換に限らず，一般に技術革新のスピードが速い時期には，“戦略に関する知識の陳腐化”のために，院政の悪影響はそれが遅い場合よりもはるかに大きくなる可能性が強いということ，またそれだけ経営者の選任・継承に関するコーポレート・ガバナンスの重要性が大きくなるということ，である。

## 3 サムスンの勝因

以上が薄型 TV ウォーズにおける日本企業の敗因である。次の課題は「敗戦責任の所在」の解明であるが，実は，戦略のみに考慮を限定しても，「敗者の敗因」だけから敗戦責任を論じることはできない。のちに明らかにするように，そのためには，「勝者の勝因」も明らかにしなくてはならない。そこで次に，勝者であるサムスンの勝因について見ることにする。

### ■ サムスンの勝因

サムスンの勝因は，基本的にはすでに見た日本企業の敗因の“裏返し”として，次の3つの要因からなるものと考えることができる。

(1) 戦略を主導するトップが「革新的で迅速なフォロワー戦略」によって市場に早期に参入しただけでなく，参入後の市場競争でも適切な戦略を（適切なビジネスモデルで）実行した。

(2) その後，環境が変化したときには，それと適合的な戦略への転換を実行した。

(3) 戦略を主導したトップが一貫して適切な戦略を実行した。

すなわち，(1)にあるように，サムスンも「先行」には失敗したが「革新的で迅速なフォロワー」として成功しており，この点ではパナソニックなどと同じだった。そしてそれを可能にしたのは，液晶 TV とプラズマ TV のいずれにおいても先行する日本企業よりも優れたビジネスモデルで参入したことであり，その核心は，参入後の市場競争で勝敗を分ける要因が「低価格」であることを十分に認識し，そのためにパネル生産能力の増強で日本企業を圧倒したことであった。

また，それとともにサムスンの成功にとって非常に重要だったのは，(2)にあるように，参入成功後の環境変化に対応して柔軟に戦略を転換して製品の競争優位性を維持しつづけたこと，すなわち“ダイナミック戦略”において優れていたことであった。パナソニック，シャープなど日本の“勝ち組”が初期の勝利をもたらした戦略を絶対視して環境が変わってもそれに固執したのに対し，柔軟に戦略を転換したのである。

そしてサムスンのもう1つの勝因は，(3)にあるように，薄型TVウォーズの全期間にわたって戦略を主導したトップ・マネジメントが一貫して適切な戦略を展開し，日本企業のように，トップの交替に関するコーポレート・ガバナンスの欠如が「実質的敗戦状態をさらに悪化させる」といった事態を引き起こさなかったことである。これは，サムスンが同族会社であるために実現したという面もあり，日本企業と同列には論じられないが，やはり重要な点であった。

### ■ サムスンの戦略の特徴

以上がサムスンの「勝因モデル」である。次に，その中の②を中心に，同社の戦略のどこが優れていたのかをより具体的に明らかにしよう。

第1に，日本企業の戦略関連の敗因は「参入戦略の失敗」と「戦略転換の失敗」だったが，サムスンは参入戦略，戦略転換のいずれにおいても成功したことである。「参入戦略の成功」については先に述べた通りであり，「革新的で迅速なフォロワー戦略」で成功している。

他方，「戦略転換の成功」について見ると，その主なものは「競争戦略の転換」と「パネル戦略の転換」の成功だった。まず前者であるが，日本企業が低価格戦略（パナソニック）と差別化戦略（シャープ）のいずれかに固執してそれを転換しなかったのに対し，サムスンは低価格戦略を基本としつつも，市場ニーズ特性と時代のトレンドに合わせてときには差別化戦略やミックス戦略に転換する（ないしそれを併用する）という柔軟な競争戦略（とマーケティング戦略）によって大ヒット商品を生み出し，日本企業に大きな差をつけたのである。欧米市場向けに開発・発売されたワイングラスのシルエットを模した液晶TV「Bordeaux」（2006年）とエコ・コンシャスなLED-TV（09年）がその代表的なものであった(4)。

次いで後者の「パネル戦略の転換」について見ると，パナソニックやシャープがTVの垂直統合生産，したがってパネルの自社生産に強くこだわって結局“無謀な”設備拡大に走ったのに対し，サムスンはきわめて柔軟であった。ソニーと合弁でパネル生産会社（S-LCD）を設立したこと，シャープが第10世代工場の建設に猛進したのに対し，欧米市場での大型TV需要の伸びの鈍化や新興国市場での中型への需要の急拡大を見て中型の生産ではより効率的な（しかもより少ない投資で済む）第7.5世代工場への投資を行ったこと，S-LCDでのソニーとの合弁の解消を主導し，その生産設備の一部を中国で建設中の新工場に移設しようとしたと見られること，などがその好例である(5)。

サムスンが優れていた第2の点は，日本企業の「間接的敗因」の多くがサムスンには見られなかったことである。たとえば，「ダイナミック戦略能力」がサムスンにあったことは，日立や東芝が「不適切な選択・集中戦略」（日立，東芝），「二正面作戦」（日立）などの「事業の組み替え」戦略で失敗したのに対し，サムスンは「選択・集中戦略」を適切に用いたことから明らかである（サムスンも「二正面作戦」をとったが，同社の資金力から見て適切なものだった）。また，同社には「不適切な競争戦略」がなかったことも「Bordeaux」や「LED-TV」の例が示している。

以上がサムスンの戦略の特徴であるが，これを日本企業の戦略と比べると，「ダイナミック戦略能力」においてサムスンは日本企業よりもはるかに優れていたといってよいが，2つのことを注意しておこう。

1つは，日本企業にもダイナミック戦略能力がまったくなかったわけではないことである。第7章で述べたように，ダイナミック戦略能力には，最初の戦略を創出する「戦略創出能力」と，その戦略を転換していく「戦略転換能力」の2タイプがあり，日本企業の敗因となったのは，後者の不足であった。しかし，シャープの「先行戦略」やパナソニック，日立，パイオニア（そしてサムスン）の「革新的で迅速なフォロワー戦略」はいずれも「戦略創出」に関するダイナミック戦略であり，それを生み出したのは「ダイナミック戦略（創出）能力」だったのである。それにもかかわらず日本企業が敗れたのは，サムスンが2タイプのダイナミック戦略能力を持っていたのに，そのうちの1つ（戦略転換能力）が不足していたためであった。

もう1つは，サムスンは，薄型TV事業についてのダイナミック戦略能力において優れていただけでなく，それより上の，企業戦略レベルでの同能力においても優れており，これが，同社にエレクトロニクス分野での長期にわたる成功を——そして日本企業には敗北を——もたらしたことである。次に，その点をやや詳しく見てみよう。

### ■ サムスンのダイナミック“企業戦略”能力

それは，ある事業に（主に「革新的で迅速なフォロワー戦略」で）参入してその後の適切な戦略転換で成功を収めると，次に，そこで得た資金で別の新規事業に対して同様の戦略を展開して成功を収め，さらに，そこで得た資金でさらに別の新規事業に進出して成功を収める，という戦略であり，その成果が，[半導体での勝利→薄型 TV での勝利→スマホでの勝利] というエレクトロニクスの先端事業での日本企業に対する連続的勝利（そして日本企業にとっては連続的敗北）にほかならない。

これに対して，日本企業がたどったのは，[半導体での敗北（による資金不足)→薄型 TV での敗北（による資金不足)→スマホでの敗北（による資金不足)] という，まったく逆の負の連鎖であり，現時点では，これに「有機 EL-TV での敗北」が続くのはほぼ確実な情勢となり，さらに，その次の「AI スピーカーでの敗北」が続く可能性も大きくなっている。

このような事態をもたらした主因は，まさに「ダイナミック“企業戦略”能力の欠如」であった。そのために，ある事業が赤字になってもそれを捨てられず，さらに事態を悪化させ，資金不足をもたらして次の先端事業でも敗北する，という事態をくりかえしたのであり，液晶 TV はその典型であった。

## 4 日本企業の敗戦責任の所在

以上により日本企業の敗因とサムスンの勝因が明らかになったので，次に，それらを前提に，日本企業の敗戦責任の所在を明らかにしよう。

### ■ 結果責任としての敗戦責任

まず，「敗戦責任」とはいわゆる「結果責任」を意味する。「結果責任（をとる)」とは，「ある行為によって生じる“失敗”（などの結果）に対して責任をとること」，すなわち，「失敗に対しては（何らかの）ペナルティを受容する」ことを意味する。これを本書のテーマである薄型 TV 事業に適用すれば，「企業のトップがとった戦略が敗戦をもたらした——すなわち“敗因”になった——とすれば，それに対してペナルティを受容すること」，逆にいえば，「敗因が自分のとった戦略でなければ，トップは責任を問われない」ことを意味する。

そして，この定義は，基本的には妥当なものといえる。たとえば，戦争，テロ，大震災などによって生産設備等が壊滅的な被害を被ったために事業から撤退した場合には，トップの戦略が敗因になったわけではないので彼が責任をとる必要がないのは当然といってよいであろう（ただし，これらの場合には，そもそも「敗戦」という言葉自体がふさわしくないかもしれない）。

しかし，実際には，上の定義では困った問題が生じる。それは，同定義によれば「トップがとった戦略が敗因になれば，彼には敗戦責任が生じ，ペナルティを課される」ことになるが，これが厳格に実施されれば，トップはリスクをとってたとえば新規事業に挑戦するといったことができにくくなるばかりか，そもそもトップになること自体を忌避するようになる可能性が出てくるからである。

したがって，基本的には「結果責任」を認めたうえで，「トップがとった戦略が敗因になっても，ある条件が満たされた場合には敗戦責任は問わない」という緩和条件を設けることが望ましい。そして，実は，それについて適用できる基本的なルールはすでに確立されている。「経営判断の原則」がそれであり，これはもともとアメリカで発達した法理であり，日本でも同様のものが形成されている。したがって，それを採用して当面の課題に適用すれば，次のようになるであろう。

それは，「トップが経営戦略（の失敗）によって会社に（“敗戦”などの）損害を与えても，彼が戦略の策定時に，通常，その業界のトップに（必要だとして）期待される（専門）能力を持っており，戦略策定の前提となる（事業環境等についての）事実認識において誤りがなく，それにもとづく（戦略代替案の作成や，その中からの実行案の選択などにおける）判断が著しく不合理でない限りは，敗戦責任を問われない」というものである。

これは逆にいえば，トップが戦略策定時に，①戦略策定の前提となる事実認識で誤ったか，あるいは，②事実認識にもとづく判断で著しく合理性を欠いたためにその戦略が敗因となった場合には，彼は敗戦責任を問われることを意味する。たとえば，「過大な需要予測」と「リスクの過小評価」の結果「リスク・ヘッジを欠いた超積極的設備投資」に走り，それが敗因になったとすれば，それは「誤った事実認識」にもとづいてなされた「著しく合理性を欠いた判断」だったとして，敗戦責任を問われるということである。

そして重要なことは，この基準ではトップの事実認識や合理的判断の能力が少なくともその業界トップに必要とされるレベルにあること，経営戦略に関していえば，トップが戦略形成についてそのレベルの知識と能力を持っていることが前提とされていることである。そこで次に，以上のような「経営判断の原則」に即して，各社トップの敗因となった戦略に関する敗戦責任の有無について考えてみよう。

### ■ 日本企業の敗戦責任

上の原則に即して考えると，彼らの敗戦責任はかなり大きいといわざるをえない。すでに見たように，いずれの企業でも，敗因の多くは「誤った認識にもとづいてなされた著しく合理性を欠いた判断」によるものだったが，それらが「ダイナミック戦略能力の不足」によってもたらされたことは明らかであり，しかも，その多くは当時の標準的テキストでも述べられているものだったからである。「基礎的戦略能力の不足」についても同様である。それは「ダイナミック戦略能力の不足」の原因になったからであり，また，「基礎的戦略能力」があれば「成功体験」や「自社技術の過信」の悪影響を抑えるのに役立ったはずなのに，そうはならなかったからである。そして，それについての知識は，ダイナミック戦略能力以上に知られていたからである。

このように，日本企業のトップの評価は厳しいものにならざるをえないが，彼らにも弁解の余地があるかもしれない。それは，「自分はダイナミック戦略能力や基礎的戦略能力が不十分だったかもしれないが，それは他社のトップも同じだ」というものであり，理解できないわけではない。どの企業のトップも「経営戦略＝ものづくり」という考え方が支配的だった時代にキャリアを形成しており，戦略論の教育を受けていなかった点では似たようなものだったからである。しかし，変化の速度を増した当時の環境，またその下で成功を収めつつあるサムスンのような企業の登場を考えれば，（少なくともある程度の）ダイナミック戦略能力はトップが有しているべきものだったといってよいであろう。

なお，サムスンの戦略能力に関して注意すべきは，全体的に見た場合には，

「当時のオーソドックスな戦略論を十分に理解し，それを適切に用いたという意味で優れていた」のはたしかだが，格段に優れていたわけではないことである。にもかかわらず同社が圧倒的な勝利を収められたのは，日本企業が，その戦略能力の低さのために“自滅”したからだといっても過言ではないであろう。

もっとも，これは全体的に見た場合のことであり，より詳しくは，次の2点に注意が必要である。1つは，サムスンには，当時はまだ理論化されていなかった，ないし一般に認識されていなかったダイナミック戦略論の一部分を先取りした点があり，それについては高く評価されるべきであること，逆にいえば，“その分だけは”日本企業の「敗戦責任」を減らして考えてもよい——免責される！——ということである（日本企業が差別化戦略と低価格戦略を二分法的に捉えていたのに対し，サムスンがそれらのミックス戦略を巧みに使ったことはダイナミック戦略論の先取りの一例である）。もう1つは，逆に，日本企業にもダイナミック戦略能力がまったくなかったわけではなく，先述のようにシャープやパナソニックの参入戦略は優れたダイナミック戦略だったことであり，この点は（全体的な敗戦にもかかわらず）高く評価されてよいことである。

以上が日本企業の敗戦責任についての評価であるが，最後に3点付け加えておこう。

第1に，以上ではトップの「戦略関連の敗因」に対する責任について見てきたが，彼は「(経営者の選任・継承についての）コーポレート・ガバナンス関連の敗因」に対しても責任も問われることである。経営（戦略）能力よりも自身に対する忠誠度を優先して選択した後継者が実質的ないし最終的敗因を生み出したとすれば，その後継者を選んだトップはその選任に対して責任を問われなくてはならない。

第2に，「トップの戦略能力の不足」の原因について考えると，注目すべきは各社の「敗因モデル」の類似性であり，これは，個人の資質よりは「組織」に問題があったこと，より具体的には，「経営戦略教育の欠如」を示唆していることである。そしてそれは，戦略の優れていたサムスンが大量のMBA取得者を抱えていることとも符合しそうである。

第3に，以上に見た諸点を考慮したうえで個々のトップの敗戦責任が明らかになったとすると，次の問題は，「彼の責任をどのような形で問うか」，すなわち「いかなるペナルティを課すのか」ということになることである。しかし，本書ではこれについては立ち入らない。紙幅がなく，また個々のトップの戦略能力の全体，および敗因となった戦略の決定プロセスでの彼の具体的役割についての情報の入手が不可能なこともその理由である。しかし，より基本的な理由は，上述のように，彼の戦略能力の不十分さの主因は（企業内外で彼が受けた）経営戦略教育の不足という組織的要因による部分が大きい点にある。

それでも，損害賠償はともかく，人事，報酬に関して何らかのペナルティを課す必要があるのはたしかである。そこで，それについての一般論を述べておけば，その際に重要なのは，「その時代に利用可能な経営戦略の知識と形成能力を持ち，それを使って合理的と考えられる戦略を選択したか否か」をできるだけ客観的に評価し，それに即してペナルティを考えるべきだということである。

## 5　既存の敗因説の検討

以上により薄型ウォーズの敗因の分析，すなわち，経営戦略に焦点を当てた敗因分析は終了し，“仮置き”の「主要な敗因」が明らかになった。しかし，序章で述べたように，それが“真の”「主要な敗因」だといえるためには，既存研究で指摘された敗因と比較検討する必要があるので，以下では，その代表的なものを取り上げて検討することにする(6)。なお，既存研究が指摘する敗因の中で，真の「主要な敗因」とは異質（ないし独立）だが，敗因と認められるものは「副次的敗因」と呼ぶことにする。

既存研究によって指摘された敗因の主なものは，「韓国政府による国内メーカーへの各種の優遇政策」，「韓国企業による（日本企業の退職者の採用やパネル製造装置の購入等による）技術の模倣，盗用」，「韓国メーカーの（トップ・マネジメントの）積極的設備投資」，「韓国企業の優れたマーケティング戦略」，「円高」，および「日本企業間の過当競争」や「日本企業の選択と集中の欠如」等であった。

### ■ 韓国要因

これらの中で，ウォーズ初期に韓国メーカーが日本企業に急速にキャッチアップした段階で多かったのが最初の２つのいわば「韓国要因」であり，「韓国メーカーが強いのは当然で，日本企業が負けるのは仕方がない」というものであった。そして，それが否定できないことも事実だった。

しかし，サムスン等の巨額の先行投資はトップがリスクをとって行っており，彼らの勝因を政府の保護政策だけに帰すことはできない。また，日本の退職者の採用や製造装置の購入による技術移転などは違法なものではなく，またそれらの効果も，いずれは不可避だった韓国企業によるキャッチアップを速めたにすぎず，日本の敗因への寄与率はそれほど高くなかったと見てよい。キャッチアップされた後の日本企業が適切だったら負けることはなかったと考えられるからである。また，そもそもそのような不正なものを含むさまざまの方法による後発企業の先行企業へのキャッチアップはいつの時代にもいかなる技術でも見られるものであり，それらについては，当然，そういう可能性があることを前提としたうえで戦略を立てるべきである。初期に成功したために韓国メーカーの躍進を軽視し，適切な戦略的対応をとらなかったことはやはり基本的に日本企業の敗因と見るべきであり，その責任をすべて「韓国要因」に転化することは妥当でない。

したがって，結論的にいえば，以上の２つの「韓国要因」は日本企業の敗因の１つであることはたしかで，「副次的要因」と認められるが，その影響は，それに対応できなかった日本企業の「戦略の失敗」という「主要な敗因」の影響に比べれば小さなものだったと見てよい（実際，それらがなくても日本は敗れたはずであり，単にそれを早めたにすぎないであろう）。

次いで，「韓国メーカーの（トップ・マネジメントの）積極的設備投資」と「韓国企業の優れたマーケティング戦略」というもう１組の「韓国要因」について見てみよう。これらは韓国メーカーにとっては主要な“勝因”の一部分である。他方，両者の日本企業にとっての意味を考えてみると，「それらの優れた戦略に対抗できる戦略をとるべきだった（あるいは戦略転換をなすべきだった）のに，できなかった」という意味では，それらは日本企業の「戦略（転換）における失敗」という「直接的敗因」の原因となった「副次的敗因」と見るべきであろう。ただし，それは先の「韓国要因」と同様に，日本企業の敗因への寄与率はそれほど高くなかったと見てよい。それらの戦略について日本企業が十分学習して適切な戦略に転換すれば，負けることはなかったと考えられるからである。

### ■ 円　高

次に,「円高」について見てみよう。これは，薄型 TV ウォーズの終盤以降に広く主張された敗因であり，多くの経営者が弁解の理由の1つとしたものである。しかし，第5章で述べたように，円がドルに対して円高に転じたのは2008年後半以降であり，パナソニックとシャープ以外の企業が実質的敗戦に追い込まれたのは，それよりずっと以前だった。また，両社の場合にも，“実質的敗戦”状態になったのは円高になってからだが，その敗因が生じたのはやはり円安期であった。円安に助けられた好業績を実力によるものと勘違いし，楽観的な市場予測をもとに超積極的な設備投資を行って実質的敗戦状態に追い込まれたのである。またその後，円高になってからも（景気対策によってもたらされた小康状態を再び勘違いして）そのような積極戦略を転換できず，それが“最終的敗因”となって惨敗したのである。

したがって，円高は実質的敗戦との関連でいえば敗因ではなかったといってよく，敗戦企業の経営者が“責任逃れ”に使うことは許されないであろう。

### ■ 日本要因

最後の,「日本企業間の過当競争」と「日本企業の選択と集中の欠如」の2説はどうであろうか。これらは日本企業一般についていわれた「日本企業は独創的新製品を生み出せない，加えて“選択と集中”が不得手なために“横並びで”不調な事業にもいつまでもしがみつき，“横並び”で似た戦略（主に低価格競争）を続けて結局互いの首を絞める」という議論であるが，薄型 TV 業界についてもいわれたものである。そしてこれは薄型 TV ウォーズで敗れた企業の多くに妥当するので,「戦略転換の失敗」という直接的敗因をもたらした「間接的敗因」だったといってよい。

しかし，2008年中ごろまで勝ち組だったシャープはもともと薄型 TV への“集中”と“差別化戦略”でそれを実現しており，その後，最終的敗戦に至った直接の原因は上の要因ではなく,「戦略転換の失敗」だった。また，同じく08年中ごろまで勝ち組だったパナソニックも，薄型 TV ウォーズの初期に実施した大規模なリストラによるV字回復で得た資金を TV 事業に集中して成功しており，にもかかわらず最終的に敗れた原因は，やはり「戦略転換の失敗」だった。したがって，上の2説が指摘する要因は薄型 TV ウォーズにおける日本企業の典型的な「直接的敗因」だったとはいえない。日本企業の直接的敗因として“横並び”のものがあったとすれば，それは「戦略能力の不足」だったといってよいであろう。

なお，上の2説について1つ注意しておこう。それらは研究者やジャーナリストに限らず当事者たる敗戦企業のトップ・マネジメントにも広く主張されたが，とくに後者の責任回避の口実（の1つ）として使われたことである（円高，「韓国要因」とあわせて経営者の弁解の“3点セット”の1つだったといってよいであろう)。「自分としてはリストラをしたかったが，労働組合や（セクショナリズムに陥った）事業部の反対でできなかった。リストラが簡単にできるアメリカの経営者がうらやましい」という具合である。

以上，経営戦略論等の視点から薄型TVウォーズそのものに即したさまざまの見解を検討してきたが，総じていえば，それらの中には，円高，「韓国要因」等，薄型TVウォーズでの敗因といえるものもあるが,「主要な敗因」である「戦略（転換）の欠如」に比べれば敗戦への寄与度は低く,「副次的敗因」にとどまったと見てよいであろう。そして何よりも，それらがIoT時代への処方箋を書くうえで役立つ程度はきわめて低いことはたしかである。

これにより，簡単ではあるが，本書の第2段階の敗因分析は終了した。“仮置き”した「主要な敗因」が他の敗因よりも重要な“真の”「主要な敗因」だったことが明らかになったといってよいであろう。

終　章

# IoT/AI 時代を生き抜くために

**はじめに**

前章までの分析で薄型 TV ウォーズにおける日本企業の敗因を解明し，さらにサムスンの勝因との対比を踏まえて敗戦責任の所在を明らかにした。本章では，本書が明らかにしたことを再確認し，さらにそれにもとづいて，日本企業が IoT/AI 時代を生き延びるための処方箋を提示する。

## 1　本書が明らかにしたこと

薄型 TV ウォーズでの日本企業の「主要な敗因」は，まず経営戦略に焦点を当てた第 1 段階の分析で前章の図 11-1（264 ページ）のように要約され，さらに，第 2 段階の既存の諸説の検討を経て確認された。それは「直接的敗因」と「間接的敗因」とからなり，前者は「戦略転換の失敗」と「参入戦略の失敗」だった。また間接的敗因は「戦略関連の敗因」と「戦略外の敗因」に分けられ，前者は，「ダイナミック戦略能力の不足」「基礎的戦略能力の不足」，および「成功体験」「自社技術の過信」など，また後者は「（経営者の選任・継承についての）コーポレート・ガバナンスの欠如」だった。なお，第 2 段階の分析では，既存研究で指摘された諸要因の中に，重要度では「主要な敗因」に劣るが，敗因と認められる要因があり，これは「副次的敗因」と名づけられた。

本節ではこのような分析結果，およびそれをもたらした分析方法の特徴について述べ，さらに既存の“リアル・ウォーズ”の敗因分析との対比によって，それらの特徴をより明確にする。

### 1） 分析結果と分析方法の特徴

#### ■ 分析結果の特徴

はじめに分析結果の特徴について見ると，それは次の3点である。

第1の特徴は，以上の分析結果は，戦略に焦点を当てた分析の結果，期待通りに見出されたものだということである。薄型TVウォーズの敗因としては，「円高」「韓国政府による韓国メーカーへの各種の優遇政策」その他，かなり多くの要因が指摘された。これに対して本書で，それらではほとんど触れられていない「戦略――ことにその転換――の失敗」こそがもっと重要な敗因――「主要な敗因」――ではないかと想定して分析を行い，2段階で確認した。これが既存研究にはない最大の特徴である。

第2の特徴は，その「戦略（転換）の失敗」という「主要な敗因」は，敗戦の直接的な原因になった「直接的敗因」と，その原因となった「間接的敗因」に分けられることを明らかにしたことである。

第3の特徴は，その中の「間接的敗因」については「敗因ツリー」による分析を行ったが，「究極の敗因」を求めてどこまでもそれを深く掘り下げることはせず，"適切"と判断するところまでとしたことである。たとえば，先述のように，「戦略転換の失敗」という直接的敗因の原因として「戦略能力の不足」があり，さらにその原因として「成功体験」「自社技術の過信」があったと述べた。しかし，「戦略能力の不足」の原因には，この他にも，教育訓練，人事考課，人事異動などを含む人事システム，さらには，企業（ないし組織）文化などに関連する要因における失敗が考えられるが，そこまでは追求しなかった(1)。それは2つの理由からである。1つは，それらの分析に必要な情報を得るには企業の協力を得ることが不可欠だが，対象とする企業の数と戦略が多く，しかも"敗戦"に関することなのでそれを期待できず，また万一協力が得られてもその"公表"への承諾が得られる可能性がほとんどなかったからである。もう1つはより重要なものであり，各社の敗因モデル間の類似性の高さから見て，それだけでも戦略関連の敗因が「主要な敗因」であることを明らかにするのに十分だからであった。

第4の特徴は，「エレクトロニクス企業に限らず日本企業全般に適用可能な

“実践的処方箋”」として，「戦略形成能力――ことに“ダイナミック戦略”の形成能力――を向上すべき」という処方箋を示したこと，そしてそのためには，まず「戦略，ことにダイナミック戦略に関する知識」を高める必要があることを示したことである。

以上が本書の特徴だが，この最後の，戦略知識の必要性について，もう少し詳しく見てみよう。それが必要なのは，基本的には，それが戦略能力の不可欠な基礎的部分であり，戦略の失敗を回避するうえで不可欠だからである。しかし，もう1つ，より重要なのは，戦略知識の増大は「セクショナリズムや派閥争いその他の組織関連の要因が“間接的敗因”になる可能性を低下させる効果を持つ」ということ，しかも，それはそれらの要因を直接改善しようとするよりも低コストで，しかもより有効な可能性があること，である。

たとえば，リストラが不可避の状況に追い込まれた事業部の社員の場合を考えてみよう。リストラが不可避な理由を彼が正確に理解できれば（そしてトップが適切な新たな方向性を示すことができれば），リストラに対する“不合理なまでの抵抗”――たとえば「事業部が生き残れれば，会社は潰れてもよい！」といったもの――は減り，「リストラの遅れ」が間接的敗因になるのを回避するのに貢献するであろう。また，社員が十分な戦略知識を持てば，トップ・マネジメントの戦略（能力）について評価できるようになり，戦略ミスを犯したトップが居座る，戦略能力の不十分な者が後継者に選ばれる，といった間接的敗因（「コーポレート・ガバナンスの欠如」）が生じる余地は少なくなるであろう。これは，本書の意義としてきわめて重要な点であり，日本企業は，何よりも戦略知識のレベルアップを急ぐ必要があることを強く示唆している。

### ■ 分析方法の特徴

次に，以上のような分析結果を出すために第1段階で用いられた分析方法の特徴を再確認しておこう。

第1の特徴は，同分析では，「ダイナミック戦略論」が重要な役割を果たしたことである。これは，「戦略転換の欠如」が重要な敗因ではないかという問題意識からスタートした本書としては必然的だったといえる。ある戦略転換が敗因だといえるためには，その理由を説明できる理論が必要だが，それに応えたのがダイナミック戦略論にほかならないからである。たとえば競争戦略についていえば，ある“競争戦略の転換”を敗因——事業が赤字続きになった——と判断するためには，それを説明できる“ダイナミック”競争戦略論が必要であり，「いったん選んだ競争戦略を転換することは敗北を意味する」と主張するポーター型の“スタティック”競争戦略論では，その要請に応えることはできない。

第2の特徴は，「主要な敗因」の中の「間接的敗因」についての分析では，「敗因ツリー」による方法を用いたことである。これについては序章で詳しく説明したので繰り返さないが，注目すべきは，直接的敗因を「戦略（転換）における失敗」へと大きく絞り込んだ分析において，それは，その基礎にある「間接的敗因」の探索を可能にすることにより，最初の絞り込みによる“漏れ”の生じるリスクを軽減するのに役立ったことである。

### 2）“リアル・ウォーズの敗因分析”との違い

ところで，序章では，「第二次世界大戦等の“リアル”の敗戦に照らして薄型TVウォーズの敗因や高度成長期後の日本企業の失敗の原因等を分析し，教訓を得ようとする研究」の中の代表的な2つの研究について，そのような方法ではそれらの目的の達成は困難であろうと述べた。本書の分析結果を念頭に置きつつ，次にその理由を示し，それらにIoT/AI時代への説得的処方箋を期待するのはむずかしいことを明らかにしよう。

1つは，戸部ほか（1991）と同じ著者たちによって書かれた『戦略の本質』（野中ほか，2008）である。これは薄型TVウォーズの敗因分析を直接の目的としたものではないが，同ウォーズの敗戦は，彼らが分析対象とした高度成長期後の日本企業の不振の最たる例であるので，取り上げたものである。しかし，序章で述べたように，そこで示された「リーダーの備えるべき条件」は抽象度が高く，それに即して薄型TVウォーズの敗因を分析し，IoT/AI時代への教訓を得るのはむずかしいといわざるをえない。

そこで，そのようになった理由について考えてみると，それは，著者たちが「日本企業のバブル後の不振の原因は“分析的戦略論”に依拠しすぎたために“本当の戦略”が欠けていたことだ」という前提からスタートしたこと，またその結果，“（客観的な）論理”にもとづく分析的戦略論とは異なる，“主観的な認識”にもとづく“解釈的アプローチ”を重視し，両者を併用するというアプローチをとったことに求められるであろう。

逆にいえば，日本企業のバブル後の不振の原因を彼らとは異なるものと考えれば，別の敗因分析とそれを踏まえた処方箋が得られるはずであり，本書における筆者の試みはそれにほかならない。すなわち筆者の分析は，「日本企業の不振の基本的原因は企業が“良いものを作ればよい。戦略などは不要，もしくはそれができるようになったら考えればよい”という高度成長期に成功を収めた方法から抜け出せず，適切な分析的戦略が欠落していたことにあり，その象徴が薄型 TV ウォーズでの敗北にほかならない」という認識からスタートし，“ダイナミック戦略論”という分析的戦略論によって，容易に理解可能で実践可能な処方箋を導出しようとしたものである。そしてその基礎にあったのは，「かつての“戦略不要”という風潮を助長したのは，高度成長期以降の“ものづくり論”の盛行と分析的戦略論——ことに説得的なダイナミック戦略論——の不在だった」という認識であった。

以上より，野中たちの分析方法では今日必要とされる実践可能な処方箋の導出がむずかしいことが示されたと思われる。なお，以上で指摘したこと以外にも指摘すべき点があるが，それについては注２に譲ることにする(2)。

次に，序章で取り上げたもう１つの研究である菊澤の『組織の不条理』（菊澤，2017）について見てみよう。序章で述べたように，同書は，「戸部ほか（1991）は人間が完全に合理的な存在であるという前提に立って分析されたものだが，人間の合理性には限界があるので，限定合理性の視点から分析すべきだ」という立場から書かれたものである。そしてこれに対して筆者は，同書の敗因分析には疑問があり処方箋も適切とは考えられないと述べた。ここで，その理由を明らかにしよう。

そのために，まず，同書が示したシャープの敗因と，そこから得られる処方箋について見てみよう。敗因は，大要，次のようなものであった。「敗因はリーマン・ショック後に，大型が売れなくなる，液晶技術でも韓台メーカーに追いつかれるなどの“環境の急変”が生じ，抜本的大改革が必要になったのに，逐次的な改善しかしなかったことである。その理由は，大改革をしようとすると，液晶ビジネスを推進してきた人々や取引先などの利害関係者を説得するのに大きなコスト——取引コスト——がかかるので，それはせず，逐次的改善で“時間稼ぎ”をしたからである。そしてそのようなトップの戦略は“合理的”

だった（それでも負けたのだから，このような現象を“組織の不条理”というのである！――引用者注)」。また，この結論を受けた同書の処方箋は，「抜本的大改革が必要になる場合に備えて，社外の外国人や女性を役員として採用しておいた方がよい。彼らは社内に知り合いがいないので，説得しやすく，取引コスト(3)が小さいので，大改革を行いやすいからだ」というものであった。

以上が菊澤の議論であるが，まず，シャープの敗因についての彼の議論は受け入れがたい。筆者が「主要な敗因」とした「戦略における失敗」を否定しているからであり，また，筆者は菊澤の指摘した要因を見出せなかったからである。したがって当然に，彼の処方箋についても賛成しがたい。では，どうして菊澤説は生まれたのだろうか。それを明らかにするにはかなりの紙幅を要し，またそれをここで展開するのは適切でないので，注4に譲り，もっとも重要な点だけを指摘しよう(4)。

第1に，彼は，はじめに「戸部ほか（1991）の分析は完全な合理性を前提としている」として，「限定された合理性」を前提として分析すべきだとしているが，戸部たちの前提についての彼の考え方には賛成しがたいことである。というのは，戸部たちの議論もまさに限定合理性を前提とした議論と考えられるからである（詳しくは注4を参照せよ)。

第2に，彼は分析方法を2段階で“絞り込み”，分析できる範囲を非常に狭めていることである。

第1段階は，人間の多面的な社会的行動の中から合理的行動という1つのタイプに絞り込んだこと，すなわち，M. ウェーバーのいう人間の社会的行為の4類型（目的合理的行為，価値合理的行為，感情的行為，伝統的行為）に即していえば，その中の「目的合理的行為」に絞り込んだことである。そしてその結果，第二次大戦のガダルカナル戦の敗因として，戸部たちとは異なる結論を導き出し，それにもとづいて先述のようなシャープの敗因とそれに対する処方箋を導き出したのである。

また第2段階として，「限定合理性」の概念を「取引コスト」の概念と同視したことである。もともと両概念は“生まれ”が違って“同値”ではなく，「取引コスト」にとっては「限定合理性」が前提として不可欠だが，「限定合理性」は「取引コスト」以外のものの説明でも有用である。それにもかかわらずそれを取引コストのみに落とし込むことは，同概念の射程範囲を狭め，それにもとづく分析を狭めることを意味する（なお，念のために付け加えれば，この2段階の絞り込み自体が不適切だというわけではない。分析対象によっては有効な場合もあるが，上述の敗因分析には不適切だということである）。

以上より，菊澤の指摘する敗因と処方箋は受け入れがたく，彼の敗因分析にIoT/AI時代のサバイバルのための処方箋を期待することはできないであろう。そして，先の野中たちの議論とあわせて，リアルのウォーズの敗因からのアナロジーないし共通要因の探索などの方法によって日本企業の不振の原因分析や薄型TVウォーズの敗因分析を行うこと，したがって，それを基礎にIoT/AIウォーズへの教訓を得るのがむずかしいことが明らかになったと思われる。

## 2　IoT/AI時代への処方箋

次に，本書の最後の課題として，本書の分析から得られる，IoT/AIウォーズの生き残りのための日本企業への処方箋を明らかにしよう。はじめにIoT/AI関連ビジネスに限らずあらゆるビジネスを進めるうえで基礎となる処方箋を示す。次いでIoT/AI時代に求められる戦略を示したのち，IoT/AI関連ビジネスについての処方箋を明らかにする。

### 1）　基礎的処方箋

基礎的処方箋とは薄型TVウォーズの「主要な敗因」から得られるものであり，次の2つである。1つは，今日のビジネスパーソンには，これまで以上に，経営戦略全般，ことに「ダイナミック戦略」についての知識が求められ，またそれを実践できる能力が求められるということである。エレクトロニクス各社では同能力が不十分だっただけでなく，既存のスタティック戦略や，需要予測などについてのより基礎的な能力も不十分であり，その大幅な改善が急務である。サムスンと比べても，同社と日本企業の「戦略能力格差」は大きく，その縮小は容易ではないであろう。そして，これはエレクトロニクス企業に限らず，多くの日本企業についてもいえることである。

ところで，この点で注目されるのが，サムスンでは多くのビジネススクール修了生——MBA（経営学修士）取得者——が厳しい業績主義のもとで激しい昇進競争を繰り広げていることである。そのことの是非はともかく，大企業の中堅以上の多くの幹部がMBA取得者で占められていることはもはや“グローバル標準”であり，それに達しない企業がグローバル競争で著しく不利なことは，薄型TVウォーズでのサムスンと日本企業の明暗からも明らかであろう。筆者は筑波大学と中央大学のビジネススクールの開設と運営にかかわる機会を得たが，日本企業がMBA教育に対して今なおあまり熱心でないことは残念でならない。日本企業が戦略論の重要性とビジネススクールの有用性を認識するようになることを強く期待したい。

日本企業の敗戦から得られるもう1つの一般的教訓は，「経営者の選任・継承に関するコーポレート・ガバナンス」のあり方を根本的に変える必要があるということである。具体的には，トップ・マネジメントについては，単純化すれば，「再任は原則として不可とし，例外として厳しい業績基準をクリアした者にだけ許すが，1回限りとする。退任後は会長等として残らず完全に企業から退かなくてはならない」とすべきだということである。

近年，日本企業の元気のなさを改善し日本経済の復活の担い手とするために，東京証券取引所のコーポレート・ガバナンス・コードが公表され，また外部取締役制度の改革などが行われてきた(5)。しかし，これらの施策はそれなりの有効性を持つであろうが，本書の分析結果から見るといずれも“甘く”，筆者は上述のような“過激な”改革が必要だと考える。2017年3月には「経済産業省の有識者研究会は，企業のトップが現役を退いた後に就任する『相談役』について，企業は職務内容や就任の経緯などを開示すべきだとする報告書をまとめた。実質的な『院政』のようなかたちで現役経営陣の意思決定が制約される事態を憂慮しているためだ」(6)という報道がなされ，また，18年6月にはコーポレート・ガバナンス・コードの改定版が公表され，経営トップの選任や解任の方針と手続きについての情報開示を進めるべきだとされた(7)。しかし，これらだけではまったく不十分であろう。

なお，敗戦責任を問うと経営者を萎縮させ，活性化にはむしろマイナスではないかと危惧する人もいるであろうが，心配は不要である。トップに期待される（ダイナミック）戦略能力を持つ経営者が（企業の体力が許す限度内で）リスクをとって“常識的には”不合理と判断される戦略を実行することは可能かつ奨励されるべきであり，それが成功すればそれに見合う“高い報酬”で報い，失敗すればそれに対する“敗戦責任”をとってもらえばよい（なお，前章で述べたように，この場合の敗戦責任は，“期待される〔ダイナミック〕戦略能力”を欠いたトップによる，企業の体力を超えた不合理な――無謀というべき――決定についての敗戦責任とは異なるものである)。

### 2) IoT/AI 時代に求められる戦略

以上，敗戦から得られるより一般的な教訓を明らかにしたが，次に，近年急速に立ち上がりつつある IoT/AI 関連ビジネスの場合についての処方箋を考えるが，そのために，まず，IoT/AI 時代に求められる戦略がいかなるものかを明らかにしよう(8)。

IoT/AI 関連ビジネスは薄型 TV とは 2 つの点でかなり異なっている。1 つは，薄型 TV では技術革新の速度は速いとはいえある程度は予測可能であり，競合企業の数もそれほど多くなく，その顔ぶれもほぼわかっていた。これに対して IoT/AI 関連ビジネスでは，そもそもいかなる製品／サービスが事業化されるのか，それを誰（どの企業）が立ち上げるのか，参入する企業の顔ぶれはどのようになるのか，といったことが見通しにくく，事業化後の技術革新の速度も薄型 TV の場合よりもはるかに速いと見られることである。

もう 1 つはより重要なものであり，IoT/AI 時代には，薄型 TV とは違って「プラットフォーム」がとくに重要な戦略の手段になるということである。これは同時代をリードしてきた GAFA がいずれも“プラットフォーマー”と呼ばれていることからも窺える。そこで以下では，まず，プラットフォームの概念を明らかにし，それにもとづいて処方箋を考えることにしよう。

#### ■ プラットフォームとネットワーク効果

プラットフォームという言葉はさまざまな意味で使われているが，ここでは，ある製品／サービス（ないしコンテンツ）について，それを提供する「サプライヤー」と「消費者」が出会って売買する「インフラ」を意味するものとする。そして，その場を作り出すのが「プラットフォーマー」である(9)。

ところで，ある製品／サービスを消費者に販売する方法には別のものもあり，それと比較するとプラットフォームの意味がわかりやすいので，まず，2 つの方法を比較してみよう。なお，スマホの機能は通話とゲームを楽しむことだと簡単化しておこう。

図 終-1　ネットワーク効果

A. ワンサイド市場

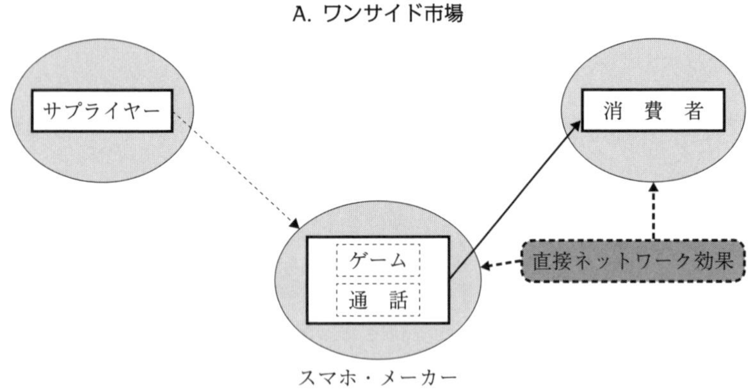


B. ツーサイド市場

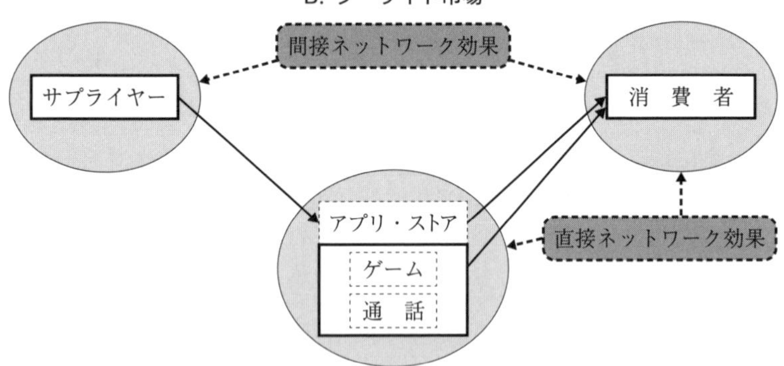


1つは，図 終-1 A に示した「ワンサイド市場」であり，スマホ・メーカーがサプライヤー（サード・パーティ）からゲーム・アプリを購入して自社のスマホに組み込んで販売する方法である。このタイプの特色は，消費者は，ゲーム・アプリについてはスマホに組み込まれたものを使えるだけで，直接サプライヤーから購入することはできないこと，すなわち，消費者が取引関係に立つのはスマホ・メーカーとの間だけだということである。2007 年に発売されたアップルの初代 iPhone の市場は，次に述べる「App Store」が搭載されていなかったため，このワンサイド市場だった（なお，図の楕円はそれぞれ，スマホ・メーカー，消費者，サプライヤーの集合を意味している）。

もう1つは，スマホ・メーカーは（サプライヤーが提供する）ゲーム・アプリを消費者が直接スマホ上で購入できる「インフラ」を準備するだけで，ゲーム・アプリの売買にはかかわらない方法である。この方法の特徴は，消費者はスマホ・メーカーとだけでなく，サプライヤーとも取引関係に立つこと，すなわち，2つの市場にかかわるということである。これが図 終-1Bに示した「ツーサイド市場」と呼ばれるものである。アップルが2008年発売のiPhoneにオープンした「App Store（アップストア）」はそのようなインフラであり，サプライヤーがアプリケーションを開発してiPhoneを通じて消費者に販売することを可能にしたものである(10)。

そして，これが，先に述べた意味でのプラットフォームにほかならない。消費者とサプライヤーが出会って製品／サービスを売買するインフラがあり，それを構築したプラットフォーマーがいるからである。なお，App Storeのようなプラットフォームのインフラとして機能する部品を「プラットフォーム部品」と呼ぶことにする（図 終-1Bでは，スマホに合わせて「アプリ・ストア」と記している）。

以上が，メーカーが製品／サービスを消費者に販売する2つの方法だが，注意すべきは，以上の2つの市場では通常の市場では発生しない2タイプの効果が発生し，そのうちツーサイド市場で発生する効果がとくに重要だということである。スマホを例にとって説明しよう。

1つはスマホ市場で発生するものであり，「スマホ購入者が多くなると，同じスマホで通話できる相手が増えるためにその個人にとってのスマホの価値が——したがってそのスマホの通話ネットワークの価値が——高まる。すると，それによって購入者がさらに増えてスマホ購入者にとっての価値と通話ネットワークの価値がさらに高まる」という，消費者間で生じる増幅効果である。これは「直接ネットワーク効果」と呼ばれるものである。

もう1つは，スマホ・アプリ市場で発生するものであり，「スマホの購入者が増えるとアプリの販売先としての通話ネットワークの価値が高まるので，より多くのサプライヤーがそのスマホ向けのアプリを生産するようになる。すると，それらを購入できる場としてのスマホの価値が高まるのでスマホの購入者が増える。そうすると，それがさらにより多くのサプライヤーを引きつけるのでアプリがさらに増加する」というサプライヤーと消費者との間での循環的な増幅効果である。これは「間接ネットワーク効果」と呼ばれるものである(11)。

そして，以上の２タイプのネットワーク効果のうち，IoT/AI 時代にとくに重要な意味を持つのが間接ネットワーク効果であり，これについては，次の諸点に注意すべきである。

第１に，間接ネットワーク効果を発生させるには，消費者とサプライヤーとを直接結びつける（インターネットのような）通信ネットワークが不可欠だということである。

第２に，間接ネットワーク効果は消費者とアプリの循環的増加によって生じるため，それによる消費者の増加速度は直接ネットワーク効果（だけ）の場合よりも大きいことである。なお，間接ネットワーク効果が働き出すのは，スマホの購入者数がある大きさを超え，（それを魅力的と見て）サプライヤーが（加速度的に）増え出す段階であり，その段階での購入者数は“クリティカル・マス”と呼ばれる。

第３に，以上に見たスマホのようなネットワーク効果が発生する製品／サービスの競争戦略は，同効果がない場合のそれとは，次に述べるような違いが出てくることである。

### ■ ネットワーク効果のある製品／サービスの競争戦略

その違いをスマホを例にとり，また通話の基本機能（音質，使い勝手等）は充足され，また通話料金は無料と簡略化して考えてみよう。

第１に，消費者が購入するか否かを決める際に考慮する要因は，①スマホ価格，②通話の付帯的機能へのニーズの充足度（録音機能，転送機能等），③スマホのハード本体の魅力（デザイン，大きさ・厚み，使い勝手等），④アプリに期待されるニーズの充足度，の４つに大別できる。

そして第２に，それに対するスマホ・メーカーの競争戦略は，「消費者に対する基本戦略」と，その実現に不可欠な「アプリ・サプライヤーに対する戦略」の２つからなることである。前者は，①～④に対する戦略であり，①を重視すれば低価格指向の戦略，②～④のいずれか（ないしすべて）を重視すれば差別化志向の戦略，すべてを重視すれば「ミックス戦略」ということになるが，中心となるのはミックス戦略であろう。

ところで，④は，サプライヤーがいかなるアプリを販売するかにかかっている。そこで，メーカーはサプライヤーに対して，ⓐサプライヤーにするための賦課（アップロード料）あるいはアップロード支援（コンテンツ作成支援等）と，ⓑコンテンツの種類（ゲームか否か，ゲームの場合にはどのタイプのゲームか等）について戦略を決定しなくてはならない。それと，先の基本戦略を連動させて決定するのが，メーカーの競争戦略にほかならない。

第3に，このように間接ネットワーク効果が働く製品ではミックス戦略が中心となるが，クリティカル・マスの達成前後で適切な戦略は異なるので，メーカーはダイナミックに戦略転換をしなくてはならない。クリティカル・マスを達成するまでは消費者増を重視した戦略――たとえば「消費者には無料でスマホを配り，プロバイダーには補助金を出してソフトを作ってもらう」戦略――が有効であり，それに必要な，スマホ生産，サーバー増設その他への先行投資を惜しんではならない。そしてそれを達成したのちは利益（という“質”）を重視したミックス戦略に転換し，先述の初期投資を回収しなくてはならない(12)。

### ■ プラットフォームが生み出すチャンスと脅威

以上のような間接ネットワーク効果をもたらすプラットフォームは，それを利用した新規事業を生み出す一方，そうして生まれた新規事業に脅かされる企業を生み出すことになる。

まず前者について見ると，それは2つのタイプに分けられる。1つは，消費者とサプライヤーの出会う場を創出して事業とするプラットフォーマーであり，GAFA などがその典型である。もう1つは，先述の App Store のようなプラットフォーム部品を作り，それを使う製品／サービス・メーカーに売り込む，あるいは，みずからそれを組み込んだ製品／サービスの生産・販売ビジネスを立ち上げる企業である。今 IoT/AI 分野でとくに注目されているコネクティッド・カー（インターネットに接続された車）の中核部品となる“テレマティックス”――すなわち各種の情報，エンターテインメント（コンテンツ）のサプライヤーと消費者とを結びつけるプラットフォーム部品――の生産・供給を目指している企業などは，その典型である(13)。

次に後者，すなわちプラットフォーマーやプラットフォーム部品の供給者に脅かされる側について見てみよう。まず，プラットフォーマーに脅かされている企業としては，アマゾンの登場によって危機的状況に追い込まれたリアルな書店，小売業などがその典型である。また，プラットフォーム部品に脅かされている企業の典型が，先述のテレマティックスでグーグル，アマゾンなどのIT 大手の先行を許している大手自動車メーカーである。

### 3） IoT/AI 関連ビジネスの立ち上げを目指す企業への処方箋

以上から明らかなように，プラットフォームと企業とのかかわりはさまざまであり，またすべてのIoT/AI 関連ビジネスがプラットフォームにかかわるわけではない。したがって，すべてのケースについて処方箋を示すのは困難なので，以下では，まず，「IoT/AI 関連の新規ビジネスを立ち上げようとする企業」についての処方箋を考えたのち，上述のようなプラットフォーム自体と日本企業にとっての重要性の観点から，とくに「(アアマゾンのような) プラットフォーマーに攻撃されている企業」と「プラットフォーム部品の侵攻の脅威にさらされている企業」に焦点を当てて処方箋を考えることにする。

なお，その際に注意すべきは，ツーサイド市場におけるプラットフォーマーの競争戦略は，ワンサイド市場を前提としたポーター理論が説く競争戦略や，同理論を動学化したダイナミック戦略論が説く競争戦略よりも複雑なものになること，したがって，本書の分析で用いたダイナミック戦略論もそれを含むように拡張される必要があることである。そしてその拡張の方向については先述の「ネットワーク効果のある製品／サービスの競争戦略」の項の議論で示唆しておいたが，注 14 でより詳しく述べることにする(14)。

#### ■ 処方箋①——IoT/AI 関連の新規事業への進出の場合

最初に取り上げるのは，IoT/AI 関連分野で新規事業に乗り出そうとしているベンチャー・ビジネスや大企業の場合である。大企業の場合には既存事業との関係が問題になるが，いずれの場合でも基本は同じであり，前章までの分析で明らかになった，次の(1)と(2)からなる「薄型 TV 事業で成功するために必要だった戦略」が基本戦略となる。

(1) 「ファースト・ムーバー戦略」で先行を狙い，それに失敗しても「革新的で迅速なフォロワー戦略」で追走する。なお，これらで成功するためには，参入後すぐに他の新たな追走者に追い越されてしまわないように適切な「製品」「戦略」「ビジネスモデル」を準備して参入を試みる必要がある。

(2) その後，事業環境に変化が生じて競争優位性が脅かされ（そうになっ）

た場合には，製品，戦略，ビジネスモデルの適切性をチェックし，問題が生じたものについてはより適切なものに迅速に修正，転換する。

この２つが薄型 TV だけでなく IoT/AI 関連ビジネスでも成功のための基本戦略となるのは，両者は“デジタル”製品／サービスという点では同じだからである。

しかし，この戦略だけでは十分ではない。IoT/AI 関連ビジネスは，インターネットにかかわる点で，またそれを用いたプラットフォーム関連ビジネスが中心となる点で，薄型 TV ビジネスとまったく異なるからである。そして，そこで必要になるのが，上の(1)と(2)の実行の際に，次の２点に留意することである。

第１に，まったくの新規ビジネスでは“ルール”がないのが普通なので，参入に際しては，それへの対応を考えなくてはならない。ルールの形成を待っていては出遅れる可能性が強いので，むしろ，ルール形成の主導権を握るような積極姿勢が期待される。

ただし，間接ネットワーク効果が発生する製品については，クリティカル・マスに達するまでは，いかなる戦略が適切かはわかりにくいので，先行企業の戦略とその成否を観察できる「革新的で迅速なフォロワー戦略」がとくに有効である。また，この段階では，クリティカル・マスの実現が何よりも優先するので，そのための投資を惜しんではならない。

第２に，参入後は事業環境の変化に合わせて戦略を転換していく必要があるが，環境変化は薄型 TV の場合よりもはるかに大きくかつ速い可能性が高いので，環境（変化）の監視能力を高めなくてはならない。ことに間接ネットワーク効果が発生する製品の場合に重要なのは，競合プラットフォームのネットワーク拡大への積極戦略によって競争優位性が脅かされそうになったときには，それに対する対抗措置をただちにとる必要があることである。また，変化対応だけではなく，変化を先取りするような積極的な戦略をタイムリーに打ち出すことが望ましいが，その場合にはリスク・ヘッジも忘れてはならない。さらに，戦略転換の場合，薄型 TV で見られた垂直統合生産やハード型差別化への固執などの硬直的な思考はできるだけ避け，柔軟な戦略をとらなくてはならない。

■ GAFAの場合

以上がIoT/AI関連の新規ビジネスに進出する場合の処方箋だが，ここで，GAFAのこれまでの戦略の中で，それに対応するものがあったかどうかを見てみよう(15)。GAFAとはまさにIoT/AI関連でしかも間接ネットワーク効果が顕著なビジネスにおける覇者なので，処方箋に適合している戦略が見出されれば，その処方箋の適切さを示すことになるからである。そして実際，次のようなものが見出された。

第1に，IoT/AI関連の“まったくの”新規ビジネスでは，ルールがないのをいいことに，それを考えずに“突っ走る”企業があったことである。これは，グーグル・アースやストリート・ビューなどで関係者の事前承諾なしに事を進めたグーグル，また，個人情報の管理が不十分なままに顧客拡大を急いで情報漏洩を惹き起こして国際社会からも強く指弾されたフェイスブックなどがその例である。

第2に，参入戦略について見ると，アップルは「ファースト・ムーバー戦略」だったが，他の3社は「革新的で迅速なフォロワー戦略」であり，クリティカル・マスの獲得戦略が優れていたことである。また，同戦略の場合，参入成功後にすぐに新たな追随者に追い抜かれぬように参入段階でそれへの対策を準備する必要があるが，これも実践されていたことである。たとえば，アマゾン，グーグル，フェイスブックなどは，ビジネスの性格上，ネットワークの急拡大が生じた場合の処理能力の不足は致命傷になることを（先行企業の経験等の観察から）十分認識しており，サーバーの増強に備えていたことである。

第3に，参入後は，自社の競争優位性を脅かすような事業環境の変化の有無を絶えずチェックし，それが生じた場合にはただちに戦略を転換する必要があり，またより望ましくは機先を制すべきだが，それも実行されていたことである。たとえば，アマゾンが電子書籍と電子書籍リーダー「キンドル」に進出したのは，アップルがiTunesによって楽曲をオンライン化したのを見て，同社が将来，自社のEC（電子商取引）ビジネスへの脅威になると考えたためであった。また，フェイスブックはプラットフォームをオープン化して外部ディベロッパーがアプリケーション・ソフトをインストールできるようにし，（先述のアップルと同様に）それがもたらした間接ネットワーク効果によってネットワークの急速な拡大と顧客の囲い込みを実現し，競合の「マイスペース」を突き放すことに成功したのである。

以上のほかにも先の処方箋に合致する事例が多く見られたが，いずれも，その処方箋の正しさを示すものと見てよいであろう。

### ■ 処方箋②――プラットフォーマーの攻撃／脅威にさらされた企業の場合

次に，プラットフォーマーの攻撃やその脅威にさらされた企業の場合について見てみよう。これには「自社の製品／サービス自体がプラットフォーマーに攻撃された企業」と，「自社の製品／サービスのビジネスモデルの一部分が，他社のプラットフォーム部品に取って代わられる（恐れのある）企業」がある。

ここで見るのは前者であるが，アマゾンがその場合の侵略者の典型である。その強力なECプラットフォームを使ってリアルのビジネス領域を次々に侵食して他業界や企業を戦々恐々とさせており，ECが取り込む最後の市場とされる生鮮食品市場にも食指を伸ばしている。そこで，EC市場を例としてこの種の侵略者に襲われた場合を考えてみよう。といっても，有効な戦略は見出しがたいが，少なくとも次のような，侵略者との差別化戦略が考えられる。

第1に，各種の特許や，書籍の著作権，音楽の出版権などの法的な排他的権利を持つ商品を創出することである。対GAFA戦略を問われたソニーの吉田社長は「脅威だが，正面から戦おうとしないほうがいい。どうやって土俵をずらせるか（が大事だ）」として，音楽などの出版権を持つこと，コンテンツにおいて主導権を握ることなどを生き残りのカギとしてあげたが(16)，そのうちの後者がそれに相当する。

第2に，差別化戦略によって模倣困難な，実質的な排他的権利を持つ商品／サービス（ないしコンテンツ）を創出することである。具体的には，「製品／サービス自体を独自で魅力的なものにする」，あるいは「（それと組み合わせて）製品／サービスの“自社の売り場”での購入体験自体に価値を持たせる」，さらには，「製品／サービスの配送面で，大手にはやりにくい“小回り”をきかせる仕組みをつくる」などの差別化戦略がありうる。なお，この戦略は，対象とする消費者を所得，年齢，その他の何かの属性で絞り込む，いわゆるニッチ戦略と併用すると，効果はより大きいであろう。もっとも，これらのいずれも，アマゾンのような，先行して覇権を確立した大手の強い成長志向や支配欲求にもとづく買収をも辞さない強引な戦略の前では，成功は保証されない。しかし，あくまでも既存の業界での存続を目指すのであれば，それらのいずれかに懸けなくてはならない(17)。

### ■ 処方箋③――プラットフォーム型部品の攻撃／脅威にさらされた企業の場合

次に，「自社の製品／サービスのビジネスモデルの一部分が，他社のプラットフォーム部品に取って代わられる（恐れのある）企業の場合」について見てみよう。これはパソコンのCPUでも見られたことであり，それ自体は新しい問題とはいえない。薄型TVでも，多くの日本企業が内製していたパネルを外注に転換――すなわち，垂直統合から水平分業に転換――した結果，利益を外注先に奪われて敗戦につながったことは，本書の分析で見た通りである。そして，そのような事態がプラットフォーム部品の場合にも生じうることは容易に想像でき，とくにそれをIoT/AI時代の問題として大きく取り上げる必要はないように見えるかもしれない。

しかし，そうではない。同部品の場合には，間接ネットワーク効果の強さゆえにその影響は無視できず，ことに自動車のような重要産業で上のような事態が生じれば，同産業はもちろん，日本経済の先行きにも大きな影響を与えるからである。そこで次に，自動車産業を取り上げてこの問題に対する処方箋を考えてみよう。

## 4）自動車メーカーの目指すべき戦略とは

### ■ 日本の自動車メーカーの課題とそれへの処方箋

実は自動車産業は，上述のコネクティッド・カーのプラットフォーム部品を自社生産するか否かの問題だけでなく，自動運転のための制御機器についても類似の問題を抱えており(18)，しかもより重要なことに，それらを含む，CASE化の進展という大変革に見舞われ，それへの対応を迫られている（CASEとは，Connected：インターネットへの接続，Autonomous：自動運転化，Shared：シェア化，Electric：電動化，の略である）。したがって，プラットフォーム部品や自動運転の制御機器を垂直統合するか否かの問題も，CASE化への対応という大問題の中の一部分として“連立的に”解かれなくてはならない。

そして注目すべきは，CASE化のほとんどにおいて日本企業は出遅れているが，「革新的で迅速なフォロワー戦略」に成功すれば，一転して勝者になる可能性もないわけではなく，それはCASE化にいかに対応するかにかかっているということ，より具体的には，次の3つの問い（に関する“連立方程式”）に対していかなる“連立解”を出し，それをいかに迅速に実行に移すかにかかっているということである。

(1) CASEのいずれに，どのようなウェイトで対応するのか。また，それらと既存ビジネスとのバランスをどうとるのか。

(2) ビジネスモデルでは（プラットフォーム部品，自動運転制御機器などの部品について），垂直統合と水平分業のいずれを採用するのか。

(3) プラットフォーム部品を導入する場合，消費者のいかなるニーズに応えようとするのか，またニーズに応えるのに必要なコンテンツのサプライヤーをいかに確保するのか。

これらの問いについて考える際に注意すべきは，まず，(1)については，電動化は（日本メーカーが高い品質や生産性を競争力の源泉としてきた），ガソリン車の比率の減少を意味することである。また，(2)については，プラットフォーム部品等の他社からの調達は，ガソリン車自体の競争力の低下を招く恐れがあることである。さらに，(3)については，(2)の問題を考える際には，プラットフォーム部品を導入してもそれで消費者ニーズのすべてを充足できるわけではなく，車の走行性能，デザイン，燃費，その他の“慣習的（ないし伝統的）”ニーズの充足も考えなくてはならないことである（なお，その点が，アプリで充足されるニーズの割合が非常に大きいスマホとの違いである）。

以上のことを踏まえて，先述の“連立解”を導出することになるが，その際に注意すべきは，その解は，次の3つの“制約条件”を充たしたものでなくてはならないということである。

第1の制約条件は，企業目標あるいはその基礎となる企業理念であり（プラットフォームを中心とした），IoT/AI時代を生き抜くうえでの基本的方向性を示すものである。たとえば，年間販売台数で世界一を目指すという目標を掲げたとすれば，CASEのいずれか1つに絞るという選択はありえないであろう。

第2の制約条件は，企業がそれまでたどってきたパス（経路）によって形成された製品開発の伝統や技術的蓄積などである。たとえば，コネクティッド・カーの実現には，高度なIT（情報技術）やAIの技術が必要になるが，それらの欠如は，たとえM&Aなどで外部から取得するにしても，上の(3)の実現の障壁になるであろう。

第3の制約条件は，資金力である。CASEのすべてを同時に手掛けるのは豊富な資金がなければむずかしい。また，自社に蓄積のない技術をM&Aによって導入しようとしても，やはり資金がなければ困難であろう。

### ■ 自動車メーカーの現状

以上により自動車各社がプラットフォーム部品（や自動運転制御機器）を含むCASE対応戦略を決定するためのフレームワークが明らかになったが，それによれば，日本の主要大手メーカーは実際にいかなる戦略をとるべきだろうか。最後に，トヨタ，日産，ホンダの主要3社についてこの問題を考えることにするが，そのために，まず，現時点での各社の戦略，すなわち，先述の3つの問いについて出した“連立解”として各社が実行しつつある戦略がいかなるものかを見てみよう(19)。

まず，もっとも積極的に対応しているのは，「100年に一度の大変革」「ライバルも競争のルールも変わり，生死を賭けた戦い」と危機感をあらわにしている豊田章男社長率いるトヨタである(20)。ハイブリッド車で成功し，また次世代車で燃料電池車に注力したために電気自動車への着手が遅れたこと，およびITにはもともとなじみが薄いことなどによる出遅れを取り戻すためである。その特色は，第1に，伝統的な全方位（ないしフルライン）戦略の延長線上で“モビリティ・サービス会社”という理念を打ち出し，（グーグル他のIT大手には劣るが）自動車業界では飛びぬけて潤沢な資金力を生かしてCASEのすべてへの進出を急いでいることである（それを象徴するのが，配車大手「ウーバー」への出資である）。第2に，各分野への進出の際には，これも伝統的な“垂直統合戦略”を基本としており，まずトヨタグループ内の技術を結集し，足りない部分を外部からの技術導入や提携で補う，という戦略をとっていることである。

次いでトヨタやフォルクス・ワーゲンと販売台数で覇を競っている日産（ルノー・日産自動車連合）について見ると，実は同社は電気自動車では世界的にも先行し，その点では，日本の各社よりも優位にある。同社の第1の特徴は，その先行の強みを生かして，とくに電気自動車に注力していることである。第2に，ビジネスモデルについては，トヨタとは対照的に，水平分業戦略をとっていることである。これは，日産系列で最大手の部品会社や，電気自動車の性能を左右する基幹部品であるリチウムイオン電池の生産子会社を売却したことに表れており，パナソニックとの（次世代電池を含めた）電池の共同開発に乗り出したトヨタとは著しい対照をなしている(21)。

それではホンダはどうであろうか。同社の特徴は，第1に，トヨタ，フォルクス・ワーゲン，日産，GM 等が年間販売台数 1,000 万台規模で覇を競っている中で，「500 万台近辺の規模で，どのように事業を転換させながら生き残れるか」を課題としているが(22)，CASE のいずれに注力するかについては，先の2社と比べて必ずしも明確ではないことである。第2に，その反面，とくに集中する「市場」には特色があり，自動運転やコネクティッド・カーに関しては，とくに中国企業との連携を重視していることである。また第3に，車の開発に関しては，ホンダの強さの源泉であった，「独創的な製品づくり」の伝統の維持を強く掲げていることである。これをよく示すのが，同社の松本宜之専務の次の言葉である。「ホンダとしての技術の軸足を固めなければ，コモディティ化してしまうだろう。ホンダの強みであるパッケージング（車内空間を上手に活用するデザイン力）や，快適な走り・乗り心地を実現するパワートレインの強みを磨いていく。技術のパートナーは増えたが，主導権はホンダが握り続ける」(23)。

以上，CASE に対する各社の追撃戦略をスケッチしたが，いずれも現段階としては適切な戦略だと思われる。各社とも，先に述べた「3つの問い」のうちの(1)については，CASE のすべてに目配りしつつも，それまでの歴史の中で蓄積された強みや制約条件のもとで“解”を出し，独自の戦略で追撃を開始しているからである。また，(2)のプラットフォーム部品や自動運転機器などについても，トヨタは垂直統合寄り，日産は水平分業，ホンダは水平分業寄りという違いがあるが，いずれも自社技術だけでは不十分なことを認識し，それぞれの形で不足を補おうとしているからである。

しかし，競争の本格化とともに優劣が生じる可能性が高いが，その場合，原因は(1)〜(3)のいずれとなるであろうか。(1)のうちの，電気自動車化については，原因となる可能性は比較的小さいであろう。遅れたトヨタとホンダの場合にもハイブリッド車を持っているので，電気自動車化で先行企業にキャッチアップするのはそれほど困難ではないと思われるからである。また(2)についても，かなり大きな問題だが，決定的というほどにはならないと見られる。車の場合，プラットフォーム部品や自動運転制御機器に関しては，先述のように，（車種にもよるが）その優劣だけで競争力が決まるわけではなく，走行性能，デザイン，燃費等も重要であり，各社間で大きな差がつくとは考えにくいからである（これが先述の，スマホの場合との違いである）。また，車の場合には，プラットフォーム部品（や自動運転制御機器）については，複数のプラットフォームが併存するいわゆる「マルチホーミング」が成立する可能性があるからである(24)。

これに対して，競争力のより大きな差をもたらす可能性がありそうなものが2つある。1つは，(1)〜(3)のいずれにもかかわるものであり，カー・シェアリング関連をはじめとする外部企業との提携の巧拙である。またもう1つは③に関するものであり，上述のように，プラットフォーム部品や自動運転制御機器に関してはそれほど差が出ないとすると，（カー・シェアリング用などを別とすれば）逆に，走行性能，デザイン等が競争力を左右する重要な要因になるのではないかということである。そして，この点で注目されるのが先のホンダの戦略である（なお，ホンダとトヨタの新車開発方法の違いについては，河合（2010）を参照せよ）。

いずれにせよ，現時点ではまだ始まったばかりで戦略転換を云々する段階ではないが，今後は，戦況の推移を注意深くチェックし，戦略が不適切なことが明らかになれば，ただちに適切なものに転換していくことが重要である。トヨタの場合には，（ことにプラットフォームの形成に巨費を要することを考えれば）全方位戦略による“資源の分散”が，日産の場合には水平分業による“個性の希薄化”とC. ゴーン元会長兼CEOの失脚後の“（ルノー，三菱自動車との）3社協業体制のゆくえ”が，またホンダの場合には“外部技術導入と独創性の両立の可能性”が問題を生じる可能性がある。いずれにしても，問題が判明したら――より理想的にはその予兆を捉えて――「3つの問いと3つの制約条件」からなる先述のフレームワークによって適切な戦略を連立解として求め直し，ダイナミックに軌道修正していかなくてはならない。

## おわりに

以上により，本章の課題，したがって，「薄型TVウォーズの敗因を明らかにし，それにもとづいてIoT/AI時代への処方箋を提示する」という本書の課題はすべて終了した。読者が戦略形成能力，ことにダイナミック戦略のそれを習得して実践に移し，同時代を生き抜く先兵となって活躍され，日本企業の復活，さらには日本経済の再生に貢献されることを期待したい。本書が少しでもそのきっかけになるとすれば，著者としてそれにすぐる喜びはない。

ところで，その実現のためには，経営戦略の実践と研究が相互に刺激しあって発展することが望まれる。優れた先駆的な経営戦略の創出は優れた経営者によってなされることが多く，残念ながら，この点での研究者の出番は少ない。しかし，いち早くその戦略を見出し，理論化してそれを発展させ，現実のビジネス界にその普及を図ることには大きな意義が認められる。それが企業の発展に貢献すると，その発展が研究のいっそうの発展を促し，その研究の発展がさらに企業成長に貢献する，といった好循環が期待されるからである。その1つの成功例が，高度成長期の日本企業の発展と“ものづくり研究”の発展であった。

しかし，その時代が終わってすでに久しい(25)。今，日本に要請されているのは，IoT/AI時代への日本企業の挑戦とそれに必要な戦略論の構築とが，相互促進的に進展することである。本書が試みたのも，そのような戦略論の構築を目指してのことであった。しかし，それはまだ第一歩にすぎず，なすべきことは多く残されている(26)。その作業への多くの研究者諸氏の積極的な参加を期待したい。

# 付表　6社の業績

## 付表-1　シャープ・パナソニック・ソニーの業績

（単位：億円）

| 年度 | シャープ | | | パナソニック | | | ソニー | | |
|---|---|---|---|---|---|---|---|---|---|
| | 売上高 | 営業利益 | 純利益 | 売上高 | 営業利益 | 純利益 | 売上高 | 営業利益 | 純利益 |
| 2000 | 20,129 | 1,059 | 385 | 76,818 | 1,884 | 415 | 73,148 | 2,253 | 168 |
| 01 | 18,038 | 736 | 113 | 68,767 | −2,118 | −4,310 | 75,783 | 1,346 | 153 |
| 02 | 20,032 | 995 | 326 | 74,017 | 1,266 | −195 | 74,736 | 1,854 | 1,155 |
| 03 | 22,573 | 1,217 | 607 | 74,797 | 1,955 | 421 | 74,964 | 989 | 885 |
| 04 | 25,399 | 1,510 | 768 | 87,136 | 3,085 | 585 | 71,596 | 1,139 | 1,638 |
| 05 | 27,971 | 1,637 | 887 | 88,943 | 4,143 | 1,544 | 74,754 | 1,913 | 1,236 |
| 06 | 31,278 | 1,865 | 1,017 | 91,082 | 4,595 | 2,172 | 82,957 | 718 | 1,263 |
| 07 | 34,177 | 1,837 | 1,019 | 90,689 | 5,195 | 2,819 | 88,714 | 3,745 | 3,694 |
| 08 | 28,472 | −555 | −1,258 | 77,655 | 729 | −3,790 | 77,300 | −2,278 | −989 |
| 09 | 27,559 | 519 | 44 | 74,180 | 1,905 | −1,035 | 72,140 | 318 | −408 |
| 2010 | 30,220 | 789 | 194 | 86,927 | 3,053 | 740 | 71,813 | 1,998 | −2,596 |
| 11 | 24,559 | −376 | −3,761 | 78,462 | 437 | −7,722 | 64,932 | −673 | −4,567 |
| 12 | 24,786 | −1,463 | −5,453 | 73,030 | 1,609 | −7,543 | 68,009 | 2,301 | 430 |
| 13 | 29,272 | 1,086 | 116 | 77,365 | 3,051 | 1,204 | 77,673 | 265 | −1,284 |
| 14 | 27,863 | −481 | −2,223 | 77,150 | 3,819 | 1,795 | 82,159 | 685 | −1,260 |
| TV赤字 | 2008〜09，11〜15年度 | | | 08〜14年度 | | | 04〜13年度 | | |

（注）「TV赤字」の行は，2004年度以降のTV事業の赤字年度を示す。なお，各社はTV事業単独の業績は公表していないので，主に新聞，雑誌等の推定によっている。
（出所）各社の決算短信。

## 付表-2　パイオニア・日立・東芝の業績

（単位：億円）

| 年度 | パイオニア | | | 日立 | | | 東芝 | | |
|---|---|---|---|---|---|---|---|---|---|
| | 売上高 | 営業利益 | 純利益 | 売上高 | 営業利益 | 純利益 | 売上高 | 営業利益 | 純利益 |
| 2000 | 6,471 | 338 | 183 | 84,170 | 3,423 | 1,044 | 59,514 | 2,321 | 962 |
| 01 | 6,689 | 213 | 80 | 79,938 | −1,174 | −4,838 | 53,940 | −1,136 | −2,540 |
| 02 | 7,123 | 314 | 161 | 81,918 | 1,530 | 279 | 56,558 | 1,155 | 185 |
| 03 | 7,009 | 437 | 248 | 86,325 | 1,849 | 159 | 55,795 | 1,746 | 288 |
| 04 | 7,110 | 7 | −88 | 90,270 | 2,791 | 515 | 58,361 | 1,548 | 460 |
| 05 | 7,550 | −164 | −850 | 94,648 | 2,560 | 373 | 63,435 | 2,406 | 782 |
| 06 | 7,971 | 125 | −68 | 102,479 | 1,825 | −328 | 71,164 | 2,584 | 1,374 |
| 07 | 7,745 | 92 | −190 | 112,267 | 3,455 | −581 | 76,653 | 2,464 | 1,274 |
| 08 | 5,588 | −545 | −1,305 | 100,004 | 1,271 | −7,873 | 63,730 | −3,092 | −3,989 |
| 09 | 4,390 | −175 | −583 | 89,685 | 2,022 | −1,070 | 61,377 | 718 | −539 |
| 2010 | 4,575 | 158 | 104 | 93,158 | 4,445 | 2,389 | 62,640 | 2,445 | 1,583 |
| 11 | 4,368 | 125 | 37 | 96,659 | 4,123 | 3,472 | 59,964 | 1,149 | 32 |
| 12 | 4,518 | 60 | −196 | 90,411 | 4,220 | 1,753 | 57,222 | 921 | 134 |
| 13 | 4,981 | 112 | 5 | 95,638 | 5,383 | 2,650 | 64,897 | 2,571 | 602 |
| 14 | 5,017 | 78 | 146 | 97,620 | 6,005 | 2,413 | 61,147 | 1,884 | −378 |
| TV赤字 | 2004〜09年度（10年度撤退） | | | 05〜09年度（11年度撤退） | | | 04〜07，11〜15年度 | | |

（注）付表-1と同じ。
（出所）各社の決算短信。

# 補論　東芝とパイオニアの敗因

## 1　東芝の敗因

東芝は薄型 TV ウォーズに出遅れたうえに，戦略の軸を確立できぬまま迷走した感が強い。それでも外注パネルによる TV の組立を中心とする身軽さと，ブラウン管 TV 時代の遺産を生かして一時はわずかに存在感を示したが，結局，敗戦に追い込まれた。

### ■ 直接的敗因

直接的敗因は「参入戦略の失敗」と「戦略転換の失敗」だった。「参入戦略の失敗」は，西室泰三社長（1996 年 6 月～2000 年 6 月）が液晶，プラズマ両 TV に出遅れたうえに，“本命”のキヤノンとの共同開発の SED-TV が立ち上がらなかったことであった。

「戦略転換の失敗」は「戦略転換の欠如」と「不適切な戦略転換」の 2 つからなるものだった。前者は，参入戦略の失敗のために「大型は SED-TV，中小型は液晶 TV（パネルは外注）」という戦略をとったが，SED-TV が立ち上がらないにもかかわらず，この戦略を西室氏とあとの 2 代の社長で通算 8 年近く転換しなかったことである。ところが，外注パネルの価格が高いことなどで TV 事業が赤字のために他社に先駆けてとった中低価格帯 TV の台湾メーカーへの生産委託路線が奏功し，大手が軒並み赤字になった 2008～10 年度は黒字を記録した。

しかし，それで勢いづいて（また家電エコポイント制度の追い風もあって），高い販売目標を掲げ，アジアでの開発拠点の設置などの積極策に出るという「不適切な戦略転換」を行ってしまったのである。そしてその直後に家電エコポイント制度の終了による国内需要の急減に直撃され，結局，2016 年 3 月期まで 5 期連続の赤字となり，最終的敗戦に至ったのだった(1)。

### ■ 間接的敗因

(1)　もっとも重要な間接的敗因は，他社と同様に「ダイナミック戦略能力の不足」であり，具体的には「不適切な企業戦略」と「不適切な事業戦略」だった。

まず「不適切な企業戦略」について見ると，それは具体的には「不適切な選択・集中戦略」であり，「参入戦略の失敗」と「戦略転換の欠如」につながった要因だった。

図 補-1　東芝の敗因モデル

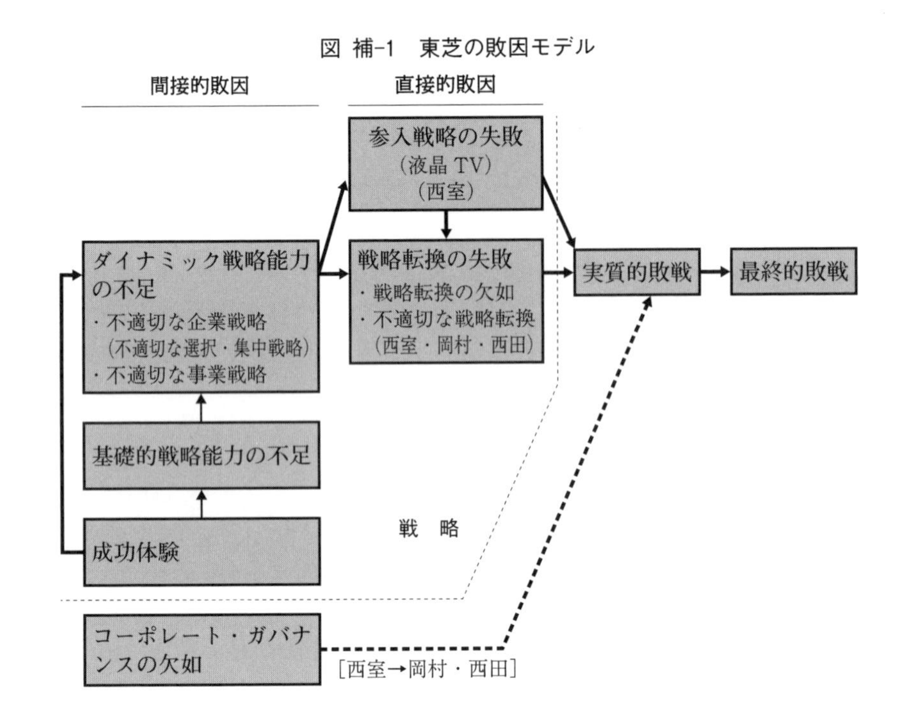


「参入戦略の失敗」につながったのは，どのタイプの薄型 TV にするかの“決定が遅れ”しかも，SED-TV という「不適切な選択」をしたことである。それを窺わせたのが，「キヤノンとの提携は日立が同社と提携しそうだと聞いた西室社長があわててキヤノンの御手洗社長に電話して提携を申し込んで決めた」という経緯や，提携の発表の記者会見後に試作品を“初めて”見た西室社長が「画質があまりにひどいので愕然としてバラ色の夢を語ったのを悔やんだ」と述べたことなどであった。また「不適切な選択・集中戦略」が「戦略転換の欠如」をもたらしたことは，SED-TV の立ち上がりを8年近くも“無為”に待ち続けたことから明らかである。

次いで「不適切な事業戦略」について見ると，（家電エコポイント制度による）明らかに“一時的な”需要の増大に“浮かれて”海外拠点の急拡大といった“リスキー”で「不適切な戦略転換」を行ったことは，事業戦略のダイナミックな展開能力に問題があったことを示している。

(2)　以上の「ダイナミック戦略能力の不足」の原因になったのは「基礎的戦略能力の不足」と「成功体験」だった。前者を窺わせるのは「家電エコポイント制度による需要急拡大の反動減についての予測が甘くなったこと」である。また後者は，ソニーの出井社長や日立の庄山社長の場合と同様の，自社の業績向上について西室社長の成功体験であった。

(3) 「戦略外の敗因」としては，西室氏の“院政”による，岡村，西田厚聰両社長の戦略への（両社長による“忖度”を含めての）影響力の行使が考えられる。それが薄型 TV 戦略の硬直性をもたらし，西室氏が主導した SED-TV 事業の不調が明白になっても戦略転換を妨げたのである。彼は，1999 年の社長退任後，会長に就任し，2006 年には相談役に退いたが，その後，名誉顧問も含めると実に 16 年まで会社にとどまって大きな影響力を行使したのだった(2)。

## 2 パイオニアの敗因

パイオニアは富士通に次いで“準先行”したが，日立，松下などの追撃にあって急速にシェアを落とし，松下が主導した低価格競争の加速，長期化とともに次第に“体力”を消耗して脱落を余儀なくされ，2009 年に液晶，プラズマ両 TV から全面撤退した。

### 参入戦略の成功と敗戦への道

パイオニアは，1997 年に“ハイビジョン対応”としては世界初の 50 型プラズマ TV を発売した。家庭向けの高精細機であり，富士通の先行に次ぐ“準先行”だった。しかし，同機の販売が低迷したためにハイビジョン“非対応”の低価格機も発売する路線への転換も試みたが，パネル生産の拡大が思うに任せず不十分に終わった。そこで「“大型化（大画面化）と高画質化”による差別化」戦略を継続した結果，低価格競争から取り残されてシェアを急落させ，2005 年 3 月期にはプラズマ TV が赤字となり，同年末には伊藤周男社長（1996〜2006 年）が退任して須藤民彦副社長が社長に昇格した。

須藤社長（2006 年 11 月〜08 年 10 月）は基本的には伊藤社長の「“大型化と高画質化”による差別化」を継承しつつも，「シェア拡大も目指す」としてより積極的な戦略を打ち出し，新工場の建設計画も発表した。しかし，それは実現せず，パイオニアは，09 年 2 月，プラズマ TV の生産・販売からの完全な撤退と全世界の生産拠点や人員削減等のリストラ策を発表した(3)。

### 直接的敗因

パイオニアの「直接的敗因」は，「不十分な参入戦略」と，その後の「戦略転換の失敗」，すなわち「戦略転換の欠如」とその後の「不適切な戦略転換」だった。

図 補-2　パイオニアの敗因モデル

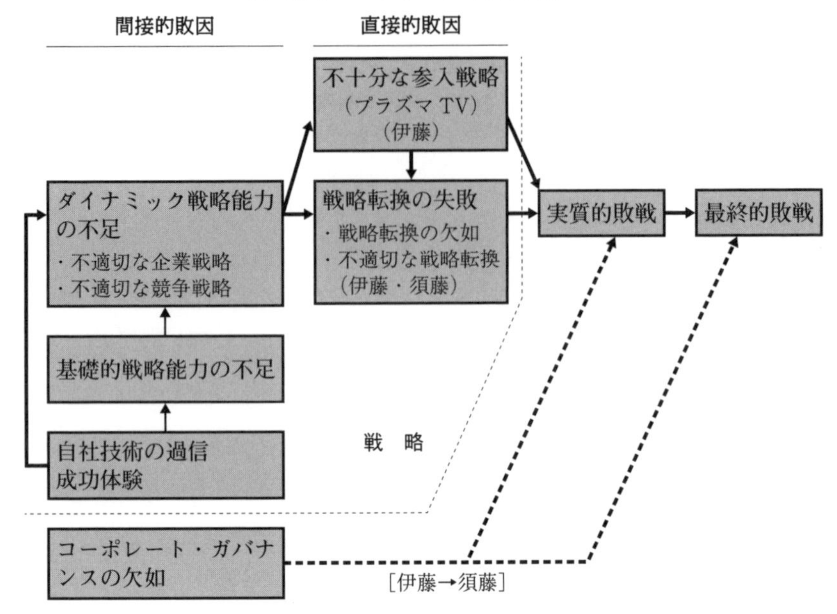


まず「不十分な参入戦略」であるが，それは，せっかく“準先行”で成功しながらすぐに（日立と）松下に抜かれたことを意味している。原因は，松下が参入後の市場競争では低価格化が競争の焦点になることを見据えてパネル生産工場への先行投資などによって革新的ビジネスモデルを創出したのに対し，技術に自信を持つパイオニアは（資金不足だったこともあり）「大型化と高画質化」戦略に固執し，対抗できるビジネスモデルを構築できなかったことである。

次に「戦略転換の欠如」について見ると，それは，競争戦略におけるものと，パネル戦略におけるそれの2つだった。前者は，市場では「大型（大画面）だが高画質ではない低価格機」市場が急速に立ち上がったのに対し，パイオニアは「大型化と高画質化」戦略を転換できなかったことである。また後者は，「大型化と高画質化」への固執と「技術への自信」から垂直統合生産にこだわり，パネルの合弁生産や外部調達などの選択肢をとれなかったことである。

さらに「不適切な戦略転換」について見ると，それは，「大型化と高画質化」戦略の失敗にもかかわらず須藤社長が「二正面作戦」への転換を図って失敗し，結局，パネル外部調達路線への転換を余儀なくされたことであり，これによって敗戦の状態をより悪化させたのである(4)。

### ■ 間接的敗因

これは，「ダイナミック戦略能力の不足」と「基礎的戦略能力の不足」，および「自社技術の過信」と「成功体験」からなるものだった。まず「ダイナミック戦略能力の不足」であるが，これは具体的には，「不適切な企業戦略」と「不適切な競争戦略」だった。前者は，2001 年の IT 不況をうまく切り抜けて好業績を上げたために，逆に油断してその後の失速を招き，資金不足の状態をもたらしたことである。それが，「不十分な参入戦略」とプラズマ TV での設備投資競争からの脱落による「戦略転換の失敗」という直接的敗因につながったのである。また後者は，「薄型 TV は高額商品であり続け，差別化はいつまでも有効だ」という固定観念から脱却できなかったことであり，やはり，それが「戦略転換の失敗」の原因になったのである。

次いで「基礎的戦略能力の不足」について見ると，「規模の経済」と「効率」の関係についての知識不足，市場ニーズの把握能力の不足等，「戦略転換の失敗」につながった要因が見出された。この他，「ダイナミック戦略能力の不足」の原因になったと見られるのが，「自社技術の過信」と，薄型 TV ウォーズの初期の「成功体験」であった。

以上のほか，「戦略外の敗因」として見出されたのがコーポレート・ガバナンスに関するものであり，伊藤社長による後継の須藤社長に対する影響力が敗戦の結果をより悪いものにした可能性が窺われた(5)。

# 注

煩雑さを避けるために，直接的引用以外は小見出しごとにまとめて，書籍，ジャーナル，プレスリリース，ウェブページの順に記載した。なお，新聞は，次の略号を用い，日付順に記載した（新聞の年号は下2桁に省略した）。

（略号） N: 日本経済新聞，NS: 日経産業新聞，NF: 日経金融新聞，NV: 日経ヴェリタス，
NP: 日経プラスワン，毎：毎日新聞

### 序　章

1. N18. 10. 17.
2. GAFAについては，Levy (2011), Stone (2013), Kirkpatric (2010), Galloway (2017) などにもとづいている。
3. 敗戦を競争相手よりパフォーマンスが低いことと考えれば，「敗戦＝赤字」ではない。自社は黒字でも相手の黒字の方がはるかに大きければ敗戦ということになるからである。しかし，薄型TVウォーズでの日本企業はすべて勝者のサムスンよりパフォーマンスが低くかつ赤字だったので，「敗戦＝赤字」であった。
4. Porter (1985).
5. 河合（2004, 2012）。
6. 野中ほか（2008: 6）。

### 第1章

1. 以下の記述は主に，野中（2006），武（2015），N92. 1. 1にもとづいている。
2. 野中（2006: 82, 84-86），武（2015: 9, 21）。
3. 野中（2006: 83, 87-88），武（2015: 14-15, 52）。
4. 村上・村上（2008: 229），武（2015: 61-62, 66, 68, 75），『日経ビジネス』（1996. 1. 22: 50），N92. 1. 1, N94. 3. 13.
5. 加納（2008: 35-49），村上・村上（2008: 81-83）。
6. 麻倉（2003: 38, 44, 47-49），加納（2008: 49-52, 95, 97），村上・村上（2008: 82, 85, 90-91, 94, 102-104, 121, 132, 136, 170）。
7. 麻倉（2003: 69）。
8. 麻倉（2003: 47-51, 70），加納（2008: 114-115），村上・村上（2008: 104, 124, 126-128, 131），富士通ゼネラルHP（企業情報・当社のあゆみ），NR94. 2. 17, N07. 11. 12-16.
9. 麻倉（2003: 269），加納（2008: 95-101, 104-107, 109-111, 114-118）。
10. N98. 11. 3, NS98. 11. 4, N99. 6. 13, NS99. 6. 25.
11. NR92. 6. 1.
12. 村上・村上（2008: 31, 110, 162），N92. 2. 1, N92. 6. 2, N92. 7. 5, NR93. 3. 13, NS93. 9. 10, NS94. 11. 7, NS94. 11. 9, NS94. 11. 13., https://www.nhk.or.jp/bunken/summary/research/focus/161.html（「BSアナログハイビジョン18年間の放送に終止符」）。
13. 立石（2011: 121-124, 173-174），N96. 11. 14, NS97. 7. 10, N98. 5. 9, NS98. 5. 22, NS98. 7. 10, NS98. 8. 24, NS99. 1. 18, N99. 6. 26.

第2章

1. 村上・村上（2008: 133）。
2. NS99. 4. 7.
3. 河合（1996: 185-219），関西学院大学（2008: 5），NS92. 7. 24.
4. 小高・片山（2008: 6, 10），『市場占有率』（1995年版），N92. 1. 1, NS92. 2. 24, NS92. 7. 24, NS94. 7. 1, N95. 1. 14, NS98. 2. 23, N98. 3. 21, NS98. 6. 22, N00. 8. 21.
5. 『NIKKEI MICRODIVICES』（1999. 8: 173-174）
6 河合（1996: 216），NS93. 7. 19, NS93. 9. 10, NS95. 8. 8, N96. 8. 24, N96. 9. 20, N97. 2. 18, NS98. 3. 4, N98. 3. 10.
7. 小高・片山（2008: 14），NS98. 8. 26, NS99. 2. 23, NS99. 10. 22.
8. NS99. 10. 22, NS00. 4. 28.
9. 村上・村上（2008: 122, 136, 138, 230-231），NS94. 10. 19.
10. 富士通ゼネラルHP（企業情報・当社のあゆみ）。
11. N96. 10. 29, NS97. 9. 26, NS98. 4. 1, NS99. 4. 7.
12. 『日経ビジネス』（1996. 1. 22: 51），村上・村上（2008: 132, 230），パイオニアHP（会社情報／ブランド・ヒストリー），N97. 10. 7, NS98. 2. 18, N98. 8. 26.
13. 麻倉（2003: 165-166）。
14. N99. 4. 7, NS99. 4. 7.
15. N96. 8. 20, NS97. 5. 26, N99. 8. 3.
16. 村上・村上（2008: 231），パイオニアHP（会社情報／ブランド・ヒストリー），N95. 10. 10, N96. 10. 29, NS97. 5. 26, N97. 10. 7, NS98. 7. 22, N98. 8. 21, NS99. 9. 16.
17. パイオニアHP（会社情報／ブランド・ヒストリー），N98. 8. 20, N98. 8. 25, N98. 11. 2, N99. 5. 4, N00. 1. 21.
18. 『週刊ダイヤモンド』（2002. 3. 9: 29），N94. 9. 13, NS97. 2. 21, N99. 2. 17.
19. NS92. 1. 7, N97. 2. 28, NS98. 7. 22, NS98. 10. 5, NS99. 4. 7, N00. 7. 7.
20. NS93. 11. 19, N95. 12. 23, N99. 10. 20, http://capricciosoassai.blog51.fc2.com/blog-entry-302.html（JDIの所有工場）。
21. NS95. 2. 8, N98. 8. 20, N99. 4. 6.
22. プロジェクションTVとは薄型TVの登場以前の大画面TVであり，何らかのデバイスで作った画像をミラー（鏡面）で反射して大型スクリーンに投射する方式のTVである。そして，その画像を液晶で作るのが液晶方式，多数の微小鏡面（マイクロミラー）を配列した表示素子のDMD（Digital Mirror Device）で作るのがDLP（Digital Light Processing）方式である。
23. 『NIKKEI MICRODIVICES』（1999. 8: 175），N99. 4. 14, N99. 4. 27, NS99. 7. 15.
24. N95. 3. 14, NS93. 8. 31, N94. 1. 11.
25. 岩瀬（2015: 143-175）N94. 7. 22, NS99. 10. 22, NS99. 11. 18.
26. 加納（2008; 168），村上・村上（2008: 152），http://news.mynavi.jp/articles/2013/11/07/panasonic_plasma1/（松下のプラズマTV）。
27. 加納（2008: 118-119, 170-173），岩瀬（2015: 153），N96. 1. 9, N97. 7. 1.
28. NS98. 3. 13, NS99. 7. 15, N99. 8. 8, NS99. 9. 1.

29. 麻倉（2003: 225-235）。
30. N93. 3. 18.
31. N95. 6. 27, N95. 6. 28, N96. 8. 24, N96. 9. 20, N97. 7. 30, NS97. 10. 6, NS98. 3. 4, N99. 12. 8.
32. N98. 10. 15，麻倉（2003: 225-235).
33. 『日経ビジネス』(2003. 11. 10: 34）。
34. 麻倉（2003: 226）。
35. N98. 11. 2, N98. 11. 3, NS98. 11. 4.

**第 3 章**

1. N02. 3. 1, NS03. 9. 18, N03. 11. 30, 付表参照。
2. N03. 8. 22, NS03. 9. 17.
3. NS02. 12. 25.
4. N03. 3. 26.
5. N00. 8. 21.
6. N00. 8. 21.
7. 『週刊ダイヤモンド』(2016. 5. 21: 48-49)，NS99. 10. 22, N00. 8. 21, NS00. 9. 18, NS00. 12. 20, NS00. 12. 22, NS01. 2. 8, NS01. 6. 22, N02. 7. 16.
8. N02. 7. 16.
9. NS00. 4. 28, N02. 2. 15, NS02. 2. 15, N02. 4. 3, NS02. 6. 15, N02. 7. 16.
10. NS01. 2. 6, NS02. 2. 15, NS02. 5. 24, N03. 5. 21.
11. N00. 1. 14, N02. 4. 24, N02. 6. 25).
12. NS01. 2. 8, NP01. 4. 7, N01. 6. 15，麻倉（2003: 19-22, 86-126, 129, 146-156, 166-169).
13. NS03. 9. 3.
14. NS03. 11. 10.
15. 日立ニュースリリース（2002. 7. 1, 02. 10. 1)，『日経ビジネス』(2003. 6. 9: 7), N02. 10. 18, N03. 05. 21, N03. 11. 02, NS03. 11. 10.
16. NS00. 9. 29, N02. 5. 17, NS02. 5. 22, NS03. 4. 4.
17. N01. 10. 18, NS01. 10. 18, N01. 10. 22.
18. 『市場占有率』(2003-05 年版)，N04. 6. 4.
19. N03. 8. 22, NR03. 8. 26.
20. 『週刊東洋経済』(2004. 5. 1-8: 41, 60-62)，『日経ビジネス』(2005. 11. 14: 118-120)，『週刊東洋経済』(2005. 11. 26: 35)，N06. 1. 11.
21. 『エコノミスト』(2001. 11. 13: 28)。
22. 『エコノミスト』(2001. 11. 13: 25)。
23. 『エコノミスト』(2001. 11. 13: 28)。
24. 『エコノミスト』(2001. 11. 13: 20-28)，『日経ビジネス』(2003. 5. 5: 7)。
25. 『エコノミスト』(2001. 11. 13: 28)，『エコノミスト』(2006. 5. 16: 20)，『日経ビジネス』(2003. 6. 9: 7)，ソニー・ニュースリリース（2002. 8. 21)，NS01. 4. 25, NS02. 4. 18, NS02. 5. 17, NS02. 6. 3, NS02. 6. 7, NS02. 6. 14, NS02. 8. 29, NS02. 10. 10, NS02. 11. 15,

N03. 5. 21.
26. 日経産業新聞（2009: 29-30），『日経ビジネス』(2003. 5. 5, 03. 6. 9: 6-7)，N03. 5. 4, N03. 8. 28, N05. 3. 10.
27. N03. 10. 20.
28. 荻（2005: 308），N03. 10. 17, N03. 10. 20, N03. 10. 29, NS03. 10. 29, NS04. 1. 9, N04. 12. 15, N05. 2. 26, N06. 11. 6, NS09. 4. 17, N11. 10. 30, N12. 2. 31.
29. 『エコノミスト』(2006. 5. 16: 20)。

### 第4章

1. 『週刊東洋経済』(2006. 6. 24: 86-88)。
2. N05. 9. 13.
3. 村上・村上（2008: 162-163），N04. 4. 9, NS04. 5. 24, NS04. 5. 27, N04. 6. 15, NS04. 7. 13, N04. 8. 31, N04. 10. 5, N05. 5. 31, NS05. 7. 19, N05. 11. 2,『市場占有率』(2006年版)。
4. N04. 8. 20, N04. 10. 23, N04. 11. 23, N04. 12. 11, NS05. 7. 20.
5. N05. 4. 7, N05. 4. 28, N05. 6. 4, N05. 7. 12, NS05. 7. 19, NS05. 7. 20, N05. 8. 26, NS05. 11. 2, N05. 12. 4,『市場占有率』(2007年版)。
6. 『市場占有率』(2007年版)。
7. 『日経ビジネス』(2005. 11. 14: 118-119),『週刊東洋経済』(2005. 11. 26: 30-37), NS05. 7. 19, NS05. 7. 20, N06. 1. 11.
8. NS04. 5. 19.
9. N04. 5. 19.
10. 『日経ビジネス』(2005. 11. 14: 120)，N04. 5. 16, N04. 5. 19, NS04. 5. 19, N05. 2. 8, NS05. 2. 8, N05. 2. 12, NS05. 7. 20, N06. 1. 11, N06. 1. 12.
11. 『週刊東洋経済』(2005. 11. 26: 36)。
12. 『週刊東洋経済』(2005. 11. 26: 36)。
13. 東芝プレスリリース（2004. 10. 29），NS04. 8. 7, N04. 9. 1, NS04. 9. 1, N05. 9. 21.
14. NS04. 1. 9, N04. 6. 15, N04. 10. 29, N05. 4. 27, N05. 5. 31, N05. 11. 2.
15. N05. 4. 28, N05. 6. 4, N05. 9. 21.
16. NS05. 11. 1, N05. 12. 29.
17. N05. 1. 13, N05. 2. 8, NS05. 2. 8, N05. 2. 12.
18. N04. 6. 1.
19. 毎04. 7. 30.
20. NF05. 10. 27.
21. NS05. 11. 25.
22. N05. 7. 12, NS05. 11. 25.
23. N04. 8. 7.
24. N04. 9. 1.
25. N04. 9. 19.
26. N04. 9. 1, NS04. 9. 1, N04. 9. 19.
27. N05. 2. 12.

28. https://ja.wikipedia.org/wiki/（日立プラズマディスプレイ），N04. 3. 9, N05. 2. 6, NS05. 2. 8, N05. 2. 12, N06. 10. 8.
29. N05. 2. 21, N05. 7. 12, NS05. 7. 12, N05. 12. 8.
30. N05. 12. 16.
31. N05. 1. 21.
32. N05. 1. 21.
33. 荻（2005: 309-310）。
34. 『日経ビジネス』（2006. 4. 3: 37），N05. 1. 21, N05. 4. 28, N05. 7. 1.
35. N03. 5. 29, N05. 3. 8.
36. N05. 7. 29.
37. N05. 7. 30.
38. N05. 9. 23, N05. 9. 26.
39. N06. 1. 28.
40. 立石（2011: 107），『日経ビジネス』（2006. 4. 3: 31, 34, 37），N05. 9. 15, N05. 12. 4, N05. 12. 23, N06. 1. 28, N06. 2. 25,『市場占有率』（2007 年版）。
41. 立石（2011: 118-119），『日経ビジネス』（2006. 4. 3: 38），N04. 12. 15, N05. 8. 25, N05. 9. 21.

## 第 5 章

1. 図 5-1「為替レートの推移（1980〜2013）は，http://ecodb.net/exchange/used_jpy.html, http://ecodb.net/exchange/krw_jpy.html，http://ecodb.net/exchange/trans_exchange/php?b=，から作成した。
2. 『国民経済計算（GDP 統計）』（内閣府 HP）の「年次 GDP 成長率」時系列データ。Economic Report of the President（2015: 384），蒲生（2009: 19-20）。明石（2009: 42-44），NS08. 4. 3.
3. N06. 11. 29, N07. 1. 19.
4. N06. 7. 1, N06. 10. 1, N06. 10. 26, N06. 11. 29, N06. 12. 7, N07. 1. 10, N07. 12. 8, N08. 4. 10.
5. N07. 1. 19, NS08. 7. 23,『市場占有率』（2009 年版）.
6. 蒲生（2009: 15），N08. 4. 3, N08. 4. 10, N08. 8. 23, NR08. 9. 15.
7. このような一人勝ち戦略がプラズマ陣営の弱体化につながる可能性について，川上徹也副社長は「全世界で一人だけ勝っても，協力会社などのすそ野を考えるとプラスではない。決して喜んではいない」と述べている（N07. 2. 2）。
8. 「06 年 10-12 月のプラズマ・パネル世界出荷台数における松下のシェアは 7-9 月期の 30.4% から 40.1% へ急拡大してトップとなった。この影響で LG とサムスンのシェアは 20% 台へと低下し，価格の急低下のために LG は営業赤字に陥った。また同期のプラズマパネル全体の出荷額ははじめて前年割れとなり，液晶パネルに対する劣勢を象徴するものとなった」（N07. 2. 2）。
9. N06. 3. 12, N07. 1. 10, N07. 2. 1, N07. 10. 31, NS07. 11. 1, N08. 3. 8, N08. 4. 29, N08. 10. 29.

10. N08. 10. 29, N08. 11. 28, N09. 5. 16.
11. 松下プレスリリース（2007. 1. 10），N06. 2. 24,
12. N06. 1. 11, N06. 1. 12, N06. 2. 24, N06. 11. 29, N06. 12. 7, N07. 1. 10, N07. 6. 20, NS07. 12. 20, N09. 1. 10, N09. 12. 23.
13. N07. 12. 26.
14. N07. 9. 22, N07. 12. 19, NS07. 12. 20, N07. 12. 26, N07. 12. 27, N07. 12. 28, N09. 1. 10.
15. N06. 10. 26, N07. 4. 26, NS08. 7. 23, N08. 10. 7,『市場占有率』(2009 年版).
16. N08. 4. 10, NS08. 4. 15, N08. 10. 7, N09. 4. 28.
17. N04. 6. 1, 毎 04. 7. 30, N06. 1. 12, N07. 1. 13.
18. 中田（2015: 150, 155), N07. 3. 1, N07. 8. 1, N07. 10. 10, http://www.sharp/co.jp/corporate/report/plant/index.html（シャープ「21 世紀型コンビナート」を展開）。
19. N07. 5. 20.
20. NF08. 1. 9.
21. N07. 9. 21.
22. N07. 10. 23, N07. 12. 21.
23. NS08. 1. 9.
24. N08. 2. 27.
25. N08. 1. 9, NS08. 1. 9, NF08. 1. 9, N08. 2. 2, N08. 2. 8, N08. 2. 23, NS08. 4. 15.
26. N06. 1. 26.
27. N08. 5. 15.
28. N06. 1. 26, N06. 7. 15.
29. N08. 2. 27.
30. N08. 2. 23, N08. 2. 26, N08. 2. 27, N09. 1. 30.
31. N08. 3. 4, N09. 1. 30.
32. N05. 7. 29.
33. N05. 7. 30.
34. この時点では，S-LCD 製パネルを韓国から稲沢工場に運び，そこで TV の半完成品を集中生産し，それを欧米の生産拠点に運んで最終製品を組み立てるという体制がとられていた（N05. 9. 1)。この点についてより詳しくは，第 9 章を参照せよ。
35. N05. 7. 30.
36. N05. 9. 23, N05. 9. 26.
37. N06. 4. 29.
38. N06. 7. 29.
39. N06. 4. 28, N06. 4. 29, N06. 7. 28, N07. 5. 17, N07. 6. 6, NS08. 2. 1, N08. 5. 15.
40. N07. 7. 28.
41. N08. 5. 15.
42. N07. 7. 27, NS08. 2. 1, N08. 5. 15.
43. N08. 10. 24.
44. N08. 7. 8.
45. 日経産業新聞編（2009: 23-24），ソニー・ニュースリリース（2008. 6. 26），N08. 5. 15,

N08. 6. 27, N08. 7. 26, N08. 7. 30, N08. 10. 24, N08. 12. 10, N09. 1. 23.
46. N09. 1. 23.
47. N07. 11. 23, N08. 2. 20, N09. 1. 23.
48. N06. 2. 7.
49. N06. 4. 4.
50. N06. 9. 6, N06. 10. 8.
51. N06. 5. 31, N06. 9. 6, N07. 2. 3, N07. 2. 6, N07. 11. 1.
52. NS07. 12. 26.
53. NS08. 2. 9.
54. N08. 5. 27.
55. N08. 5. 27.
56. N08. 2. 6, N08. 2. 9, N08. 3. 17, N08. 5. 14, N08. 5. 27.
57. N09. 3. 17.
58. N08. 9. 18, N08. 9. 19, N09. 3. 17, N09. 5. 8.

**第6章**

1. 家電エコポイント制度の仕組みは,「エアコン, 冷蔵庫, 地デジ対応テレビの3分野の製品のなかの省エネ性能の高い製品を購入した際に, 1ポイント=1円相当の『エコポイント』が得られ, そのポイントを金券や商品と交換できる」というものであった（https://www.env.go.jp/policy/ep_kaden/whats/）。同制度の終了近くの11年2月時点での家電エコポイントの累計発行数は約5,700億ポイントであり, うち約81%がテレビであった（http://kaden.watch.impress.co.jp/docs/news/20110401_436703.html）。
2. N09. 1. 10.
3. NS09. 5. 18.
4. 『パナソニック決算短信』(2011年3月期) 11年4月28日。コスト合理化の中心となったのは, 鋼板やプリント基板などの「板（イタ）」や樹脂など粉体材料——「粉（コナ）」——についての原価低減運動であり,「イタコナ（活動）」と呼ばれた。
5. N10. 2. 26, N10. 5. 8, N10. 6. 10, N10. 7. 22, N11. 4. 27, NS11. 5. 2.
6. N11. 10. 21.
7. N11. 10. 26, N11. 11. 1.
8. N12. 2. 29.
9. N12. 5. 12.
10. N13. 3. 18, N13. 5. 11, N13. 9. 8, N13. 10. 17, N13. 12. 28, N14. 2. 15, N14. 4. 12, N14. 5. 3, N14. 5. 14, N16. 9. 3.
11. NS09. 4. 28.
12. N09. 4. 9, NS09. 4. 9, N09. 4. 28, NS09. 4. 28, NV09. 5. 3.
13. N09. 10. 1, NS09. 10. 2.
14. NS09. 8. 26, NS09. 9. 1, N09. 10. 17, NS09. 10. 19, NS09. 11. 18, N11. 2. 4.
15. N09. 5. 11, NS09. 5. 11, N09. 8. 21, N09. 9. 30, N09. 10. 7, N09. 11. 16, NS10. 1. 29, N10. 2. 9, N10. 2. 19.

16. N10. 4. 28, NS10. 4. 28, N10. 12. 15. N11. 6. 4, N11. 10. 21.
17. NS12. 3. 15.
18. N11. 2. 4, N11. 4. 19, N11. 6. 4, N12. 2. 1, NS12. 2. 2, N12. 3. 29, N12. 3. 30.
19. NS12. 3. 28, N12. 3. 29, N12. 3. 30, N12. 4. 10, NS12. 5. 25.
20. NS12. 2. 2, N13. 5. 15, N16. 2. 4, N16. 3. 31.
21. N09. 12. 12.
22. N09. 2. 28, N09. 3. 1, N09. 3. 25, NS09. 7. 31.
23. N11. 6. 1.
24. 『ソニー決算短信』(2010 年度) 2011 年 5 月 26 日，N09. 12. 12, N11. 5. 27, N11. 6. 1, N11. 11. 9. N11. 11. 30.
25. N11. 8. 2.
26. N11. 11. 3.
27. N11. 11. 9.
28. 『週刊ダイヤモンド』(2011. 11. 12: 40-41)，N11. 12. 27.
29. N12. 5. 11.
30. N12. 2. 10.
31. N09. 12. 12, N11. 11. 30, N12. 2. 3, N12. 2. 26, N14. 2. 5.
32. N14. 2. 7.
33. N13. 5. 10. N13. 12. 31.
34. N16. 4. 29. N16. 12. 29.

### 第 7 章

1. 戦略は，法則型，不確実性型，プロアクティヴ型の 3 タイプに分けることができる。河合（2004）を参照せよ。
2. 中田（2015: 168)。
3. 中田（2015: 197-199)，NS09. 4. 17, N10. 5. 18，日本経済新聞社（2016: 49-50)。
4. ある企業がある時点で，その時点を含む複数の時点での戦略を決定した場合にも，その戦略の全体は「時間の推移とともに変化する戦略」であるので「ダイナミック戦略」といえ，その企業には「ダイナミック戦略能力」があるといえる。しかし，その後の時点で環境が変化してその戦略が不適切になったのにそれを転換（修正）しなかったとすれば，その企業のダイナミック戦略はきわめて不十分なものだったということになる。
5. ただしシャープのミックス戦略がすべて不適切だったわけではなく，2004 年発売の 45 型機と 05 年発売の 65 型機はともに，プラズマ TV に対抗するための優れたミックス戦略だった。
6. 『週刊東洋経済』(2015. 4. 11: 26)。
7. N12. 5. 21.
8. NS12. 3. 15.
9. 日本経済新聞社（2016）参照。

## 第8章

1.　NS04. 5. 19.
2.　N04. 5. 19.
3.　N03. 8. 22.
4.　N05. 4. 7, N05. 7. 19.
5.　McInerney (2007: 183-192),『日経ビジネス』(2005. 11. 14: 120),『週刊東洋経済』(2005. 11. 26: 35)。
6.　N11. 10. 21.
7.　N12. 2. 29.
8.　『週刊東洋経済』(2005. 11. 26: 36)。
9.　『週刊東洋経済』(2005. 11. 26: 36)。
10.　松下の坂本俊弘専務は日立やパイオニアと連携しないのかと問われて「大画面でのプラズマの利点を共同で訴える必要がある。……欧州では日本のプラズマ3社が啓蒙キャラバンをしており，国内でも共同で何かできないか考えたい」(N06. 12. 19) と答えている。
11.　N12. 2. 29.

## 第9章

1.　『日経ビジネス』(2003. 11. 10: 34)。
2.　N05. 9. 16.
3.　N08. 7. 8.
4.　ソニー・ニュースリリース (2011. 12. 26)，NS04. 1. 9, NS09. 4. 17.
5.　『ZAITEN』(2011. 2: 43)，ソニー・ニュースリリース (2011. 11. 2)，N09. 1. 23, N09. 3. 25, N09. 11. 20, N11. 11. 30.
6.　立石 (2011: 118-119)，『日経ビジネス』(2006. 4. 3: 38, 2010. 3. 1: 51)，ソニー・ニュースリリース (2011. 11. 2)，N06. 7. 29, N08. 12. 10, N09. 1. 22, N09. 1. 23, N09. 3. 25, N09. 12. 12, N11. 11. 3, N14. 2. 5.
7.　『週刊東洋経済』(2012. 5. 19: 49)，『エコノミスト』(2006. 5. 16: 21)，ソニー・ニュースリリース (2011. 12. 26)，N05. 7. 30, N06. 7. 29, N07. 7. 28, N08. 2. 23, N08. 2. 26, N08. 2. 27, N11. 12. 27, N12. 3. 31.
8.　Besanko et al. (2000) を参照せよ。
9.　立石 (2011: 111-114, 121-122)。
10.　『日経ビジネス』(2010. 3. 1: 51)。
11.　『日経ビジネス』(2006. 4. 3: 44-45)，N06. 3. 29.
12.　中鉢社長が「ビジョンの封印」を打ち出したのは，「心のV字回復」すなわち，ソニー・ショックで自信を失った社員の自信の回復のためだとされ，その基礎には，当時，久夛良木副社長が「ソニーのビジネスのすべてを変える」(『週刊東洋経済』〔2009. 1. 31: 82〕) と“壮大な夢”を掲げてトップダウンでスタートしたPS3が期待外れとなる可能性が高まっていたことがあったと見られる (中鉢社長が強調したもう1つが「顧客視点のものづくり」——ソニーの伝統的な「シーズ志向型」ものづくりから「ニーズ志向型」ものづくりへの転換——だった)。

しかし，それは完全な失敗に終わった。ソニーは中鉢社長の退任直前の2009年1月にリストラ策を発表したが，これに対する社員等の反応がそれを示している。たとえば，「08年10月の業績下方修正と同時に，デイリーに発生する固定費5%削減の号令がかかった。……早期希望退職の募集が始まるのもそろそろだ。……2007年度下期からバブル期の再来のようにイケイケドンドンの拡大路線だったからショックが大きい。……研究畑の社員が悲惨だ。経営層から研究部門も利益を生めと尻をたたかれ，……」(『週刊東洋経済』2009. 1. 31: 85)。

ここから窺えるのは，中鉢社長のビジョン否定の利益重視路線は円安等による“見せかけの成功”等のために“リストラを最小限にとどめた拡大路線”へと変化したこと，その結果，2008年以降の環境変化の影響が（本格的なリストラをしておいた場合よりもはるかに）大きなものになってしまったこと，またそのためにより大規模なリストラや緊縮路線に急転換して社内を混乱させ社員の不満を生み出してしまったことである。この最後の点をよく示しているのが，質問者の「リストラや生産再編を成し遂げれば必ず浮上できるという希望はありますか」という問いに対するある社員の次の答えである。「正直，希望を感じるとは言いにくい。中鉢社長をはじめ，経営層が言うことは危機状況の分析ばかり。分析は社外のコンサルタントでもできる。トップに示してほしいのは，危機を乗り越えた後，ソニーが一体どんな企業になっているかだ。価値を生めと上から迫られる社員としては逆に，『会長，社長，あなたがソニーにもたらす付加価値って何ですか』と聞きたい」(『週刊東洋経済』2009. 1. 31: 85)。

13. 『日経ビジネス』(2006. 4. 3: 45)。
14. 『日経ビジネス』(2006. 4. 3: 31-32, 45)，『週刊東洋経済』(2009. 1. 31: 82)。
15. 『エコノミスト』(2001. 11. 13: 28)。
16. 河合 (2004: 261)，立石 (2011: 215-217)，『週刊東洋経済』(2009. 1. 31: 87)，『ZAITEN』(2011. 2: 44)，N05. 3. 8.
17. N05. 9. 26.
18. 立石 (2011: 234)，『ZAITEN』(2011. 2: 43-44)，N05. 9. 26.
19. 荻 (2005: 34)，『エコノミスト』(2001. 11. 13: 26)。

### 第10章

1. 麻倉 (2003: 19-22, 129, 166-169)，NS99. 7. 15, NS01. 2. 8, NP01. 4. 7, N01. 6. 15.
2. N06. 9. 6.
3. N05. 2. 6, NS05. 2. 8, N05. 2. 12, N06. 9. 6, N07. 2. 3.
4. NS05. 11. 25.
5. NS08. 2. 9.
6. N08. 5. 27.
7. N08. 5. 27.
8. N07. 11. 1, N08. 3. 17, N08. 5. 14, N08. 9. 18, N08. 9. 19.
9. 『日経ビジネス』(2003. 6. 9: 7)，N03. 05. 21, N03. 10. 3, NS03. 11. 10.
10. N04. 8. 7.
11. N04. 9. 1.

12. N04. 9. 19.
13. N04. 8. 7, N04. 9. 1.
14. 日立ニュースリリース（2003. 1. 30），N01. 2. 19, NS01. 2. 19, NS04. 3. 24, N06. 2. 21, N08. 2. 27, N08. 5. 14, N09. 3. 17.
15. NS05. 11. 25.
16. NS08. 2. 9.
17. NS08. 2. 9.
18. N04. 9. 19.
19. NS07. 12. 26, N08. 2. 27.
20. N09. 3. 17.
21. N05. 12. 16.
22. N05. 12. 16.
23. N05. 12. 16.
24. N08. 5. 27.
25. N06. 2. 7, N07. 5. 29, N08. 2. 27, N08. 5. 27.
26. NS07. 12. 26, N08. 2. 27.

**第 11 章**

1. N05. 4. 15, N05. 4. 28, N07. 6. 23, NS07. 12. 26, N08. 3. 8, NS08. 3. 10, N08. 4. 16, N08. 5. 13, N09. 2. 13, N09. 4. 1, N11. 4. 22.
2. N14. 2. 7, NV14. 2. 16, N14. 9. 18, N16. 4. 3, N16. 5. 31.
3. 薄型 TV に直接かかわる要因ではないが，企業戦略のダイナミックな展開能力の不足の影響の 1 つとして考えられるのは，その不足により薄型 TV 以外の新規事業が育たなかったことが薄型 TV への過度の依存をもたらし，それがさらに TV 戦略における視野の狭さをもたらした可能性である。
4. S-LCD でサムスンの幹部との接触があったソニーの幹部は，サムスンの幹部がアメリカ最大の家電量販店「ベストバイ」の社内における商品在庫を完全に管理し，それによって広告を打つタイミングを決めていたことを知り，自社よりはるかに精度の高い情報にもとづいているとして驚いたという（『週刊ダイヤモンド』〔2011. 11. 12: 40〕）。これも，サムスンのマーケティング戦略が日本企業のそれを凌駕していたことを窺わせるものである。
5. 『週刊ダイヤモンド』（2011. 11. 12: 40-41）。
6. 以下について参照したのは，次の文献である。「韓国政府の優遇政策」: N10. 5. 9, N10. 5. 24, N10. 12. 27.「韓国企業による技術の模倣／盗用」: 野村（2013），中田（2015: 77-102），NS99. 10. 22, NS03. 5. 22, NS03. 12. 8, NS03. 12. 22, N04. 2. 14, N10. 3. 4, N11. 9. 4, N11. 12. 15.「韓国メーカーの優れた戦略」: N05. 1. 15, N10. 3. 6, N10. 5. 9, N10. 12. 27.「円高」:『週刊ダイヤモンド』（2011. 11. 12），N04. 2. 7, N11. 6. 02, N11, 9. 4, N11. 10. 22.「日本企業の過当競争」／「選択と集中の欠如」／「戦略無策」: N98. 9. 30, N98. 10, 2, N99. 4. 13, N04. 2. 7, NS04. 2. 12, N04. 2. 18, N04. 10. 1, N07. 10. 8, N08. 3. 5, N08. 10. 3, N09. 2. 2, N09. 5. 1, N11. 12. 15, N12. 1. 17, N12. 2. 6. このほか，経営者の責任回避

の例としては，リストラの遅れについて「雇用責任の名の下に経営が非効率という指摘もある（が)」と問われたある会社のトップの「雇用責任はその国のしきたりによる。アメリカはアメリカの基準で雇用に対する責任を果たせばよい。日本の場合，理由もなく会社の都合で解雇すれば大きな社会問題になる。少なくとも路頭に迷わせないようにする義務はある」(NS98. 1. 23)。結局，同社は業績悪化で資金不足となり，薄型 TV ウォーズから早々と脱落した。なお，円高説については否定論もあり，その一例として次の見解を記しておこう。「電機セクターの苦境の原因は，超円安が永続すると誤認して，新興国からの追い上げにもかかわらず2000年代半ばに過剰な生産能力を国内で積み上げたこと」（河野，2013）というものである。

**終　章**

1.　ただし，とくに重要なものについては言及した。たとえば，ソニーの場合には，出井社長や中鉢社長が「自由闊達な組織風土」という創発的インフラを破壊し，それがのちにヒット商品の不在をもたらして最終的敗戦の状態の悪化につながった可能性があること，また日立の場合には，敗因である戦略転換の遅れの原因として，同社の分権的経営システムに起因するセクショナリズムがあったこと，を明らかにした。後者は程度の差はあれ薄型 TV ウォーズにかかわった多くの企業で敗因につながった要因だった。また，それは業界を問わず日本企業に見られ，弱体化の要因になったものであった。
2.　野中たちについてはさらに次の点を注意しておきたい。1つは，彼らは「戦略の本質がもっとも顕在化するのは敗勢を逆転した場合だが，日本には研究に適したそのような事例はなかったので外国の事例を用いた」としているが，一般的には，敗戦の事例からも学べることは多いということ，また“本質”を求めるのもよいが，敗戦を繰り返さぬように学習するのが先決であり，それには敗因分析が不可欠だということである。実際，注4で述べるように，戸部ほか（1991）は「戦略上の失敗」を最大の敗因としており，その点では，薄型 TV ウォーズの敗因を主に戦略上の敗因に求めた本書と同じである。したがって筆者が戸部たちに学んで戦略に着目したとしても，本書と似た結論にたどりついた可能性がある。しかし，リアルの戦争と企業間戦争とは中味が異なるので，戸部たちの指摘した敗因からの直線的な“アナロジー”ではそれは不可能だったはずである。アナロジーの限界は，鈴木（2012）からも明らかである。同書は日本軍の敗因の1つは兵器のイノベーションでアメリカ軍に後れたことだったとしたうえで，薄型 TV ウォーズの敗因の1つはイノベーションの不適切さだったとしている。しかし，敗因の全体像の中での位置づけを欠いた特定部分のみのアナロジーによる敗因の指摘は，たとえそれが部分的には正しいものだったとしても，全体を見失わせるばかりか，不適切な処方箋につながる可能性が大きい。

　野中たちについてのもう1つの注意は，彼らはその本質を解明したとして理想的リーダーシップの条件を列挙しているが，これでは不十分だということである。というのは，条件相互間の関係を明らかにしないと，1つの条件の充足が他の条件の不充足につながるといった現象が生じかねないからである。そしてこれを回避するには，何らかの（組織）モデルを前提として条件を挙げることが望ましいが，それはなされていない。なお，後者に関して期待を抱かせるのは，彼らが「戦略の本質は……自律分散的な……リーダーシップの体系を創造すること」（野中ほか，2008: 459）と述べていることである。実は筆者も，

「(自律分散系に近い) 複雑適応系」の視点にもとづくリーダーシップ論を「複雑適応系リーダーシップ」として展開したことがあるからである（河合，1999)。それは，「通常の“単純な”自律分散型リーダーシップ・モデルではトップの戦略性が弱い」として自律分散型に「トップの強いリーダーシップ」を組み込んだものであり，「自分が正しいと信じる戦略は，周囲が反対しても実行する」といった行動も説明できるようにしたものである。これは“分析的戦略論”をベースとしたモデルで，GAFA のトップたちの強力なリーダーシップの説明にも適しており，IoT/AI 時代に有用なものである。

3. 取引コストとは，「自社で行うと節約できるが，外部市場を使うとかかる費用」であり，取引に参加する企業や組織が取引契約の際に騙したり，契約したことを実行しない，などの“機会主義的行動”をとることを防ぐために，交渉したり，契約を作成したり，あるいは契約の実行を確保するために要するコスト」(Besanko, Dranove, and Shanley (2000), 訳書，143) を意味する。

4. 菊澤説の最大の問題点は，分析のスタートにおいて述べた次の言葉にあると考えられる。「(戸部たちの)『失敗の本質』の基本的なスタンスは，合理的な米軍組織に対して非合理的な日本軍組織という構図があり，それゆえ日本軍の組織はより合理的であるべきであったという流れになっている。つまり，完全合理性の立場に立って，日本軍の戦い方の非合理性を問題点として分析するという形になっている」(菊澤，2017: 4)。しかし，これは首肯しがたい。

   戸部たちが「日本軍の組織はより合理的であるべきだった」と考えたのはたしかであろうが，“より合理的であるべきだった”というのは“完全に合理的であるべきだった”を必ずしも意味せず，文字通り，「(完全に合理的ではなくても) 実際にそうであったよりは合理的であるべきだった」ということも含まれるからである。そして，戸部たちはそのように考え，当時の日本軍の合理性の“あまりの低さ”から見て，その時代の“普通程度に合理的であるべきだった”と言おうとしたのだと思われる。というのは，彼らはガダルカナル戦の敗因として「戦略的グランド・デザインの欠如」，「攻勢終末点の逸脱」，「統合作戦の欠如」等を挙げており，たとえば，「攻勢終末点の逸脱」の原因として，「陸軍における兵站線への認識には……基本的に欠落するものがあった。すなわち補給は敵軍より奪取するかまたは現地調達をするかというのが常識的ですらあった」(戸部ほか，1991: 137)──すなわち，日本の陸軍には，およそ軍隊にはあるのが普通な補給システムについての認識すらなかった──と述べているからである。これは，戸部たちもまた，完全合理性ではなく，限定合理性のスタンスから論じていることを示している。

   そして，同じ限定合理性のスタンスに立ちながら，戸部たちの指摘する敗因の方が説得的となったのは，菊澤が限定合理性を取引コストに落とし込んだからだと考えてよいであろう。なお，戸部たちは，このような戦略上の敗因の基礎には「陸海軍の対立」があったとしているが，これは，ウェーバーの行為類型でいえば「感情的行為」であり，これをより基本的な敗因としていることも，戸部たちの方が説得的となっている理由である。

5. コーポレート・ガバナンス・コードは，金融庁と東京証券取引所が上場企業が順守すべき行動規範として取りまとめ，2015 年に導入したものである。

6. N17. 3. 11.

7. 東京証券取引所（2018. 6. 1)。

8. IoT には2つの流れがある。1つはドイツ発の「インダストリー 4.0」であり，ある製品の（複数工場の）複数の生産ラインをネットワーク化して全体としての“生産効率の最大化，最適化”を目指す，主に“製造業の効率化”にかかわるものである。もう1つは，アメリカの GE 等が主導したものであり，“製品のオペレーションの効率化，最適化によってより優れたサービス，より安いサービスなどを提供する”ことを目指す，主に“消費者ニーズの充足”に関連したもので，ウーバー，エアビーアンドビー等もこれに該当する。以下の分析は，主に後者を念頭に置いている。
9. プラットフォームに関する以下の議論は，次の文献を参考にしている。Rochet and Tirole (2003), Parker and Alstyne (2005), Eisenmann, Parker, and Alstyne (2006), Parker, Alstyne, and Choudary (2016), Evans and Schmalensee (2016), McAfee and Brynjolfsson (2017), 根来・浜屋（2016），加藤（2016），立本（2017）。
10. https://www.pcworld.com/article/227961/what_app_store_future_means_for_developers_and_users.html.
11. 間接ネットワーク効果は，より厳密には，「マッチメーカーが1つの顧客に提供する価値が，異なる顧客グループのメンバー数に依拠する時」(Evans and Schmalensee〔2016〕, 訳書，48-49）に生じるものである。
12. 以上の戦略については，次の注意が必要である。第1に，以上は非常に単純化したものであり，実際には，ファースト・ムーバーの場合と追走する場合とではまったく同じではないことである。第2に，クリティカル・マスの達成後は間接ネットワーク効果が働き出すのでそれ以前の段階ほどの投資は不要になり，利益重視の戦略をとりやすくなること，また覇権を握れば高価格戦略が有効になることである。第3に，しかし，競合が購入者の急増を狙った過激な戦略をとった場合には，それにただちに反応して適切な対抗策をとる必要があることである。
13. 根来・浜屋（2016: 156-167)。
14. ダイナミック競争戦略論とネットワーク関連の製品／サービスについての競争戦略論との関係は，前者は同製品／サービス以外にも適用できる一般理論であり，後者はその特殊理論，すなわち，前者を同製品／サービスの場合についてより詳しくしたものと見ればよい。なお，ポーター理論はダイナミック競争戦略論の特殊理論だが，メーカーと消費者との間のワンサイド市場のみにかかわる理論なので，間接ネットワーク効果のあるツーサイド市場における競争戦略には適用できない。したがって，同戦略論は IoT/AI 時代のもっとも主要な現象には対応できない理論ということになるであろう。
15. 以下は，Levy (2011), Stone (2013), Kirkpatrick (2010), Galloway (2017) 等にもとづいている。
16. 『週刊東洋経済』(2018. 12. 22: 25)。
17. 『激流』(2018. December）参照。
18. 自動運転制御機器は，今のところ間接ネットワークの働くプラットフォームにはなっていないようであるが，いずれそのようになり，さらにはコネクティッド・カーのプラットフォーム部品と連結ないし統合されると思われる。この点については，立本（2017: 288）を参照せよ。
19. 以下については，根来・浜屋（2016），桃田（2017），中村（2017）等を参照した。

20. N18. 5. 10, N18. 6. 2.
21. N18. 8. 4. 売却で得た資金は電気自動車の開発に振り向けられるとされる。
22. 八郷隆弘社長の言葉。『週刊東洋経済』(2018. 4. 21: 59)。
23. 『週刊東洋経済』(2018. 4. 21: 59)。
24. 「マルチホーミング」とは，ネットワークの参加者がいくつかのプラットフォームを同時に併用することをいう（Evans and Schmalensee (2016)，訳書，54)。
25. しかし，それは「ものづくり研究」がまったく不要になったということを意味するものではない。これは本文で見たホンダの戦略からも明らかであり，ものづくりとその研究の重要性は残る。しかし，それが重要な意味を持つ領域は確実に減り，また，残る領域についても，「戦略がまず先にあり，それとの関連でものづくりをする」という「戦略的ものづくり」論が必要だということである。
26. 筆者が重要だと考えているのは，本文で述べた，間接ネットワーク効果のある製品／サービスに関する競争戦略論を特殊理論として組み込んだ「ダイナミック戦略論」を構築することと，「ダイナミック戦略（展開）能力」と，「ダイナミック資源（展開）能力」を統合した「ダイナミック経営能力」の理論を構築することである。後者については，Kawai (2018a, 2018b) を参照せよ。

### 補　論

1. 東芝プレスリリース（2000. 3. 21, 04. 10. 29, 15. 12. 21)，NS96. 10. 4, NS03. 1. 7, N03. 7. 31, NS03. 9. 17, NS03. 12. 30, NS04. 8. 7, N04. 9. 1, NS04. 9. 1, NS05. 3. 2, NS05. 6. 1, N06. 3. 9, N07. 4. 13, NS07. 5. 9, N07. 12. 21, NS07. 12. 25, N08. 11. 25, N10. 5. 25, N11. 1. 15, N11. 2. 4, N11. 8. 16, N12. 8. 16, N14. 9. 18, N16. 3. 16, N17. 4. 9, N17. 6. 17, N17. 11. 15.
2. 有森（2016: 263-282)，今沢（2016: 41-98)，小笠原（2016: 94, 98-99)，NS98. 4. 7, NS03. 12. 30, NS04. 4. 7, NS05. 3. 7.
3. N04. 2. 3, NS04. 4. 14, N04. 11. 17, N05. 10. 5, N06. 8. 6, N06. 12. 29, N07. 10. 31, NS07. 11. 1, N08. 4. 25, N09. 2. 13, NS09. 2. 13, N11. 4. 22.
4. 『日経ビジネスオンライン』(2008. 12. 18)，N02. 6. 30, N02. 8. 21, N02. 11. 28, N04. 10. 30, N05. 11. 20, N05. 11. 27.
5. 『週刊ダイヤモンド』(2004. 3. 20)，『日経ビジネスオンライン』(2008. 12. 18)，N02. 10. 28, NS04. 4. 14, N05. 4. 28, N05. 11. 20, N05. 11. 22, NS05. 11. 22, NS08. 3. 5, N08. 3. 7, N08. 3. 8, NS08. 3. 10.

# 参考文献

各社についての新聞記事，各社の事業報告書，決算短信等については，出典の記載を省略した。「注」を参照されたい。

## ◎書　　籍


明石芳彦（2009）「液晶テレビ製造企業のグローバル競争と競争優位性」『経済学論究』（関西学院大学）第 63 巻第 1 号：31〜53 頁。

麻倉怜士（2003）『「ハイビジョン・プラズマ ALIS」の完全研究』オーム社。

有森　隆（2016）『社長解任――権力抗争の内幕』さくら舎。

今沢　真（2016）『東芝 不正会計――底なしの闇』毎日新聞出版。

岩瀬達哉（2015）『ドキュメント パナソニック人事抗争史』講談社。

小笠原啓（2016）『東芝 粉飾の原点――内部告発が暴いた闇』日経 BP 社。

荻　正道（2005）『ソニーが危ない！――SONY 10 年の天国と地獄』彩図社。

小高久仁子・片山健（2008）「ケース『現代企業家の戦略的役割』の製作――シャープ株式会社 TFT 液晶を事業の柱に II」関西学院大学専門職大学院経営戦略研究科。

加藤和彦（2016）『IoT 時代のプラットフォーム競争戦略――ネットワーク効果のレバレッジ』中央経済社。

加納剛太編，ラリー・ウェーバー・倉重光宏・和邇浩一（2008）『衝撃！ プラズマテレビは社会を変える――日本型起業家スピリットが夢の大ヒット商品を生む』実業之日本社。

蒲生慶一（2009）「2000 年代における米国景気拡大について」『東京外国語大学論集』第 78 号：15〜39 頁。

河合忠彦（1996）『戦略的組織革新――シャープ・ソニー・松下電器の比較』有斐閣。

河合忠彦（1999）『複雑適応系リーダーシップ――変革モデルとケース分析』有斐閣。

河合忠彦（2004）『ダイナミック戦略論――ポジショニング論と資源論を超えて』有斐閣。

河合忠彦（2010）『ホンダの戦略経営――新価値創造型リーダーシップ』中央経済社。

河合忠彦（2012）『ダイナミック競争戦略論・入門――ポーター理論の 7 つの謎を解いて学ぶ』有斐閣。

菊澤研宗（2017）『組織の不条理――日本軍の失敗に学ぶ』中央公論新社。

河野龍太郎（2013）「アベノミクスにもの申す 財政頼みの“モルヒネ経済”中央銀行が迫られる危険な綱渡り」『エコノミスト』第 91 巻第 5 号：25〜27 頁。

鈴木博毅（2012）『「超」入門 失敗の本質――日本軍と現代日本に共通する 23 の組織的ジレンマ』ダイヤモンド社。

武　　宏（2015）「液晶ディスプレイ発展の系統化調査」国立科学博物館産業技術史資料情報センター編『国立科学博物館技術の系統化調査報告（第 8 集）』1〜108 頁。

立本博文（2017）『プラットフォーム企業のグローバル戦略――オープン標準の戦略的活用とビジネス・エコシステム』有斐閣。

立石泰則（2011）『さよなら！ 僕らのソニー』文藝春秋。

東京証券取引所（2018）『コーポレートガバナンス・コード』東京証券取引所。

戸部良一・寺本義也・鎌田伸一・杉之尾孝生・村井友秀・野中郁次郎（1991）『失敗の本質――日本軍の組織論的研究』中央公論社。
中田行彦（2015）『シャープ「液晶敗戦」の教訓――日本のものづくりはなぜ世界で勝てなくなったのか』実務教育出版。
中村吉明（2017）『AI が変えるクルマの未来――自動車産業への警鐘と期待』NTT 出版。
日経産業新聞編（2009）『ソニーは甦るか』日本経済新聞出版社。
日経産業新聞編（2002-2008）『市場占有率（2003～09 年版）』日本経済新聞社。
日本経済新聞社（2016）『シャープ崩壊――名門企業を壊したのは誰か』日本経済新聞出版社。
根来龍之・浜屋敏編著，早稲田大学ビジネススクール根来研究室著（2016）『IoT 時代の競争分析フレームワーク――バリューチェーンからレイヤー構造化へ』中央経済社。
野中郁次郎・戸部良一・鎌田伸一・寺本義也・杉之尾宜生・村井友秀（2008）『戦略の本質――戦史に学ぶ逆転のリーダーシップ』日本経済新聞出版社。
野中克彦（2006）「液晶ディスプレイ――その開発の歴史」『パテント』Vol. 59, No. 11: 82～95 頁。
野村旗守（2013）「国益消失最前線――中国への技術流出が止まらない」『正論』4 月号：122～131 頁。
村上宏・村上由紀夫編（2008）『NHK のハイビジョン・プラズマ技術――大画面薄型 PDP 開発物語』オーム社。
桃田健史（2017）『EV 新時代にトヨタは生き残れるのか――「電気自動車」市場を巡る日独中の覇権戦争』洋泉社。
Besanko, D., D. Dranove, and M. Shanley (2000), *Economics of Strategy,* 2nd ed., John Wiley & Sons. (D. ベサンコ，D. ドラノブ，M. シャンリー著，奥村昭博・大林厚臣監訳（2002）『戦略の経済学』ダイヤモンド社)
Eisenmann, T. R., G. G. Parker, and M. W. Van Alstyne (2006), "Strategies for Two-Sided Markets," *Harvard Business Review,* Vol. 84, No. 10: 92-101.
Evans, D. S. and R. Schmalensee (2016), *Matchmakers: The New Economics of Multisided Platforms,* Harvard Business Review Press. (D. S. エヴァンス，R. シュマレンジー著，平野敦士カール訳（2018）『最新プラットフォーム戦略――マッチメイカー』朝日新聞出版)
Galloway, S. (2017), *The Four: The Hidden DNA of Amazon, Apple, Facebook, and Google,* Levine Greenberg Rostan Literary Agency. (S. ギャロウェイ著，渡会圭子訳（2018）『The four GAFA――四騎士が創り変えた世界』東洋経済新報社)
Kawai, T. (2018a), "Special Topic Forum (2): Dynamic Capabilities in the Era of IoT-Introduction," *Journal of Strategic Management Studies,* Vol. 10, No. 1: 29-34.
Kawai, T. (2018b), "Proposing a Theory of Dynamic Managerial Capabilities: For Coping with the Era of IoT," Journal of Strategic Management Studies, Vol. 10, No. 1: 35-52.
Kirkpatrick, D. (2010), *The Facebook Effect: The Inside Story of the Company That Is Conecting the World,* Teri Tobias Agency, (D. カークパトリック著，滑川海彦・高橋信夫訳（2011）『フェイスブック 若き天才の野望――5 億人をつなぐソーシャルネットワークはこう生まれた』日経 BP 社)

Levy, S. (2011), *In the Plex: How Google Thinks, Works, and Shapes Our Lives,* Simon & Schuster. (S. レヴィ著，仲達志・池村千秋訳（2011）『グーグル ネット覇者の真実――追われる立場から追う立場へ』阪急コミュニケーションズ)

McAfee, A. and E. Brynjolfsson (2017), *Machine, Platform, Crowd: Harnessing our Digital Furure,* W. W. Norton. (A. マカフィー，E. ブリニョルフソン著，村井章子訳（2018）『プラットフォームの経済学――機械は人と企業の未来をどう変える？』日経 BP 社)

McInerney, F. (2007), *Panasonic: The Largest Corporate Restructuring in History,* Truman Talley Books. (F. マキナニー著，沢崎冬日訳（2007）『松下ウェイ――内側から見た改革の真実』ダイヤモンド社)

Parker, G. G. and M. W. Van Alstyne (2005), "Two-Sided Network Effects: A Theory of Information Product Design," *Management Science,* Vol. 51, No. 10: 1494–1504.

Parker, G. G., M. W. Van Alstyne, and S. P. Choudary (2016), *Platform Revolution: How Networked Markets Are Transforming the Economy And How to Make Them Work for You,* Baror International. (G. G. パーカー，M. W. Van アルスタイン，S. P. チョーダリー著，妹尾堅一郎監訳，渡部典子訳『プラットフォーム・レボリューション――未知の巨大なライバルとの競争に勝つために』ダイヤモンド社)

Porter, M. E. (1985), *Competitive Advantage: Creating and Sustaining Superior Performance,* Free Press. (M. E. ポーター著，土岐坤・中辻萬治・小野寺武夫訳（1985）『競争優位の戦略――いかに高業績を持続させるか』ダイヤモンド社)

Rochet, J.-C. and J. Tirole (2003), "Platform Competition in Two-Sided Markets," *Journal of the European Economic Assocition,* Vol. 1, No. 4: 990–1209.

Stone, B. (2013), *The Everything Store: Jeff Bezos and the Age of Amazon,* Little, Brown. (B. ストーン著，井口耕二訳・滑川海彦解説（2014）『ジェフ・ベゾス 果てなき野望――アマゾンを創った無敵の奇才経営者』日経 BP 社)

### ◎経済ジャーナル

『日経ビジネス』（1996. 1. 22, 2003. 5. 5, 03. 6. 9, 03. 11. 10, 05. 11. 14, 06. 4. 3, 10. 3. 1）。

『NIKKEI MICRODIVICES』（1999. 8）。

『日経ビジネスオンライン』（2008. 12. 18）。

『週刊東洋経済』（2004. 5. 1–8, 05. 11. 26, 09. 1. 31, 12. 5. 19, 15. 4. 11, 18. 4. 21, 18. 12. 22）。

『エコノミスト』（2001. 11. 13, 06. 5. 16）。

『週刊ダイヤモンド』（2002. 3. 9, 04. 3. 20, 11. 11. 12, 16. 5. 21）。

『ZAITEN』（11. 2）。

『激流』（2018. December）。

### ◎プレスリリース，決算短信

ソニー・ニュースリリース（2002. 8. 21, 08. 6. 26, 11. 11. 2, 11. 12. 26）。

東芝プレスリリース（2000. 3. 21, 04. 10. 29, 15. 12. 21）。

日立ニュースリリース（2002. 7. 1, 02. 10. 1, 03. 1. 30）。

松下プレスリリース（2007. 1. 10）。

『パナソニック決算短信』(2011〔平成23〕年3月期) 11年4月28日。
『ソニー決算短信』(2010年度) 11年5月26日。

◎ウェブページ

『国民経済計算（GDP統計）』(内閣府HP)。
『民生機器主要品目国内出荷実績』電子情報技術産業協会（JEITA）HP。
Economic Report of the President (2015) US Government Publishing Office.
パイオニアHP (会社情報／ブランド・ヒストリー)。
富士通ゼネラルHP (企業情報・当社のあゆみ)。
http://capricciosoassai.blog51.fc2.com/blog-entry-302.html (JDIの所有工場)。
http://ecodb.net/exchange/used_jpy.html)（為替レート)。
http://ecodb.net/exchange/krw_jpy.html (為替レート)。
http://ecodb.net/exchange/trans_exchange/php?b=（為替レート)。
https://ja.wikipedia.org/wiki/（日立プラズマディスプレイ)。
http://kaden.watch.impress.co.jp/docs/news/20110401_436703.html)（エコポイント制度)。
http://news.mynavi.jp/articles/2013/11/07)（松下のプラズマTV)。
https://www.env.go.jp/policy/ep_kaden/whats/（エコポイント制度)。
https://www.nhk.or.jp/bunken/summary/research/focus/161.html (「BSアナログハイビジョン18年間の放送に終止符」)。
https://www.pcworld.com/article/227961/what_app_store_future_means_for_developers_and_users.html
http://www.sharp/co.jp/corporate/report/plant/index.html（シャープ「21世紀型コンビナート」展開)。

# 索　引

## 【事　項】

## ◎か行

## ◎ さ　行

## ◎た　行

## ◎な　行



## ◎は　行

## ◎ま　行

## 【人　名】

◆ 著 者 紹 介
河 合 忠 彦（かわい ただひこ）
1967年，東京大学経済学部卒業
1971年，東京大学大学院経営学研究科修士課程修了
1986年，カリフォルニア大学（バークレー校）経営大学院博士課程修了（Ph.D.）
学習院大学経済学部教授，筑波大学社会工学系教授，中央大学大学院戦略経営研究科教授などを経て，
現　在，筑波大学名誉教授
専　攻：経営戦略論，経営組織論，リーダーシップ論，企業と社会論，企業行動論
主要著作：『戦略的組織革新――シャープ・ソニー・松下電器の比較』有斐閣，1996年；『複雑適応系リーダーシップ――変革モデルとケース分析』有斐閣，1999年；『ダイナミック戦略論――ポジショニング論と資源論を超えて』有斐閣，2004年；『ホンダの戦略経営――新価値創造型リーダーシップ』中央経済社，2010年；『ダイナミック競争戦略論・入門――ポーター理論の7つの謎を解いて学ぶ』有斐閣，2012年

日本企業における失敗の研究
――ダイナミック戦略論による薄型TVウォーズの敗因分析

*Failure of Japanese Companies:*
*An Analysis of the Causes of Defeat in the Flat-panel Television Wars with the Dynamic Theory of Strategies*

2019年6月30日　初版第1刷発行

著　者　河 合 忠 彦
発行者　江 草 貞 治
発行所　株式会社 有 斐 閣
郵便番号 101-0051
東京都千代田区神田神保町 2-17
電話（03）3264-1315〔編集〕
（03）3265-6811〔営業〕
http://www.yuhikaku.co.jp/

印刷・株式会社三陽社／製本・牧製本印刷株式会社
© 2019, Tadahiko Kawai. Printed in Japan
落丁・乱丁本はお取替えいたします。

★定価はカバーに表示してあります。

ISBN 978-4-641-16546-5

JCOPY 本書の無断複写（コピー）は，著作権法上での例外を除き，禁じられています。複写される場合は，そのつど事前に（一社）出版者著作権管理機構（電話03-5244-5088，FAX03-5244-5089，e-mail：info@jcopy.or.jp）の許諾を得てください。